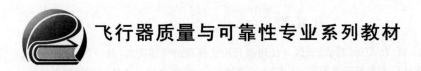

飞行器质量与可靠性专业系列教材

系统工程基础

潘 星 周晟瀚 编著

北京航空航天大学出版社

内 容 简 介

系统工程是对系统的规划、研究、设计、制造、试验和使用进行组织管理的科学方法,是一种对所有系统都具有普遍指导意义的科学方法。本书是面向系统工程专业的基础教材,重点介绍了系统工程原理和方法,内容包括系统工程基本原理和系统工程基础方法两大部分:系统工程基本原理部分介绍了系统工程的起源和基本概念、系统的概念与系统思维基本内容、几种最常见的系统工程方法论和系统的生命周期过程模型;系统工程基础方法部分介绍了系统工程过程中最常用、最基础的系统分析、系统建模、系统优化、系统预测、系统仿真、系统评价、系统决策和系统控制等8种系统工程方法。

本书适用于所有工科专业和管理专业的高年级本科生和研究生的专业学习,且针对质量与可靠性专业和安全工程专业的学生进行重点讲解,同时也可供有关科研人员参考使用。

图书在版编目(CIP)数据

系统工程基础 / 潘星,周晟瀚编著. -- 北京 :北京航空航天大学出版社,2022.11
ISBN 978 - 7 - 5124 - 3922 - 1

Ⅰ. ①系… Ⅱ. ①潘… ②周… Ⅲ. ①系统工程
Ⅳ. ①N945

中国版本图书馆 CIP 数据核字(2022)第 195180 号

系统工程基础

潘 星 周晟瀚 编著

策划编辑 蔡 喆 责任编辑 刘晓明

*

北京航空航天大学出版社出版发行

北京市海淀区学院路 37 号(邮编 100191) http://www.buaapress.com.cn
发行部电话:(010)82317024 传真:(010)82328026
读者信箱: goodtextbook@126.com 邮购电话:(010)82316936
北京时代华都印刷有限公司印装 各地书店经销

*

开本:787×1 092 1/16 印张:17.25 字数:442 千字
2022 年 11 月第 1 版 2022 年 11 月第 1 次印刷 印数:2 000 册
ISBN 978 - 7 - 5124 - 3922 - 1 定价:55.00 元

飞行器质量与可靠性专业系列教材

编委会主任： 林　京

编委会副主任：

王自力　白曌宇　康　锐　曾声奎

编委会委员（按姓氏笔画排序）：

于永利　马小兵　吕　川　刘　斌

孙宇锋　李建军　房祥忠　赵　宇

赵廷弟　姜同敏　章国栋　屠庆慈

戴慈庄

执行主编： 马小兵

执行编委（按姓氏笔画排序）：

王立梅　王晓红　石君友　付桂翠

吕　琛　任　羿　李晓钢　何益海

张建国　陆民燕　陈　颖　周　栋

姚金勇　黄姣英　潘　星　戴　伟

序

  1985 年国防科技界与教育界著名专家杨为民教授创建了国内首个可靠性方向本科专业，翻开了我国可靠性工程专业人才培养的篇章。2006 年在北京航空航天大学的积极申请和原国防科工委的支持与推动下，教育部批准将质量与可靠性工程专业正式增列入本科专业教育目录。2008 年该专业入选国防紧缺专业和北京市特色专业建设点。2012 年教育部进行本科专业目录修订，将专业名称改为飞行器质量与可靠性专业（属航空航天类）。2019 年该专业获批教育部省级一流本科专业建设点。

  当今在实施质量强国战略的过程中，以航空航天为代表的高技术产品领域对可靠性专业人才的需求越发迫切。为适应这种形势，我们组织长期从事质量与可靠性专业教学的一线教师出版了这套《飞行器质量与可靠性专业系列教材》。本系列教材在系统总结并全面展现质量与可靠性专业人才培养经验的基础上，注重吸收质量与可靠性基础理论的前沿研究成果和工程应用的长期实践经验，涵盖质量工程与技术，可靠性设计、分析、试验、评估，产品故障监测与环境适应性等方面的专业知识。

  本系列教材是一套理论方法与工程技术并重的教材，不仅可作为质量与可靠性相关本科专业的教学用书，也可作为其他工科专业本科生、研究生以及广大工程技术和管理人员学习质量与可靠性知识的工具用书。我们希望这套教材的出版能够助力我国质量与可靠性专业的人才培养取得更大成绩。

编委会

2019 年 12 月

前　言

　　系统工程是一门工程性和实践性较强的专业。本书力求遵循夯实基础、注重方法的教学原则，较为全面地介绍系统工程基本原理和基础方法。其内容包括两大部分：系统工程基本原理部分介绍了系统工程的起源和基本概念、系统的概念与系统思维基本内容、几种最常见的系统工程方法论和系统的生命周期过程模型；系统工程基础方法部分介绍了系统工程过程中最常用和最基础的系统分析、系统建模、系统优化、系统预测、系统仿真、系统评价、系统决策和系统控制等 8 种系统工程方法。

　　本书是笔者多年在系统工程领域教学及在可靠性工程领域科研经验的基础上总结并编撰而成的。笔者所在的北京航空航天大学可靠性与系统工程学院，前身是我国国防领域著名学者、专家杨为民教授所建立的工程系统工程系，在建系过程中也得到了钱学森等专家的指导和建议(钱学森与工程系统工程系第一任主任张锡纯先生关于事理学探讨的往来书信现收录在《钱学森书信》中)。在学院发展过程中，一直秉承"具备系统思维、掌握系统工程方法、解决复杂系统可靠与安全问题"的教学理念，笔者也分别给研究生和本科生开授了近十年的系统工程相关课程。笔者在研究生系统工程课程教学中使用的是国外教材，在本科生教学中使用的是国内其他学者编著的教材。目前我院本科生培养主要包括质量与可靠性和安全工程两个专业。我们在选用国内优秀教材的同时，不断总结和调整教学内容，结合北航"双百工程"优质课程建设和一流课程建设，形成了这本适用于我院本科生的系统工程基础教材。

　　本书的编写工作得到了北京航空航天大学可靠性与系统工程学院领导和同事的鼎力支持和无私帮助，有很多研究生参与了编写；同时，得到了航空、航天、船舶等领域一些行业专家的大力支持和帮助。另外，国内目前已经出版了很多优秀的系统工程教材，这些教材都对本书的编写有很好的借鉴意义。在此，一并对参编的学生、领域专家和所参考教材的作者表示衷心的感谢，对文中引用的参考文献的作者表示感谢！

　　系统工程是一门与所有工科和管理都相关的横断专业，人们在工程设计和管理中都会运用到系统工程的理论和方法。本书适用于所有工科专业和管理专业的高年级本科生和研究生的专业学习，尤其针对质量与可靠性和安全工程专业的学生进行重点讲解，同时也可供有关科研人员参考使用。

　　受限于笔者的能力，本书的观点和引用难免有不妥之处，恳请读者批评指正，使之完善提高。

潘　星

2022 年 8 月 30 日于北京

目　　录

第 1 章　系统工程概述

系统工程起源于工程,是伴随人类不断地去认识和改造世界的过程而产生的一种方法和技术。在古代,人类使用简易的工具去从事简单的生产活动,这些工具的设计和生产并不需要复杂的流程和技术,一个人或者几个人就可以完成制造。而随着科技的发展,人类活动所需要的系统变得越来越复杂,要求人们采用系统的思维和工程化的方法来处理复杂的系统问题,系统工程便应运而生。如今,人类社会的正常运行已经离不开系统工程的支持,系统工程的影响也已经覆盖到了人类社会各行各业(如航空、航天、交通、通信等)的运行之中。在航空航天领域,系统工程也不仅体现在各类系统的设计和建造过程中,还体现在使用和保障过程对系统可靠和安全的诉求上。随着系统趋于复杂,系统思维和系统工程方法也将会变得更加重要。本章将从系统问题的普遍性出发,详细介绍系统工程的起源及其发展过程,同时也将会对一些重要的系统工程相关概念进行介绍。

1.1　系统问题的普遍性

系统工程的研究对象是各式各样的系统。系统普遍存在于人们的生活中,而正是系统及其问题的普遍性推动系统工程成为了一门跨学科的横断专业。与航空航天领域一样,众多领域中对于系统相关的一些问题的思考贯穿整个系统设计、生产和使用过程,人们对这些问题的理解和解答是否有深刻把握决定着系统工程工作的最终效果或成败。一般而言,关于系统的常见问题包括:我们需要什么样的系统? 如何设计和建造系统? 如何保证系统能正常运行? 系统会一直运行还是会走向消亡?

1.1.1　我们需要什么样的系统

我们需要什么样的系统? 这是设计和建造系统之前所必须回答的一个问题。系统无所不在,从自然界到人类社会,存在着形形色色、各式各样的系统。从宇宙中的无机系统到地球上的生态系统,从人类生活中的农业系统、经济系统、工业系统到文化教育系统,以及航空航天领域中各类系统,不同的系统具备的功能和作用各不相同。按照一般系统论提出者冯·贝塔朗菲(Ludwig von Bertalanffy)的观点,这些系统都具有要素、结构、功能等概念。关于这些系统的具体分类和定义,将在第 2 章进行详细讨论。当前,"系统"一词已经成为人们熟悉并广泛应用的词汇。虽说系统工程是研究所有系统的方法和技术,但是当前它的主要研究对象是人造系统,它是我们所需要的系统,是研究那些为实现一定的目的而被人类所设计和建造出来的系统。人造系统是跟人类生活联系最为紧密的一类系统,不同的人造系统具有不同的组成和结构,也具有不同的设计目的和功能,如飞机、高铁、汽车等人造系统被设计用于满足人们日常出行和交通的需求;火箭、飞船、卫星等系统被设计用于满足人们探索宇宙的需求;电视机、洗衣机、冰箱等家电设备和系统被设计用于满足人们对日常家居和生活的需求,等等。从另外一层含义来讲,这些人造系统既可以是全新设计建造的系统,也可以是在其他非人造系统的基础上改进而来的,比如都江堰、三峡大坝等系统便是在自然系统的基础上改进的人造系统。无论是哪一种系统的设计或制造,其最终的目的都是要服务于人类的需求。因此,在设计和建造系统之前,充分了解我们所期望的系统的目标,是进一步将目标转化为具体的设计指标并最终实现系统功能的必要条件。

1.1.2 如何设计和建造系统

如何才能设计和建造出能够满足需要的系统呢?从古至今,任何系统都不是凭空而来的,任何系统和工程的建造,也都不是一蹴而就的,而是为了达到人类的特定目的,在一定方法的指导下,遵循着相应的流程来开展,蕴含着一定的设计和建造思想。小到简单工具的制作,大到飞机或火箭的研制,都应该明确系统设计和建造的目的,并以此为基础,分析实现相应目的所需开展的工作、采用的方法、遵循的流程,并指定每一阶段或步骤所需完成的任务,并付诸实施。这也是"工程"这一词汇的含义,也说明我们需要用工程化的方法来设计和建造系统。

随着社会的发展和技术的进步,我们所需要的系统越来越复杂,系统的结构也日趋复杂,导致系统的设计和建造过程的复杂性也随之增加。这时候,系统的设计和建造更需要采用一定的方法、遵循一定的流程。比如,大型客机包括上千万个零件,为了设计和制造客机,我们需要按照规定的流程和方法去实施设计和制造工作。另外,为了顺利地把系统设计和建造出来,我们还需要运用不同的专业知识,综合运用系统分析、建模和优化等系统工程方法,考虑整个工程项目中的费用与效能的平衡,并采用科学的方法来支持整个工程过程。这些都需要我们采用工程化的方法来对待系统。总而言之,系统的复杂化对于系统的设计和建造提出了更大的挑战。

1.1.3 如何保证系统能正常运行

如何保证系统能正常运行呢?每个系统都具有其自身的生命周期。自其被建造出来并投入运行起,所有系统都不可能永久正常地运转下去。例如不同机型的客机从制造出来投入运营,使用年限一般在25~30年之间,其间还要经历很多检查和维修,以确保能满足运营安全要求。对于系统我们不仅要关注其设计和建造过程,还要注意到在系统的使用和保障过程中,总是会因为一些内因和外因而无法持续正常运作和提供服务。举例来说:飞机系统在运行过程中,会因为某些零部件的故障而无法发挥预定的功能;供水供电设施在运行过程中,会因为灾害的发生而无法提供正常的服务,等等。如果想让系统能长时间使用,则必须通过一定的方法去保证系统安全、可靠地持续运行。只有解决系统能够正常运行、正常发挥其功能的问题,我们才能考虑系统运行的优化和控制问题。

提高系统的运作能力,应首先从系统自身的特性出发,提高系统自身在无干扰情况下正常运转的能力,减少不必要的故障的出现。比如,对于飞机系统而言,即使是没有受到外部破坏,在它们的正常运行过程中也会产生一些或大或小的故障。这类故障的发生可能是因为产品的可靠性差(可靠性指的便是系统在规定条件下、规定时间内完成规定功能的能力),也可能是因为在系统运行过程中所采取的维修和保障策略不合理。因此,在系统设计和建造阶段通过采取可靠性设计,以及在系统使用阶段采用维修和保障策略来保证系统能安全和可靠地运行,成为了人们必须要解决的问题。

1.1.4 系统会一直运行还是会走向消亡

系统会一直运行还是会走向消亡？任何系统都会经历一个发生、发展和消亡的过程，我们称为系统的生命周期（在第 3 章会详细介绍）。客机在运营到一定年限后，经过评估不再满足运营安全要求时就不能继续飞行了。对于人造系统而言，其消亡一般称为退役或更新换代。随着时代的发展和社会的进步，人类的（物质、精神）需求也在不断改变。同时，旧系统的淘汰速度也不断攀升。为了满足人类新的需求，必然需要开发设计新的系统，或者对原有的旧系统实施改进。简单来说，一个系统经过系统分析、系统设计和系统实施，投入使用并经过若干年后，由于一些新需求、新问题的出现，要求人们去设计更新的系统。此时，新系统的投入使用便意味着原有旧系统的淘汰。以飞机举例：随着时代的发展和任务环境的变化，原有旧型号的飞机因为无法满足新时代的任务需求而被淘汰，由新型的飞机取而代之，或者飞机结构老化不满足安全飞行要求而退役。这种更新换代的过程非常普遍，近到我们身边的电子产品如手机、平板电脑等，远到太空中的卫星、空间站等。

另一方面，系统并不可能一直运行下去，其自身的寿命是有限的，终有一天将丧失其自身的服务能力。比如，对于飞机而言，虽然其各个部位的部件是随着它自身的寿命或者使用年限进行更换和维修的，但是飞机仍然会有老化的趋势，例如结构方面的损伤随着机龄的增加会越来越多等，这就导致飞机的寿命必将是有限的。同样，人也可以看作是一个系统，而人的寿命是有限的（至少现在人的寿命是有限的），人也是会走向消亡的。所有系统都有其生命周期，有出生过程，也有死亡过程。认识并掌握系统的运行和消亡规律是不断发展人类自身的系统工程能力的一种重要手段。

1.2 系统工程的起源

系统工程这一学科并非凭空产生，它是人类在不断认识世界和改造世界的过程中逐渐学会并运用的一种方法论。人类之所以用系统工程的方法和技术去解决系统的设计和建造问题，其中最根本的原因是系统变得越来越复杂了。系统的日趋复杂使得人类在解决系统有关的问题时不得不综合利用多专业的知识，采用风险管理和控制的思想，从工程化的角度去对待它们。事实证明，越是复杂的系统，越是需要用系统工程的方法来进行科学的组织与管理，并采用一定方法对系统进行优化。

1.2.1 系统趋于复杂需要多专业综合

随着社会的发展，我们在从事生产和劳动时，需要利用或面对的不再是简简单单的工具，而是随着功能需求的增加和提升而具备了复杂结构的大规模系统。系统复杂性的增加，使得系统的设计建造不可能简单地由一个人或几个人、单一专业或几个专业的人来完成，而是需要由具备多个专业背景的不同人员长时间的协同配合才能完成。在整个系统的设计建造过程中，可能会用到与数学、物理、化学、生物学、社会学、心理学、经济学、医学等多个学科相关的知识。飞机的设计和制造就是一个典型的多专业综合过程，需要材料、电子、机械、计算机等不同领域的工程人员一起完成，我们按专业可以划分为飞行器设计、飞行器制造、飞行器动力、质量与可靠性、飞行器环境与生命保障、飞行器制造工艺、飞行器电子装配技术、工程力学等。

另外,系统的复杂化要求我们在设计和建造系统时采用一套处理复杂问题的理论、方法和手段,并且从整体出发,综合各方面的专业知识,逐点去解决各类复杂且相关的问题。这样才能把一个系统从无到有设计和建造出来,并保证其能够保持正常的功能和稳定地运行。

1.2.2 系统趋于复杂需要减少风险

随着科学技术的发展,设备、工业和产品越来越复杂,战略武器的研制、航天飞机和核电站的建造等使得作为现代先进科学技术标志的复杂系统相继问世,这些复杂系统往往由数以千、万计的零件(元器件)组成,各种零件之间以非常复杂的关系相连接,且这些复杂系统的研制、生产周期较长,涉及进度、费用等方方面面的因素,使得人们很难考虑全面。这就导致在系统的研制、生产、使用过程中存在大量风险。风险是指某种特定的危险事件(事故或意外事件)发生的可能性与其产生的后果的组合。随着系统研制过程中需要考虑的因素大大增加,且不容易被发现,更容易导致风险事件的发生。比如,20世纪80年代美国的挑战者号航天飞机发射升空后,因其右侧固体火箭助推器(SRB)的O形环密封圈失效,毗邻的外部燃料舱在泄漏出的火焰的高温烧灼下结构失效,使高速飞行中的航天飞机在空气阻力的作用下于发射后的第73秒解体,致使机上宇航员全部罹难。

为了减少系统的复杂性所带来的风险,我们需要在系统的研制全过程以系统工程的角度实施风险管理,从规划、设计、制造、维护等多个环节出发,对风险进行识别、分析和评价,并以此为基础合理地采取各种风险应对措施、管理方法等技术和手段,对项目的风险实行有效的控制,妥善地处理风险事件造成的不利后果。另外,还需要从安全和可靠的角度,来对系统故障和人为差错等潜在风险进行分析和控制,以确保系统能发挥预定功能,实现预期目标。

1.2.3 系统趋于复杂需要工程化设计和建造

第二次世界大战以来,科学技术、社会经济空前发展,同时资源和生态环境也严重恶化。人们面临着越来越复杂的大系统的组织、管理、协调、规划、计划、预测和控制等问题。这些问题的特点是在空间活动规模上越来越大、时间上变化越来越快、层次结构上越来越复杂、后果和影响上越来越深远和广泛。系统复杂性的增加,单靠个人的经验已显得无能为力,需要采用科学的方法来指导设计和建造的开展。因此,对系统和工程的实施,工程化的设计和建造便显得必不可少。比如,美国的曼哈顿计划,为了先于纳粹德国制造出原子弹,在工程的执行过程中,海默应用了工程化设计和建造的思路及方法,大大缩短了工程所耗的时间,这一工程的成功大大促进了第二次世界大战后系统工程的发展。对于现代的工程项目,其复杂程度与日俱增,如果不采用工程化的设计和建造方法,则无法保证工程项目的进度、费用和质量,也就不能达到将我们所需要的系统从无到有设计建造出来的目的。采用工程化的方法,是人们在若干年的工程实践中总结出来的经验,也是推动系统工程学科建立和发展的重要因素,这也是"系统工程"中"工程"这两个字的内涵。

1.3 系统工程的发展历史

系统问题的普遍性和现代系统的复杂化推动了系统工程学科的建立和发展。那么,系统工程的思想和方法是现代才有的吗?答案是否定的。系统工程的思想自古就有,伴随人类不断去认识世界和改造世界的过程,系统工程思想在人类历史长河中得到了不断的积累和长足的发展,并在现代发展为一门专业的学科。现代系统工程的产生,一方面得益于机械工程、电子工程、材料工程、计算机工程等不同工程学科的出现和发展,另一方面得益于人们逐渐认识到无论是哪类系统,都可以由一类统一的规律和合适的方法论去解释和解决与该系统有关的问题。同样,我们国家的系统工程研究也是在这样的时代背景下发展起来的,与我国航空航天领域的发展密切相关。下面,将回顾系统工程的发展历史,介绍我国系统工程的发展,并介绍当前系统工程研究中的一些热门的研究领域。

1.3.1　古代系统工程的运用

系统工程并不是一个全新的概念,它是在人们认识和改造世界的过程中产生的。很早以前人们就已经开始运用系统思想达到改造自然和改善生活的目的,这在我国古代能找到很多有益的例子。

在战国时代(公元前 250 年),由秦国蜀郡太守李冰带领当地人民修建的都江堰工程就是一个很好的例子。当时,都江堰工程设计和建造的目的,一方面是为了服务于秦国完成统一大业的军事目的,另一方面是为了控制岷江洪水、化解自然灾害。它的渠首工程包括鱼嘴堤分水工程、宝瓶口引水工程和飞沙堰分洪排沙工程,三部分互为连接、紧密结合,把分水引流、防洪防旱、引水灌溉和排除泥沙等功能有机地结合成一个整体。自建造至今的 2 000 年以来,都江堰工程一直都在发挥着良好的作用。都江堰工程长时间的正常服役不仅与当时的建造质量有关,也与 2 000 年来持续不断的维修和保障工作紧密相连:都江堰所在地的历代郡守或县令为了维持都江堰的引水、防洪和排沙等功能,设立了相应的堰官组织,采取岁修等方法持续地对都江堰进行维修和保障,这些维修和保障措施都保证了都江堰工程长时间地发挥作用。

宋朝时期的《营造法式》建造规范也是体现古代系统工程思想和方法的例证,它代表了宋朝房屋建筑建造的顶尖水平和工程能力。《营造法式》中的许多成果到现在还在被人称颂,其中以斗、拱、梁、柱等结构来建造的房屋最为著名。《营造法式》的编写与北宋建国以后百余年发展的时代背景紧密相关。当时,北宋各地大兴土木,宫殿、衙署、庙宇、园囿等的建造此起彼伏,这些建筑不仅造型豪华、精美铺张,同时也带来了工程开支难以控制而造成贪污成风的问题。针对贪污盗窃问题,制定建筑的各种设计标准、规范和有关材料、施工定额和指标,明确房屋建筑的等级制度、建筑的艺术形式及严格的料例功限成为了必要。在这个背景下,经过两次由皇帝下令编修,编成了流传至今的这本《营造法式》并刊行全国。《营造法式》成为了千百年来房屋建筑的建造规范,其中所著的斗、拱、梁、柱等建筑结构成为了近千年来房屋建筑的基本框架结构,也给现代系统工程中重视和开发体系结构(architecture)的思想提供了重要源泉。

另外,我国古代很多朴素的系统思维也对系统工程的发展起到了推波助澜的作用。例如,老子《道德经》中所提倡的道法自然、天地合一等整体思维,在国家治理和军事等领域得到了广泛的应用;春秋时代的军事名著《孙子兵法》,从道、天、地、将、法 5 个方面来分析战争全局,主张内修政,使有道之国、有道之兵得,注意天时、地利等客观条件,注意将领的才智威信,士兵的训练、纪律、赏罚,后勤的保证等系统思想在军事上得到了广泛的应用;具有悠久历史的中医理论,看重人的整体及其与环境的关系的系统思维在医学上得到了大范围的推广。这些古代的系统工程思想,都对系统工程的起源和我国系统工程理论的发展具有良好的促进作用。

1.3.2　近代系统工程的出现及发展

　　系统工程作为一门现代化的科学方法和技术,是从 20 世纪 40 年代开始的。当时在美国、丹麦等国家的电信部门中,为了完成规模庞大的复杂工程和科研、生产任务,开始运用系统观点和方法来处理问题。也就是在这个时候,美国贝尔电话公司在发展微波通信网时,首先提出了"系统工程"这个名词,并提出了工程化的系统思维(system thinking)——将系统工程分成五个阶段(规划、研究、开发、工程应用研究、通用工程阶段)顺序进行的一套工作方式。另外,在第二次世界大战中,为了应对德国的空中优势、合理配置雷达的应用,以及解决飞机降落的排队问题,科学家把整个军事系统的行动从科学上加以研究,按照总体任务的要求,经过数学分析与计算,对系统做出综合的合理安排,并最终形成了运筹学这门学科,为赢得战争的胜利发挥了很大作用。也是在第二次世界大战期间,美国在研制原子弹的"曼哈顿"计划中,运用系统工程的方法取得了显著成效,对推动系统工程的发展起到了重要作用。第二次世界大战以后,人们又把这些方法应用在工业和服务业中,并取得了巨大的成果。

　　20 世纪 40—70 年代,系统工程发展历史上一些标志性的事件包括但不限于:

- 1940 年,英国研制出了一种对付德国飞机空袭的新型警戒雷达,为此成立了一个研究小组,并通过理论计算和战场实际统计分析,找到了雷达和高射武器合理运用和配合的方法,使击毁敌机的概率大大提高。

- 1957 年,美国密执安大学的哥德(Goode)和麦科尔(Machel)两位教授合作出版了第一部以"系统工程"命名的书,这门学科的名称由此正式产生。

- 1958 年,美国海军特种计划局在研制"北极星"导弹的实践中,提出并采用了"计划评审技术(PERT,Program Evaluation and Review Technique)",使研制工作提前两年完成,从而把系统工程引进到管理领域。

- 1965 年,麦科尔编写了《系统工程手册》一书,较完整地阐述了系统工程理论、系统方法、系统技术、系统数学、系统环境等内容,初步形成了一个较为完整的系统工程理论体系。

- 1969 年,"阿波罗"登月计划的实现,是系统工程的光辉成就,它标志着人类在组织管理技术上迎来了一个新时代。"阿波罗"飞船和"土星五号"运载火箭,有 860 多万个零部件,有众多的子系统。各子系统之间纵横交错,相互联系,相互制约。由于使用了系统工程的理论和方法,结果提前两年将三名宇航员送上月球。美国国家航空航天局(NASA)在"阿波罗"登月计划中,创立了矩阵式管理技术、图解评审技术(GERT,Graphical Evaluation and Review Technique)、风险评审技术(Venture Evaluation and Review Technique,VERT)等方法和技术,都是系统工程方法在航天工程中应用的标志性成果。

　　进入 20 世纪 70 年代以后,系统工程的应用范围已超出了传统的工程范畴。从社会科学到自然科学,从经济基础到上层建筑,从城市规划到生态环境,从生物科学到军事科学,无不涉及系统工程。至此,系统工程经历了产生、发展和形成阶段。但是,系统工程作为一门新兴的综合性的横断科学,在理论上、方法上还都处于发展之中,正随着生产技术、基础理论和计算工具的发展而不断发展。

1.3.3　我国系统工程的发展

　　系统工程在我国比较系统的、有组织的研究和运用始于 20 世纪 60 年代。在著名科学家钱学森教授的倡导和支持下,系统工程在"两弹一星"等国防尖端技术方面进行了成功应用,取得了显著成效,为系统工程的研究和应用做出了重要贡献。1978 年,钱学森在对国防建设经验总结和思考的基础上,在文汇报发表了《系统工程——组织管理技术》的文章,标志着我国系统工程正式进入了科学和工程研究的发展轨道。自 70 年代以来,系统工程在我国的研究和应用进入了一个前所未有的新时期:系统工程作为重点学科列入了全国科学技术发展规划;在高等学校设置了系统工程专业,培养本科生、硕士研究生和博士研究生;中国自动化学会系统工程专业委员会和中国系统工程学会相继宣告成立。从此,系统工程在我国的研究工作便由初期的传播系统工程的理论、方法转入独立开展系统工程的理论方法研究中。在系统工程的应用方面,注重结合我国实际情况,开发系统工程的应用研究,已在能源系统工程、交通系统工程、军事系统工程、社会系统工程、人口系统工程、农业系统工程和大型工程系统工程等的研究和应用方面取得了一定的成效。目前,系统工程与我国航空航天领域的密切关系正在为更多的人所认识,系统工程也在我国航空航天领域中发挥着越来越大的作用。

1.3.4　系统工程发展的新领域

　　随着系统规模的日益庞大,构成要素的日益多样化,特别是系统中大量人的因素的介入,使得系统的复杂性日益增加。系统工程的应用面临新的挑战。20 世纪 90 年代处理系统复杂性的一些思路和方法使得系统工程又增加了一些新的思路、方法和工具,扩大了它的应用范围,加深了它的应用深度。目前,系统工程一些典型的新的研究领域包括了体系工程、基于模型的系统工程和敏捷系统工程等。

1. 体系工程

　　随着社会的发展,人们需要研究和解决更复杂、更具挑战性的问题,例如能源交通、环境保护、社会保障、网络信息、武器装备建设等复杂系统的设计和建造。同时,也需要人们从更高、更广泛的视角去看待和解决这些复杂系统的集成问题。这些复杂系统的集成是一种开放的复杂巨系统,即"体系"(System of Systems,SoS)。体系工程要解决的问题和达到的目标通常要比传统的系统工程更加复杂,主要包括:① 实现体系的集成,满足在各种想定环境下的能力需求;② 对体系的整个生命周期提供技术与管理支持;③ 确定组分系统的选择与配比,达到体系中组分系统间的费用、性能、进度和风险的平衡;④ 对体系问题求解并给出科学的分析及决策支持;⑤ 组分系统的交互、协调与协同工作,实现互操作;⑥ 管理体系的涌现行为,分析体系中成员系统的贡献,以及动态的演化与更新。因此,体系工程是对一个由现有或新开发系统组成的混合系统的能力进行设计、规划、开发、组织和集成的过程,它强调通过发展和实现某种标准来推动成员系统间的互操作。体系工程是系统工程的延伸和拓展,它更加关注于将能力需求转化为体系解决方案,最终转化为现实体系。

2. 基于模型的系统工程

　　随着人们所研制的工程系统越来越复杂,传统系统工程越来越难以应对;与此同时,以模型化为代表的信息技术也在快速发展,因此在需求牵引和技术推动下,基于模型的系统工程

(Model Based Systems Engineering,MBSE)应运而生。传统系统工程中,系统工程活动的产出是一系列基于自然语言的文档,比如用户的需求、设计方案。这个文档又是"文本格式的",所以也可以说传统的系统工程是"基于文本的系统工程"(Text Based Systems Engineering,TSE)。在这种模式下,要把散落在各个论证报告、设计报告、分析报告、试验报告中的工程系统的信息集成关联在一起,费时费力且容易出错。2007年,国际系统工程学会(The International Council on Systems Engineering,INCOSE)在《系统工程2025年愿景》中,正式提出了MBSE的定义:MBSE是建模方法的形式化应用,以使建模方法支持系统要求、设计、分析、验证和确认等活动,这些活动从概念性设计阶段开始,持续贯穿到设计开发以及后来的所有生命周期阶段。建模工具是工程实践中重要的工具。马克思说,"最蹩脚的建筑师从一开始就比最灵巧的蜜蜂高明的地方,是他在用蜂蜡建筑蜂房以前,已经在自己的头脑中把它建成了"。工程系统的研制过程,实际上是建立工程系统模型的过程,也是一个借助模型来实现技术沟通的过程。工程研制中建立并使用工程系统模型,需要合适的建模语言、建模工具和建模思路,因此,系统工程工具、建模工具,是系统工程的重要组成部分。建模仿真工具的发展进步推动了系统工程的发展,使其从"基于文本"向"基于模型"发展。MBSE的提出,实质是基于自然语言的系统工程转到模型化的系统工程,把人们对工程系统的全部认识、设计、试验、仿真、评估、判据等全部以模型的形式进行保存和利用。

3. 敏捷系统工程

产品的功能和复杂性正在成倍地增大,而且对这些系统的安全性以及可靠性的关注使得开发这样的系统对工程师而言更加困难。同时,产品开发周期正在缩短。很显然,变革是需要的。我们需要能够以更少的时间制造出更有能力且缺陷更少的系统。敏捷系统工程(Agile Systems Engineering,ASE)表达了系统工程的一种愿景,即在敏捷的工程背景下,准确的需求规范、结构和行为可以满足对系统安全性、可靠性以及性能等更大的关注。敏捷系统工程将敏捷方法和基于模型的系统工程(MBSE)有机结合在一起,定义了系统整体的特性,从而避免传统的基于文档规范的方式所带来的错误。敏捷开发(Agile Development)是一种以人为核心、迭代、循序渐进的开发方法。在敏捷开发中,系统的构建被切分成多个子项目,各个子项目的成果都经过测试,具备集成和可运行的特征。简言之,就是把一个大项目分为多个相互联系但也可独立运行的小项目,并分别完成,在此过程中系统一直处于可使用的状态。敏捷系统工程阐述了系统开发的整个生命周期,包括需求、分析、设计以及向特定工程学科的转交。敏捷系统工程将敏捷方法与系统建模语言(System Modeling Language,SysML)和MBSE相结合,进而为系统工程师提供概念和方法层面应用的流程指南,使他们可以避免规范中的缺陷并改进系统的质量。与此同时,敏捷方法可以降低系统工程的工作量和成本。

1.4 系统工程的概念

系统工程是一门组织与管理的方法和技术。尽管目前系统工程在很多不同的领域已经深入人心并且得到了广泛认可,但人们对于系统工程的概念却有着不同的理解。为了便于理解和掌握系统工程的方法和技术,下面对学术和工程领域中一些常见的系统工程概念进行介绍。

1.4.1　系统工程的定义

　　系统工程是一门处于发展阶段的新兴学科,其应用领域十分广阔。由于它与其他学科的相互渗透、相互影响,不同专业领域的人对它的理解不尽相同。因此,要给出一个统一的定义比较困难。下面列举国内外学术和工程界对系统工程的一些定义,可为我们认识系统工程这门学科提供参考。

　　① 中国著名科学家钱学森教授指出:"系统工程是组织管理系统的规划、研究、设计、制造、试验和使用的科学方法,是一种对所有系统都具有普遍意义的科学方法。系统工程是一门立足整体、统筹全局,整体与局部的辩证统一,有机结合分析与综合,运用数学方法和计算机工具,使系统达到整体最优的方法性科学。"也可以说,系统工程是对传统理论与技术的系统化整合与应用,就是组织管理系统的技术。这是目前在我们国家采用最为广泛的一种系统工程定义。

　　② 美国著名学者切斯纳(Chestnut)指出:"系统工程认为虽然每个系统都由许多不同的特殊功能部分组成,而这些功能部分之间又存在着相互关系,但是每一个系统都是完整的整体。每一个系统都要求有一个或若干个目标。系统工程则是按照各个目标进行权衡,全面求得最优解(或满意解)的方法,并使各组成部分能够最大限度地互相适应。"

　　③ 日本学者三浦武雄指出:"系统工程与其他工程学的不同之处在于它是跨越许多学科的科学,而且是填补这些学科边界空白的边缘科学。因为系统工程的目的是研究系统,而系统不仅涉及工程学的领域,还涉及社会、经济和政治等领域,为了圆满解决这些交叉领域的问题,除了需要某些纵向的专门技术以外,还要有一种技术从横向把它们组织起来,这种横向技术就是系统工程,也就是研究系统所需的思想、技术和理论等体系化的总称。"

　　④《中国大百科全书·自动控制与系统工程卷》指出:"系统工程是从整体出发合理开发、设计、实施和运用系统的工程技术。它是系统科学中直接改造世界的工程技术。"

　　⑤ 美国军用标准 MIL - STD - 499A 定义:"系统工程是将科学和工程技术的成就应用于:a. 通过运用定义、综合、分析、设计、试验和评价的反复迭代过程,将作战需求转变为一组系统性能参数和系统技术状态的描述;b. 综合有关的技术参数,确保所有物理功能和程序接口的兼容性,以便优化整个系统的定义和设计;c. 将可靠性、维修性、安全性、生存性、人因工程和其他有关因素综合到整个工程工作之中,以满足费用、进度、保障性和技术性能指标。"

　　⑥ INCOSE 对系统工程定义如下:系统工程是一种使系统能成功实现的跨学科方法与手段,它专注于在开发周期的早期阶段就定义客户需求与所要求的功能,将需求文件化,然后再考虑完整问题,即在处理运行、成本、进度、性能、培训、保障、试验、制造和退役问题时,进行设计综合和系统确认。系统工程以提供满足用户需求的高质量产品为目的,同时考虑了所有用户的业务和技术需求。

　　从以上定义中可以看出,系统工程既是一个技术过程,又是一个管理过程。为了成功地完成系统的研制,在整个系统生命周期内,技术和管理两方面都很重要。我们可以发现,上面美国军用标准中的定义主要集中于技术过程。事实上,现代系统工程起源于国防领域,在国防等领域,从政府对工程项目进行管理出发,更赞成从管理的角度来定义系统工程。因此,美国防务系统管理学院把系统工程定义为"是为了达到所有系统要素的优化平衡,控制整个系统研制工作的管理功能,把作战需求转变为一组系统参数的描述,并综合这些参数以优化整个系统效能的过程"。

综上所述,系统工程的研究对象是大型复杂的人工系统和复合系统,系统工程的研究内容是组织协调系统内部各要素的活动,使各要素为实现整体目标发挥适当的作用,系统工程的研究目的是实现系统整体目标最优化。因此,系统工程是一门现代化的组织管理技术,是特殊的工程技术,是跨越许多学科的边缘科学。1978 年,钱学森在文汇报上发表文章,倡议在中国大力推广系统工程。在文章中,钱学森将系统工程可以依其学科的不同分为如表 1.1 所列的14 个专业。钱学森对系统工程专业的划分,极大地促进了系统工程在众多领域的发展。在这些系统工程专业中,工程系统工程是针对工程系统所采用的系统工程方法和技术,它主要是针对人造系统进行工程设计的方法,也是系统工程的最初起源,本书也是以工程系统工程为背景来对系统工程的基础理论和方法进行介绍。

表 1.1　各类系统工程专业

系统工程的专业	专业的特有学科基础	系统工程的专业	专业的特有学科基础
工程系统工程	工程设计	教育系统工程	教育学
科研系统工程	科学学	社会系统工程	社会学、未来学
企业系统工程	生产力经济学	计量系统工程	计量学
信息系统工程	信息学、情报学	标准系统工程	标准学
军事系统工程	军事科学	农业系统工程	农事学
经济系统工程	政治经济学	行政系统工程	行政学
环境系统工程	环境科学	法治系统工程	法学

1.4.2　系统工程的特点

任何系统都具有特定的目的,人类在建造任何系统时都希望无限提高其功能,特别是提高系统处理和转换的效率,即在一定的输入条件下,使得输出多、快、好;或者,在满足一定的输出要求下,使得输入尽可能少与省。而系统工程就是组织管理系统的规划、研究、设计、制造、试验和使用的科学方法,这种方法对所有系统都具有普遍意义。这种普遍性正是由系统工程的基本特点来决定的。系统工程的基本特点包括整体性、综合性、择优性、关联性、科学性和实践性。

（1）整体性

整体性是系统工程最基本的特点,系统工程把所研究的对象看成一个整体,这个整体的系统又由若干部分(要素与子系统)有机结合而成,因此,系统工程指导我们在研制系统时总是从整体性出发,最终目的不仅是追求把整个系统从无到有设计和建造出来,还要从整体与部分之间相互依赖、相互制约的关系中去揭示系统的特征和规律,从整体最优化出发去实现系统各部分的有机运转。

（2）综合性

系统工程关注的是如何将系统从无到有设计和建造出来,这需要综合运用多个专业的知识,而且在整个过程中会涉及到多个方面的因素,有技术的,有管理的,有社会的,有经济的,有人文的。要综合和全面考虑并协调这些因素,才能保证顺利地将系统设计和建造出来,并能够有效地运行下去,因此,系统工程的综合性是对系统进行全面认识和分析的基础。

（3）择优性

系统工程是人们有目的地改造社会和自然的一项工程活动，在这个过程中人们根据预先设置的目标，在工程过程中不断地改进和完善系统，以追求系统能达到整体目的最优和满意，这是系统工程面临的永恒问题，对于我们所研究的系统要追求系统运行效率或性能最优，对于工程项目则要在进度和费用约束条件下追求项目达到最优的技术指标。

（4）关联性

用系统工程方法分析和处理问题时，不仅要考虑部分与部分之间、部分与整体之间，以及部分、整体与环境之间的相互关系，而且还要认真地协调它们之间的关系。因为这些相互关系和作用直接影响到整体系统的性能，协调它们之间的关系可提高整体系统的性能，这就是组织管理工作的作用，是系统工程的着眼点。系统工程的工作重点在于协调各类关系，这是建造新系统或改造旧系统的灵魂。

（5）科学性

系统工程解决的是系统的问题，它必须服从一定的客观规律，也就是我们所说的系统工程要遵守的"物理-事理-人理"（在第 3 章系统工程方法论中会讲到物理-事理-人理方法论）中的"物理"，这其中有不同学科的系统规律，更包括如何运用工程方法去分析、优化、控制系统的规律，以及组织管理和人文社科的规律，这要求我们在系统工程活动中，一定要遵守相应的科学规律，如果违背科学，将会尝到相应的苦果。

（6）实践性

系统工程也是一项工程活动，系统工程具有非常强的实践性，它是人们在认识—实践—再认识—再实践过程中总结出来的一套科学方法和技术，所有系统工程的技术和方法都离不开实践，尽管有一些通用的系统优化、分析和控制方法等系统工程方法，但必须结合相应的实践领域、认识不同领域的特点之后才能有效发挥作用，否则只是纸上谈兵。

1.4.3　系统工程的内涵和外延

系统工程具有丰富的内涵，同时由于系统问题的普遍性，也使得系统工程的外延非常广泛。

1. 系统工程的核心内涵

（1）系统工程是一种科学的方法和技术

系统工程运用系统的思想来指导工程的规划、管理和实施，是对系统进行合理的研究和设计的工程技术，是一种能够有效组织和管理复杂系统的规划、研究、设计、制造、试验和使用的技术。因此，可以把系统工程称作为达到系统目标而对系统的构成要素、组织结构、信息流动和控制机构等进行分析和设计的技术，它包括各种原理和方法，如系统分析、系统优化和系统控制等技术。

（2）系统工程是研究系统的实现与运用的全过程

系统工程是一个用于系统实现的跨学科方法，人们把系统作为一个整体来理解，以更好地构建系统规划、开发、制造和维护过程。人们利用系统工程来对一个产品的需求、子系统、约束和部件之间的交互作用进行建模与分析，并进行优化和权衡，以便于对整个系统生命周期做出决策。在整个生命周期内，系统工程师利用各种模型和工具来捕捉、组织并管理各种系统相关信息。

在系统工程的具体领域，尤其是在航空航天领域，系统工程关注的不仅仅是如何设计并生产飞机或火箭,更重要的是如何实现它们在其生命周期内的正常运转和实现效能,包括它们的可靠性、维修性、保障性等,而这些使用特性也是需要在航空航天系统的设计过程进行考虑的。

(3)系统工程是要为实现系统的目标寻求最优或满意的解

系统工程是应用于生产、建设、交通、储运、通信、商业以及人类其他活动的规划、组织、协调和控制的科学方法。系统工程是实现系统最优化的组织管理技术。因此,系统工程不仅要提出最优的系统目标,采用目标导向的方法寻求实现系统目标的可行方案,而且要运用最优化技术从中选择社会认可、经济划算、技术先进、时间最省、系统总体效益最好的最优方案(或满意方案)付诸实施。

系统整体性能的最优化是系统工程所追求并要达到的目的。由于整体性是系统工程最基本的特点,所以系统工程并不追求构成系统的个别部分最优,而是以系统为对象,从系统的整体观念出发,综合全面地考虑问题,研究各个组成部分和分析各种因素之间的关系,运用数学方法来寻找系统的最佳方案,使系统整体目标达到最优或满意。同时,为了达到系统整体目的最优或满意,必须探求相应的途径和方法,通过对不同系统方案进行优选,对系统整体目标进行分析和设计,从而采用不同的方法和方案来实现系统整体最优。

2. 系统工程内涵的外延

(1)系统是泛化概念,系统工程是一个横向的工程

系统工程是一门跨越各学科领域的横断性学科,一方面是因为这套思想与方法适用于许多领域,因为每个领域都有一些关于整体性和全局性的问题需要综合处理;另一方面,系统工程所使用的方法与工具又多来自各门学科,只是把它们综合起来加以运用。

系统工程以大型复杂的人工系统和复合系统为研究对象,研究的对象广泛,包括人类社会、生态环境、自然现象和组织管理等,这些系统涉及的因素很多,涉及的学科领域也较为广泛。因此,必须综合运用自然科学、数学科学、社会科学、系统科学、工程技术等各门学科和领域的成就,充分发挥跨学科、跨行业、跨部门的综合优势,以达到整体最优的目的。要实现各学科的综合,开展系统工程项目时,就需要有各方面的专家协同作战。如把人类送上月球的"阿波罗"登月计划,就是综合运用各学科、各领域成就的产物,这样一项复杂而庞大的工程没有采用一种新技术,完全是综合运用现有科学技术的成果。系统工程综合运用各种科学技术领域内的成功技术,正是它产生强大动力的原因之一。

同时,系统工程的研究范围已由传统的工程领域扩大到社会、技术和经济领域,如工程系统工程、科学系统工程、企业系统工程、军事系统工程、经济系统工程、社会系统工程、农业系统工程、行政系统工程、法治系统工程等。各门系统工程除特有的专业学科基础外,作为系统工程共同的基础技术科学,有运筹学、控制论、信息论、计算科学和计算技术,相应的基础科学为系统学。任何一种社会活动都会形成一个系统,这个系统的组织建立、有效运转就成为一项系统工程。

(2)系统工程不仅关注物理,而且更加关注事理、人理

在处理复杂问题时,不仅仅要考虑系统的物的方面(物理),又要考虑如何更好地使用这些物的方面,即事的方面(事理),还要考虑认知问题、处理问题、实施管理与决策都离不开的人的方面(人理),把这三方面结合起来,利用人的理性思维的逻辑性和形象思维的综合性与创造性,去组织实践活动,以产生最大的效益和最高的效率。关于"物理-事理-人理"方法论的问题我们在第 3 章会重点讲到。

一个好的领导者或管理者应该懂物理、明事理、通人理，或者说，应该善于协调使用硬件、软件和人才，才能把领导和管理工作做好。也只有这样，系统工程工作者才能把系统工程项目搞好。任何社会系统不但是由物、事、人所构成的，而且它们三者之间是动态的交互的过程。因此，物理-事理-人理三要素之间不可分割，它们共同构成了关于世界的知识，包括是什么、为什么、怎么做、谁去做，所有的要素都是不可或缺的，如果缺少了、忽略了某个要素，对系统的研究将是不完整的。

（3）系统工程是实现系统的"质量、进度、费用"统一的科学方法

系统工程是实现系统最优化的组织管理技术。然而在系统的实施过程中，为了实现系统的目标，我们需要考虑方方面面的因素，包括最终产品的质量、设计建造所需的时间、设计建造及维护所需的费用等。从系统工程的角度来看，系统目标的完成涉及多方面的因素，系统工程不仅仅要求实现系统的目标最优，同时也要求我们采用最优（社会认可、经济划算、技术先进、时间最省）的实施方案。

在系统工程的实施过程中，需要采用一定的方法实现质量、进度、费用等因素的协调、平衡。比如，持续了 11 年的美国"阿波罗"登月计划，该工程有 300 多万个部件，耗资 244 亿美元，参加者有 2 万多个企业和 120 个大学与研究机构。整个工程在计划进度、质量检验、可靠性评价和管理过程等方面都采用了系统工程方法，并创造了"计划评审技术"（在第 12 章系统控制方法中会讲到运用网络计划方法来对项目进行控制）和"随机网络技术"（又称"图解评审技术"），实现了时间进度、质量技术与经费管理三者的统一，保证了各个领域的相互平衡，如期完成了总体目标。因此，可以说系统工程是实现系统的"质量、进度、费用"统一的科学方法。

1.5　本章小结

我们的身边存在着各种各样的系统，但是并不是每个系统都是我们所需要的，我们需要的系统应具有一定的功能，且能满足人类的需求。同时，我们应明白系统不可能一直正常运作，我们需要采取一定的措施来保证系统的正常运行。可以说，任何系统都会经历一个发生、发展和消亡的过程，不可能一直运作下去。随着社会的发展，我们所需要的系统越来越复杂，系统复杂性的提高，致使我们在系统设计和建造时，所需专业的综合性增强，同时，导致系统的风险增大，原有的设计、建造方法已经不能满足需求，需要开展工程化的设计和建造。系统工程正是在此背景下应运而生的。

系统工程是以大规模、复杂系统为研究对象的一门交叉学科，它是从系统整体出发，按既定目标对系统进行合理规划、研究、设计、制造、试验和使用，以使其达到最优的工程技术。系统工程是一种"科学"方法（技术），研究的是系统的实现与运用的全过程（整个生命周期过程），其最终目标是要为实现系统的目标寻求最优或满意的解。在系统工程中，系统是泛化概念，系统工程是一个横向的工程，不仅关注物理，还要求关注事理、人理。系统实现过程中，应讲究"质量、进度、费用"等因素的统一。

关于系统工程的定义，大家还可以参看国际标准化组织（International Organization for Standardization，ISO）、国际工程协会（International Engineering Consortium，IEC）以及电气和电子工程师协会（Institute of Electrical and Electronics Engineers，IEEE）联合发布的系统工程标准 ISO/IEC/IEEE 15288 系统和软件工程——系统生命周期过程（我国对应标准为

GB/T 22032 系统工程系统生存周期过程）、INCOSE 出版的系统工程手册（INCOSE SE Handbook）和系统工程知识体系（Systems Engineering Body of Knowledge，SEBOK）。ISO/IEC/IEEE 和 INCOSE 作为在系统工程领域应用较为广泛的组织，其标准和发布的文件已经在工业领域得到了广泛的认可。

习　题

1. 简述你身边存在哪些系统，它们分别具有什么样的功能。

2. 你是否设计或亲手制作过什么物品或系统？在整个过程中遵循了什么样的步骤？采用了什么样的方法？并以此为基础，简述如何设计和建造系统。

3. 为什么说越来越复杂的系统需要工程化的设计和建造？

4. 系统工程与传统工程学科之间存在什么关联，以及存在哪些不同之处？

5. 系统工程不仅关注系统的实现，而且还关注系统的运用。简述你对此的理解。

6. 举一个系统工程涉及多专业综合的例子，并确定需要哪些专业。

7. 结合具体的案例，简述你对系统工程的理解，以及系统工程涉及哪些方面的因素。

8. 结合具体的系统问题，说明系统工程在可靠性工程领域中的应用。

第 2 章　系统与系统思维

系统工程的研究对象是系统。理解现实中存在的各式各样的系统,掌握这些系统具备哪些特性和构造,以及了解如何认识这些系统的特点,是我们在系统工程研究和学习中需首要解决的问题。因此,本章首先对系统的定义、系统的特性和系统的分类分别进行阐述,接着给出系统结构与功能的含义,最后对系统思维进行详细讨论。所谓系统思维是指我们认识系统的思维方式,它是指导我们设计和建造系统的最基本的思维方法。系统思维是人们在分析、认识和理解系统的过程中逐渐形成的,它有助于我们在系统工程实践中更好地去掌握所需研究的对象的本质。

2.1　系统的概念

系统无处不在,我们日常生活和工作中接触到的很多事物都可以看成是不同的系统。从认识论的角度来讲,只有先认识世界才能去改造世界。同理,只有了解什么是系统才能更好地开展系统工程工作。因此,在设计和建造系统之前,了解系统的概念、定义和特性是至关重要的。

2.1.1　系统的定义

在现实世界中存在着各种各样的系统,比如通信系统、电力系统、机械系统、自动控制系统、政治结构、政治组织、社会系统、交通运输网、水利灌溉系统、神经系统、生态系统等。可以说,"系统"一词来源于人类社会的长期实践,存在于自然界、人类社会及人类思维描述的各个领域。"系统"已成为人们熟悉并广泛应用的词汇。举例来说,一个由弹头、弹体、发动机、制导系统、弹道测量和发射等部件组成的进攻性武器,称为弹道导弹系统;由计算机硬件、软件、操作人员等构成的人机系统,称为信息管理系统;由堤坝、水库、排沙与溢洪设施、水力发电厂、输变电装置等组成,并且能将水的动能转变为电能的总体,称为水力发电系统。

那么,究竟什么是系统呢?英文中系统"system"一词来源于古代希腊文"systema",意为部分组成的整体。往往不同的人或同一个人在不同的场合(不同的研究领域)会对它赋予不同的含义。可以说"系统"一词包罗万象,又没有统一的定义。系统的定义也应该包含一切系统所共有的特性。长期以来,研究系统的人们形成了许多关于系统的定义,一些典型的定义包括:

- 在美国的韦氏(Webster)大辞典中,"系统"一词被解释为"有组织的或被组织化的整体;结合着的整体所形成的各种概念和原理的组合;由有规则的相互作用、相互依存的形式组成的诸要素集合"。
- 在《日本工业标准》(*Japanese Industrial Standards*,JIS)中,系统被定义为"许多组成要素保持有机的秩序向同一目的行动的集合体"。
- 在我国的《辞海》中,把系统定义为"自成体系的组织,相同或相似的事物按一定秩序和内部联系组合而成的整体"。

- 在《牛津英语大辞典》中,系统的定义为"一组相联结、相聚集或相依赖的事物,构成一个复杂的统一体;由一些组成部分根据某些方案或计划有序排列而成的整体"。
- 一般系统论的创始人贝塔朗菲定义系统为:"由若干要素以一定结构形式联结构成的具有某种功能的有机整体"。这个定义强调元素间的相互作用以及系统对元素的整合作用。可以表述为:如果对象集 S 满足下列两个条件:S 中至少包含两个不同元素,S 中的元素按一定方式相互联系,则称 S 为一个系统,S 的元素为系统的组分。
- 我国著名学者钱学森认为:系统是由相互作用、相互依赖的若干组成部分结合而成的具有特定功能的有机整体,而且这个有机整体又是它从属的更大系统的组成部分。
- 国际系统工程协会(INCOSE)对系统的定义为:为达到一个或多个规定的目的而组织起来的相互作用的元素的组合,也即是完成既定目标的一组元素、子系统或组件的集成。这些元素包括产品(硬件、软件、固件)、流程、人员、信息、技术、设施、服务和其他支持元素。

从以上的定义中可以总结出系统的几个基本特征:第一,系统是由若干元素组成的;第二,这些元素相互作用、相互依赖;第三,由于元素间的相互作用,使系统作为一个整体具有特定的功能。虽然系统的定义各有表述,但都包含了以上三个方面的含义。在我国,大家普遍使用钱学森的系统定义。

2.1.2　系统的特性

虽然目前对系统的定义并没有统一,但我们从众多的系统定义中可以总结出:对一般系统而言,普遍都应具有整体性、相关性、层次性、有界性、目的性和动态性等六大特性。这些特性是人们在长期的认识系统和系统实践过程中总结出来的,同时也是系统工程中运用系统思维的重要基础。

1. 系统的整体性

系统整体性是系统最基本的特性。系统是由要素(系统的组成部分)结合而成的,这些要素可以是元件、零件、单个机器,或者是个人、组织机构,也可以是各种子系统(分系统)。对于不同的系统,其组成要素及其数量也不同:简单的工具只有几个要素,钟表有几十个,而电视机有几百乃至几千个,一架喷气式战斗机有几十万个,宇宙飞船有几百万个,而一座大城市算起来大约有几亿个要素。随着科学技术的发展,系统越来越复杂,组成系统的元素也越来越多。

系统的整体性说明,具有独立功能的系统要素及要素间的相互关系是根据逻辑统一性的要求而建立的,协调存在于系统整体之中。就是说,任何一个要素都不能离开整体去研究,要素之间的联系和作用也不能脱离整体去考虑。系统的整体性表明,系统整体具备其组成系统的部分所不具备的特性,这也被称为系统的涌现性(Emergence)。系统不是各个要素的简单集合,否则它就不会具有作为整体的特定功能。脱离了整体性,系统中要素的机能和要素之间的作用便失去了原有的意义,研究任何事物的单独部分都不能得出有关整体性的结论。系统的构成要素和要素的机能、要素间的相互联系要服从系统整体的功能和目的,在整体功能的基础上展开各要素及其相互之间的活动,这种活动的总和形成了系统整体的有机行为。系统的整体性就是强调"整体功能大于各部分功能之和",即"1+1>2"。整体性具体体现在系统具有整体的结构、整体的特性、整体的状态、整体的行为、整体的功能上。系统的整体观念或总体观念是系统思维和系统工程的精髓。

2. 系统的相关性

组成系统的要素是相互联系、相互作用的,相关性说明这些联系之间的特定关系和演变规律。正是组成系统的要素之间的相关性,才使得将众多元素简单加和不能得到系统,这些要素之间必须是相互联系的,它们在相互作用中才会产生涌现,形成一个系统整体。例如,城市是一个大系统,它是由资源系统、市政系统、文化教育系统、医疗卫生系统、商业系统、工业系统、交通运输系统、邮电通信系统等相互联系的部分组成的,通过系统内各子系统相互协调的运转去完成城市生活和发展的特定目标。各子系统之间具有密切的关系,相互影响、相互制约、相互作用,牵一发而动全身。这要求系统内的各个子系统根据整体目标,尽量避免系统的"内耗",改善系统整体运行的效果。

3. 系统的层次性

从系统作为一个相互作用的诸要素的总体来看,它可以分解为一系列不同层次的子系统,并存在一定的层次结构。而它本身又是它所从属的一个更大系统的子系统。例如,生命系统:细胞∈器官∈生物体∈群体∈组织∈社会(这里符号∈表示"属于");再如,元器件∈电路板∈机载设备∈分系统∈飞机。这是系统结构的一种形式,在系统层次结构中表述了在不同层次子系统之间的从属关系或相互作用的关系。在不同的层次结构中存在着不同的运动形式,构成了系统的整体运动特性,为深入研究复杂系统的结构、功能和有效地进行控制与调节提供了条件。同时,系统的不同层次也给我们认识和研究系统提供了便利:当一个系统过于复杂时,我们可以分而治之,自顶向下逐层分解,直到我们有足够的认识能力去解决的粒度为止。正是由于系统具有层次性,我们还要对不同层次的组成部分的不同特性进行认识,并采取不同的方法去设计和建造,这也正是后面第 4 章中要讲到的系统工程 V 字模型的基础。另外,系统的层次性也是在系统涌现中所形成的,系统的层次可以看作系统涌现的层次。比如:若干元器件按一定的电路逻辑组合在一起涌现出电路板,几个不同功能的电路板集成在一起又涌现出机载设备,以此类推最终涌现出一架飞机。

4. 系统的有界性

系统是有边界而不是无所不包的,我们将系统之外的一切与它相关联的事物构成的集合称为系统的环境,系统的边界就是把系统与环境分开的界限。系统边界是系统包含的功能和要素与系统不包含的功能和要素之间的界限,系统都被一组将它们与环境分开的边界所包围。系统的有界性表明,任何一个系统都存在于一定的环境之中,因此,它必然要与外界产生物质、能量和信息交换,外界环境的变化必然会引起系统内部各要素的变化。不能适应环境变化的系统是没有生命力的,只有能够经常与外界环境保持最优适应状态的系统,才是不断发展的系统。系统必须适应环境,就像要素必须适应系统一样。系统的有界性可以用图 2.1 表示,从图中可以看到:

$$系统(S) + 环境(\bar{S}) = 更大的系统(\Omega) \qquad (2.1)$$

我们在研究系统时,不但要看到整个系统本身,还要看到系统的环境,只有在一定的环境中研究系统,才能有效地解决系统问题。在系统分析时,只有明确了系统边界才能继续进行后续的工作。

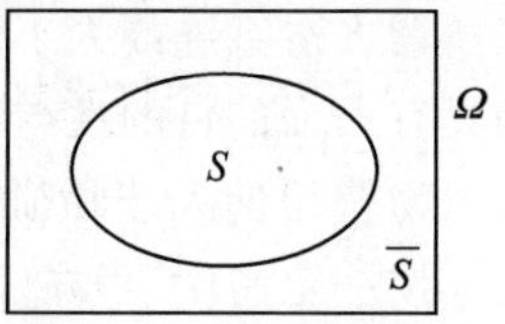

图 2.1　系统与环境

5．系统的目的性

系统都是围绕一定目的而生的。为达到既定的目的，系统都具有一定的功能，而这正是区别不同系统的显著标志。系统的目的一般用更具体的目标来体现，比较复杂的社会经济系统都具有不止一个目标，因此需要用一个指标体系来描述系统的目标。比如，衡量一个工业企业的经营业绩，不仅要考核它的产量、产值指标，而且要考核它的成本、利润和质量指标。在指标体系中各个指标之间有时是相互矛盾的。为此，我们研究系统时要从整体出发，力求获得全局最优的系统效果，这就要求在矛盾的目标之间做好协调工作，寻求平衡或折中方案。

6．系统的动态性

系统是一直处于运动之中的。任何系统都有自己的生成、发展和灭亡的过程，我们称之为系统生命周期过程。因此，系统内部诸要素之间的联系及系统与外部环境之间的联系都不是静态的，都与时间密切相关，并会随时间不断地变化。这种变化主要表现在两个方面：一是系统内部诸要素的结构及其分布位置不是固定不变的，而是随时间不断变化的；二是系统都具有开放的性质，总是与周围环境进行物质、能量、信息的交换活动。因此，就算系统处于稳定状态也只是相对的，并不是说系统没有什么变化，而是始终处于动态之中，处在不断演化之中。

2.2　系统的分类

在自然界和人类社会中普遍存在着各种不同性质的系统。为了研究系统的性质，揭示不同类型系统的特点以及它们之间的联系，需要对形形色色的系统进行研究，并且按照形态、结构和功能等标准对所研究的系统进行分类。以下是系统常见的 6 种分类方法。

2.2.1　按系统的自然属性分类

我们认识系统时，首先想到的是将系统按自然属性分类，即按系统生成的原因进行分类。可以将系统分为自然系统、人造系统和复合系统。

1．自然系统

自然系统是自然形成的、单纯由自然物（天体、矿藏、生物、海洋等）组成的系统，如天体系统、江湖河海水系、原始森林，这些是在有人类以前就已经存在的。自然系统表现出高度的秩序性以及平衡性，它是在若干年中进化和发展而来的。自然系统的这些特性可以从季节、食物链、水域等系统中得到证明。动植物能够通过调整自己以保持与环境的平衡。自然界中每一件事的发生均伴随着相应的适应性调整，其中最重要的一点便是物质是循环流通的。在自然界中，没有绝对的终结，没有废弃物，只有永无止境的再流通。

2．人造系统

所谓人造系统或人工系统，是指由人介入自然系统并且发挥主导作用而形成的各种系统，它们具有人为的目的性与组织性。人造系统又称为人工系统。它可再分为以下系统：① 加工自然物获得的人造物质系统，如水坝、城市建筑物、通信网、计算机；② 社会和管理系统，它们是人按一定制度、程序、手续建立的，如行政管理系统；③ 人造的抽象系统，即存在于人脑中或外化在书刊、网页上的概念系统。需要说明的是，本书中是以人造系统为背景来介绍系统工程的基本理论和方法的。

3. 复合系统

复合系统是自然系统和人造系统相结合的系统,例如灌溉系统。自然系统和人工系统之间有着各种联系与制约关系。随着人类生产的发展和生活范围的扩大,自然系统和人工系统之间的联系越来越密切。人工系统的建立有许多是破坏了自然系统的,而这种破坏超过一定限度又会反过来影响人工系统,以至于影响人类的正常生活,例如工业化产生的环境污染。因此,研究复合系统时,需要在一个更高的层次上来加以关注和分析。

2.2.2 按系统的物质属性分类

将系统按物质属性分类,即按系统的构成进行分类,可以分为实体系统和概念系统。很显然,人造系统最终是实体系统,但设计和建造过程中运用了大量的模型,即概念系统。

1. 实体系统

实体系统是由自然物与人造物组成的系统,包括:自然物组成的系统,如大气系统、矿藏系统、生态系统等;人造物的系统,如计算机网络系统、机器生产系统、铁路运输系统等。简单来说,实体系统是由物质组成的,也可以叫作“硬系统”。

2. 概念系统

概念系统是由概念、原理、法则、制度、规定、习俗、传统等非物质组成的系统,是人脑和习惯的产物,也可以叫作抽象系统或“软系统”,如学科体系、教学计划、规章制度等。它存在于人们的头脑之中,或者存在于一些物质载体(书刊、网页、光盘)之中,也有一些存在于一个组织的日常工作习惯之中。概念系统和实体系统并不是密不可分的,有时是同时存在的。比如:机械系统是实体系统,但是它的运行需要利用技术、方法、程序等,而后者是概念系统。因此,在实际系统中,实体系统与概念系统是紧密结合在一起的。实体系统是概念系统的基础,概念系统为实体系统提供指导和服务。

2.2.3 按系统的运动属性分类

将系统按运动属性分类,即按系统对时间的关系进行分类,可以分为静态系统和动态系统。目前,我们所接触到的大部分系统都是动态系统,但是我们在研究系统时,通常是由简单到复杂、由静态到动态,所以可以从静态系统开始研究,并逐步过渡到动态系统的研究上。

1. 静态系统

这类系统的状态不随时间变化,或至少在一段时间内不随时间变化,没有相应的输入和输出,例如生产车间的平面布置、校园中的建筑布局等。

2. 动态系统

系统的状态随时间变化,具有输入、输出及其转化过程的系统称为动态系统。举例来说,一条正在工作的生产线、一个正在进行研究开发工作的学术团队等都可以视作不同的动态系统。

我们要注意到,系统的静态与动态是一对相对的概念。严格的静态系统在实际生活中难以找到。只有当有些系统在考察的时间尺度之内,其内部结构与状态参数变化不大的情况下,为了研究方便,将其近似视为静态系统,从而忽略这些结构与参数的动态改变。换句话说,静止是相对的,运动是绝对的。只有当一个系统处于一个有限的参照系中,它才可以被看作是静止的。例如,一座建好的桥梁在地球上是相对静止的,但建造这座桥梁需要跨越一个时间段,这是一个动态过程。此后,它还会经过维修或者改造,这当然也是动态的过程。

2.2.4 按系统与环境的关系分类

1. 开放系统

与外界环境之间存在着物质的、能量的、信息的流动与交换的系统,称为开放系统。当环境发生变化时,通过系统要素与环境的交互作用以及系统自身的调节作用,开放系统可以达到某一特定的状态。因此,开放系统通常又是自调整和自适系统。开放系统通常与外界存在一定的流动和交换现象。这种流动现象有两类:一类是由环境向系统的流动,称其为系统的输入或干扰;另一类是由系统向环境的流动,称其为系统的输出。若用圆圈表示系统,用指向系统的箭头表示输入,用指离系统的箭头表示输出,则一般的开放系统可用图2.2来表示。

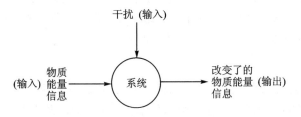

图 2.2 开放系统的一般表示

2. 封闭系统

如果系统与环境之间不发生物质的、能量的、信息的流动与交换,则称之为封闭系统。封闭系统的平衡特性表现为,不论外部环境如何变化,它都能保持自身的内部特性。例如,当一系列反应混合发生时,封闭容器中还能最终达到化学平衡。通常,这种反应能通过一个初始条件集合而进行预测。这也可以说明,封闭系统中进行的都是初状态与末状态间一一对应的、有确定性的相互作用。现实中,严格的封闭系统也是难以找到的。但是为了研究问题的方便,有时可以忽略一些较少的流动与交换现象,并将这种系统近似看成为"封闭系统"。

2.2.5 按系统的规模大小和复杂程度分类

系统的大小是一个相对的概念,很难准确划分。但是,不同大小的系统又会由于复杂程度不同而各具特点,因此从系统的大小和复杂程度的角度对系统进行分类具有其特殊的意义。我国系统学科的开创者钱学森建议把系统分为简单系统,又再分为小系统和大系统;巨系统,又再分为简单巨系统和复杂巨系统。复杂巨系统还分为一般复杂巨系统和特殊复杂巨系统。这里的巨系统,不仅是规模庞大,要素数量众多,而且联系关系复杂,引出了许多复形态。

2.2.6 按系统要素间的相互关系分类

1. 线性系统

系统中某部分的变化导致并引起其余部分的变化是线性的,或者说系统的输入线性叠加时,系统的输出也线性叠加,就称该系统是线性系统。

2. 非线性系统

与线性系统相对的,系统内部各组元之间的影响不是线性的,或者说系统的输入、输出不满足叠加原理的系统称为非线性系统。非线性系统的研究通常要比线性系统更加复杂。但是,对大部分的非线性系统模型,当它的变量保持在一定范围之内时,往往可以被近似表达为线性系统,从而达到降低其研究难度的目的。

2.3　系统的结构与功能

系统的结构与功能是了解系统的重要切入点,也是系统普遍存在的基本属性。本章后面要介绍的系统思维,在很大程度上建立在系统的结构和功能之间的关系之上。因此,本节将介绍系统的结构与功能的概念以及它们之间的联系。

2.3.1　系统的结构

系统的结构是系统内各个组成要素之间的相对稳定的联系方式、组织秩序及其时空关系的内在表现形式。它是由各要素的特殊本质所共同决定的并按其本身发展规律逐步形成的内在关系。简而言之,系统结构即系统内部组成系统的诸要素的组织形式。

各种系统其结构是大不一样的。从一般的意义上说,系统的结构可以用以下公式表示:

$$S = \{E, R\} \tag{2.2}$$

式中,S 表示系统,E 表示要素的集合,R 表示建立在集合 E 上的各种关系的集合。

由式(2.2)可知,作为一个系统,必须包含其要素的集合与关系的集合,两者缺一不可,两者合起来才能决定一个系统的具体结构与特定功能。

要素集合 E 可以分为若干子集 E_i,例如一架战斗机,其要素集合 E 可以分为航电系统子集 E_1、导航系统子集 E_2、武器系统子集 E_3、驾驶舱系统子集 E_4 等;而航电系统子集 E_1,又可以分为自动飞行设备子集 E_{11}、飞行管理设备子集 E_{12}、通信设备子集 E_{13} 等,即

$$E = E_1 \cup E_2 \cup E_3 \cup \cdots \tag{2.3}$$

$$E_1 = E_{11} \cup E_{12} \cup E_{13} \cup \cdots \tag{2.4}$$

不同的系统,其要素集合 E 的组成是大不一样的,如战斗机与巡航导弹,宇宙飞船与人造卫星,水利系统与电力系统等,其要素集合 E 的成分有很大差异。但是,在要素集合 E 之上建立的关系集合 R,对系统论而言,是大同小异的。在不失一般性的情况下它可以表示为

$$R = R_1 \cup R_2 \cup R_3 \cup R_4 \tag{2.5}$$

式中　R_1——要素与要素之间、局部与局部之间的关系(横向联系);

　　　R_2——局部与全局(系统整体)之间的关系(纵向联系);

　　　R_3——系统整体与环境之间的关系;

　　　R_4——其他各种关系。

当然,每一个 R 都是可以细分的,例如 R_1,不但包含同一层次上不同局部之间、不同要素之间的关系,还包含系统内部不同层次之间的关系,但是,无论对于战斗机、导弹、宇宙飞船、人造卫星、水利系统还是电力系统,式(2.5)都是成立的。在系统要素给定的情况下,调整这些关系,可以提高系统的功能。系统的涌现性存在于集合 R 之中,如果说集合 E 代表了系统的躯体,那么,系统的灵魂存在于集合 R 之中。

系统结构的类型可以是：

- 空间性结构。系统内部联系在空间展开（一维、二维、三维、多维、分数维等）。
- 时间性结构。系统内部联系在实践过程中展开。
- 比例性结构。复杂系统中各子系统的数量间形成的比例关系。
- 次序性结构。时空综合结构，通常以空间结构为目标，时间结构为完成手段。

2.3.2 系统的功能

相较于系统的结构，功能是系统在与外部环境的相互联系和相互作用中表现出来的性质、能力与功效，是系统内部相对稳定的联系方式、组织秩序及时空关系的外在表现形式。简而言之，功能即事物在特定环境中可能发挥的作用或能力。

各种系统的具体功能是大不一样的，例如汽车和飞机，以及宇宙飞船和人造卫星；但是，从一般意义上来说，系统的功能可以如图 2.3 所示。

图 2.3 系统的功能

从图 2.3 可以看出。系统的功能包括：接受外界的输入、在系统内部进行处理和转换（加工、组装）以及向外界输出。

系统的输入是作为原材料的物质、能量与信息，系统的输出是经过处理和转换的物质、能力与信息，例如产品、人才、成果、服务等，所以，系统可以理解为是一种处理和转换机构，它把输入转变为人们所需要的输出。也可以将系统看成一种函数关系，用数学公式表示为

$$Y = F(X) \tag{2.6}$$

式中，自变量 X 是输入的原材料，因变量 Y 是产品和服务。X 与 Y 都是矢量，即是多输入、多输出的；F 可以是矢量函数，即系统具有多种处理和转换功能。

因此，从狭义上讲，处理和转换是系统的功能。从广义上说，把接受输入与输出也作为系统的功能。对于闭环系统，往往把反馈作为系统的功能。

在早期的系统论中有一种一般系统论（General System Theory），它是奥地利生物学家贝塔朗菲在 20 世纪中叶创立的，一般系统论重申亚里士多德（Aristotle）的一个论断：整体大于部分之和，用数学公式表示为

$$F > \sum f_i \tag{2.7}$$

式中，F 为系统的功能，f_i 为系统的构成要素的功能。这是系统论的经典论述之一。系统工程的主旨就是要实现式（2.7），且使左边大于右边越多越好。

这里说的大于，也可以代之以多于、高于、优于。例如，在可靠性工程实践中，追求用可靠度低一些的元件组装可靠度很高的整机，就是上述原理的运用。这是因为，当要素组成系统之后，要素之间发生了这样或那样的联系（包括分工与合作），由于层次间的涌现性和系统整体的涌现性，使系统的功能出现了量的增加和质的飞跃。然而，不等式（2.7）的成立是有条件的。在不协调的关系下，其不等号的方向亦可以反过来。式（2.7）能否实现，关键在于要素之间的关系，在于系统的结构。既然如此，调整要素之间的关系，建立合理的系统结构，就可以提高和增加系统的功能。

最后必须说明，系统的功能或总体效果最优，并不是要求系统的所有组成要素都孤立地达到最优(那样会使系统的成本太高)。从另一方面来讲，系统的所有组成要素都孤立地达到了最优并不意味一定能有系统功能或总体效果的最优。为了实现系统总体效果最优，有时还要遏制甚至牺牲某些局部的效果(利益)。这里面有一个协调的问题，有一种"抓总"的工作、统筹兼顾的安排，即整个系统的合理设计组织与管理，各种资源的合理配置与使用。

2.3.3　系统结构与功能的关系

结构是系统的内在构成，从内部反映系统的整体性，是横向的、相对静止的。而功能是系统的外在行为，是系统与环境交互中表现出的有益行为，从内部反映系统的整体性，是纵向的、动态的。结构与功能相互联系，相互制约。结构是功能的基础，结构决定功能。功能依赖于结构，不能脱离结构而存在。

一切系统都是由若干要素组成的，都有各自的结构，系统正是因为有了结构，才能保持其整体性，才具有一定的功能，且系统结构与功能的关系并非简单的一一对应的线性关系，而是错综复杂的非线性关系。在一定环境下，结构决定功能，而功能又在适应不断变化的环境的同时反作用于系统的结构，促进结构的改变，改变了的系统结构可以具有更佳的功能，使得功能得到更好的发挥。

系统的结构与功能之间的具体关系，存在着多种情况：

- 一般来说，组成系统结构的要素不同，则系统的功能也不同，因为要素是形成结构与功能的基础。
- 组成系统结构的要素相同，但结构不同，则功能也不同，如化学中所讲的同分异构体；又如同一个班组，人员不变，但劳动的组织、分工与合作方式变了，就表现出不同的劳动效果。所以为了提高功能，不能只从单个要素着手，还得设法改进结构。
- 组成系统的要素与结构都不同，也能得到相同的功能，这就启发我们为了达到同一目标，可以采用不同的方案。
- 同一系统结构，可能不仅仅有一种功能，而是有多种功能，这是因为同一结构，在不同环境下发挥的作用不同，例如同一盒药物，对不同疾病有不同的疗效。当然我们这里协调的作用、功能，有的是有益的，有的是有害的(例如药品的毒副作用)。

另外，结构和功能既有相对稳定的一面，又有可能发生变化的一面。一般来说，系统的功能比结构有更大的可变性，功能变化又是结构变化的前提。例如一个企业，当市场对产品需求有所变化时，它的功能会发生变化，就必须调整生产，改变产品的种类，这就引起了结构的改变。

2.3.4　系统功能与性能

凡系统都具有功能，系统的功能由系统的结构与环境共同决定，而非单独由结构决定。只有当环境给定后，才可以说结构决定功能。同时，系统的功能与系统性能也存在一定的关系。系统性能是指系统在内部相干和外部联系中表现出来的特性和能力。性能一般不是功能，功能是一种特殊的性能。一方面，性能是功能的基础，提供了系统发挥功能的客观依据；另一方面，功能是性能的外化，只能在系统运行过程中表现出来，在系统作用于对象的过程中进行评价。另外，性能可以在系统与对象分离的条件下观测评价，而且同一系统有多种性能，每一种性能都可以用来发挥相应的功能,或综合几种性能发挥某种功能。总之,系统性能的多样性决定了系统功能的多样性。

2.4　系统思维

前面我们对系统的定义、分类、结构和功能进行了介绍,其目的归根结底是为了帮助我们去认识身边的各类系统,尤其是人造系统。事实上,系统并不是一个全新的概念,人们在历史长河中随着对自然世界的认识,或多或少地形成了对系统的一定理解和认识,比如中国古代产生的"事"和"物"的概念,其实就是对系统的一种认识。为了更好地帮助我们认识系统,下面介绍认识系统的一般方式,即系统思维(System Thinking)。系统思维在人类的系统工程活动中扮演着至关重要的角色。在系统工程中,人们反复运用各种系统思维去解决与系统相关的问题,从而可以把一个工程系统规划、设计和建造出来。

2.4.1　系统思维的起源与哲学基础

人们对于系统的认识,即关于系统的思想来源于社会实践,人们在长期的社会实践中逐渐形成了把事物的各个组成部分联系起来从整体角度进行分析和综合的思想,即系统思想。系统思想古已有之,但系统工程的诞生却是近 40 年的事。系统思想是关于事物的整体性观念、相互联系的观念、演化发展的观念,即全面而不是片面地、联系而不是孤立地、发展而不是静止地看问题。

系统是一个概念,反映了人们对事物的一种认识论,即系统是由两个或两个以上的元素相结合的有机整体,系统的整体不等于其局部的简单相加。这一概念揭示了客观世界的某种本质属性,有无限丰富的内涵和外延,其内容就是系统论或系统学。系统论作为一种普遍的方法论是迄今为止人类所掌握的最高级思维模式。系统思维就是把认识对象作为系统,从系统和要素、要素和要素、系统和环境的相互联系、相互作用中综合地考察认识对象的一种思维方法。系统思维是以系统论为思维基本模式的思维形态,它不同于创造思维或形象思维等本能思维形态。系统思维能极大地简化人们对事物的认知,给我们带来整体观。按照历史时期来划分,可以把系统思维方式的演变划分为四个不同的发展阶段:古代整体系统思维、近代机械系统思维、辩证系统思维和现代复杂系统思维。

系统思想的形成可追溯到古代。中国古代著作《易经》《尚书》中提出了蕴含有系统思想的阴阳、五行、八卦等学说。中国古代经典医著《黄帝内经》把人体看作是由各种器官有机地联系在一起的整体,主张从整体上研究人体的病因。古希腊哲学家赫拉克利特在《论自然界》一书中指出:"世界是包括一切的整体。"古希腊哲学家德谟克利特认为一切物质都是原子和空虚组成的。他的《世界大系统》一书是最早采用系统这个名词的著作。古希腊哲学家亚里士多德提出整体大于部分之和的观点。古代系统思想还表现在一些著名的古代工程中。埃及的金字塔和中国的长城、大运河、都江堰等工程,其建造过程中无不体现了朴素的系统思想。古代系统思想常用猜测的和臆想的联系代替尚未了解的联系,是自然哲学式的。

16 世纪,近代自然科学兴起。在当时的条件下难以从整体上对复杂的事物进行周密的考察和精确的研究。因此,近代自然科学的研究方法是把整体的系统逐步地分解,研究每个较简单的组成部分,排除臆想的东西。这种方法后来被称为还原论和机械唯物论。但是,在当时这种方法还是先进的。它的进步作用曾得到恩格斯的肯定。到 19 世纪,科学的系统思想才逐渐形成。恩格斯在《路德维希·费尔巴哈和德国古典哲学的终结》一文中指出:"一个伟大的基本思想,即认为世界不是一成不变的事物的集合体,而是过程的集合体。其中各个似乎稳定的事物以及它们在我们头脑中的思想反映即概念,都处在生成和灭亡的不断变化中。在这种变化中,前进地发展,不管一切表面的偶然性,也不管一切暂时的倒退,终究会给自己开辟出道路。"恩格斯的这段话标志着科学的现代系统思想的产生。系统思想在历史上的发展贯穿于从自然哲学到辩证唯物主义的发展过程中。

在系统思维产生和形成过程中,有很多哲学思想都对系统思维有过一定的影响,甚至很多哲学家和学者对于系统思维的不同哲学基础有过持久的争论。其中,对还原论和整体论的争辩是最为著名的。关于还原论和整体论的这场争辩持续了一两个世纪,直到 19 世纪大家才逐渐形成了统一的认识,其在我国我们统一称为马克思辩证唯物主义,运用在系统工程中我们称为系统论。系统论的产生也体现了人们对客观世界认识上的矛盾和统一,也即是要求我们辩证地看待事物。

2.4.2　还原论、整体论与系统论

1. 还原论

还原论是将物质的高级运动形式(如生命运动)归结为低级运动形式(如机械运动),用低级运动形式的规律代替高级运动形式的规律的形而上学方法。还原论认为,各种现象都可被还原成一组基本的要素,各基本要素彼此独立,不因外在因素而改变其本质。通过对这些基本要素的研究,可推知整体现象的性质,比如,物质是由分子组成的,分子是由原子组成的,原子又是由电子和原子核组成的等,研究微观粒子就可以推知整体的规律。还原论是把事物分开来,进行实验,然后再综合起来。可以说,还原论是西方科学的灵魂。除了物理领域,还原论另外一个应用领域是医学,现代医学即是起源于解剖学,是在对人体各器官机能的认识的基础上建立起来的。

还原论与分解的方法相辅相成,分解的方法是科研的重要方法,最能体现还原论思想的分解方法是西方的公理化方法。西方科学的源头是古希腊文明。古希腊的还原论思想和公理化方法经过培根、笛卡儿和伽利略的继承和发扬,奠定了近代科学的基础。基于还原论的西方科学体系经过几百年的发展已经非常庞大和完善,在它的基础上诞生的工程技术,取得了大量的科技发明和创新,创造了空前繁荣的人类文明。尽管过去几百年以还原论为基础的西方科学取得了巨大的成功,但是,20 世纪基础科学的三大成就,相对论、量子论和复杂科学的核心思想和结论,分别从宇观、微观和宏观尺度下证实了还原论的局限性:

- 相对论认为宇宙是一个无法彻底还原的整体;还原论的宇宙观认为,时间和空间是分离的,宇宙内发生的事件与时空是分离的,宇宙仅仅是事件发生的舞台。但科技的发展证明,宇宙远不是还原论描述的那么简单。时间、空间、物质和能量乃至整个宇宙本身就是一个整体,必须作为一个整体来研究,因此宇宙已经无法再用还原论的方法进行简单的研究。

- 量子论从根本上动摇了还原论。描述微观世界最为成功的理论是量子论,如果说 20 世纪初,爱因斯坦的相对论的结论对机械论世界观提出了质疑,那么微观世界的事实和量子论的思想结合在一起,则从根本上动摇了还原论。量子论认为,我们的世界

是一个非机械的、相互联系的、不可分割（还原）的世界，物质世界的根本元素就不是被分割的机械的原子、质子、中子，而是一个有机联系的整体。量子论的问世导致了测不准原理的提出，测不准原理认为无法还原位置和速度两个基本量，这从根本上表明，在对待位置和速度这两个基本量上，还原论是失败的。微观层次上的还原论失败，导致了机械的决定论的失效。

- 复杂科学彻底动摇了还原论。混沌理论推动了复杂科学的诞生，排除了拉普拉斯决定论的可预见性的思想。因此，复杂科学的问世彻底动摇了还原论——能用还原论近似描述的仅仅是我们世界的很小的一部分。

2. 整体论

随着人类活动的广度和深度的日益增大，各种事物间的关联也日趋复杂，在生活实践中出现了大量的复杂系统。人们在处理这类复杂系统时，开始使用分解的方法把它分成一些较小的系统来加以研究，以为对各个分系统了解和掌握了，也就可以对整个复杂系统加以掌握了，这是我们在前面讲到的还原论思想。还原论方法把所研究的对象分解成各个部分，以为部分都研究清楚了，整体也就清楚了。但是，从系统角度来看，把系统分解为部分，单独研究一个部分，就把这个部分和其他部分的关联切断了。这样，就是把每个部分都研究清楚了，也回答不了系统整体性问题。当系统部分之间的关联较少，或者联系得不太紧密时，这个矛盾还不突出，等到一些巨型复杂系统出现以后，这一矛盾就使得人们无法真正认识系统的全貌。后来，生物学家贝塔朗菲提出了整体论方法，强调还是从生物体系统的整体上来研究问题。可是当时还是就整体论整体，缺乏对整体和部分的联系的有效研究。但整体论方法的提出毕竟对现代科学技术的发展做出了重要贡献。

整体论认为，将系统打碎成为它的组成部分的做法是受限制的，对于高度复杂的系统，这种做法就行不通。整体论把世界宇宙看作是一个统一的整体，各种事物之间相互联系，不可机械地被分割。整体论思想是：整体的性质和功能不等同于其各部分（要素）的性质和功能的叠加；整体的运动特征只有在比其部分（要素）所处层次更高的整体层次上才能进行描述；整体与部分（要素）遵从不同描述层次上的规律，简言之整体性也就是非还原性或非加和性。

3. 系统论

系统思想源远流长，但作为一门科学的系统论，人们公认是美籍奥地利人、理论生物学家贝塔朗菲创立的。他在1937年提出了一般系统论原理，奠定了这门科学的理论基础。但是他的论文《关于一般系统论》，到1945年才公开发表，他的理论到1948年在美国再次讲授"一般系统论"时，才得到学术界的重视。确立这门科学学术地位的是1968年贝塔朗菲发表的专著《一般系统理论基础、发展和应用》(General System Theory：Foundations，Development，Applications)，该书被公认为是这门学科的代表作。一般系统论试图给一个能揭示各种系统共同特征的一般的系统定义，通常把系统定义为：由若干要素以一定结构形式联结构成的具有某种功能的有机整体。在这个定义中包括了系统、要素、结构、功能四个概念，表明了要素与要素、要素与系统、系统与环境三方面的关系。

20世纪的后期，系统科学的发展促进了系统论的提出和发展。我国著名的系统工程专家钱学森提出把还原论方法和整体论方法结合起来，形成所谓系统论方法。应用这种方法研究系统时，也需要将系统分解，在分解后研究的基础上再综合集成到系统整体，达到从整体上研究和解决问题的目的。系统论方法吸收了还原论方法和整体论方法各自的长处，同时也弥补了各自的局限性，既超越了还原论方法，又发展了整体论方法，这就是系统论方法的优势所在。

系统论认为，开放性、自组织性、复杂性、整体性、关联性、等级结构性、动态平衡性、时序性等，是所有系统的共同的基本特征。这些，既是系统所具有的基本思想观点，也是系统方法的基本原则，表现了系统论不仅是反映客观规律的科学理论，而且还具有科学方法论的含义，这正是系统论这门科学的特点。贝塔朗菲对此曾作过说明，英语 System Approach 直译为系统方法，也可译成系统论，因为它既可代表概念、观点、模型，又可表示数学方法。他说，我们故意用 Approach 这样一个不太严格的词，正好表明这门学科的性质特点。

系统论的核心思想是系统的整体观念。贝塔朗菲强调，任何系统都是一个有机的整体，它不是各个部分的机械组合或简单相加，系统的整体功能是各要素在孤立状态下所没有的性质。他用亚里士多德的"整体大于部分之和"的名言来说明系统的整体性，反对那种认为要素性能好，整体性能一定好，以局部说明整体的机械论的观点；同时认为，系统中各要素不是孤立地存在着，每个要素在系统中都处于一定的位置上，起着特定的作用。要素之间相互关联，构成一个不可分割的整体。要素是整体中的要素，如果将要素从系统整体中割离出来，它将失去要素的作用。正像人手在人体中是劳动的器官，一旦将手从人体中砍下来，那时它将不再是劳动的器官了一样。

系统论的基本思想方法，就是把所研究和处理的对象当作一个系统，分析系统的结构和功能，研究系统、要素、环境三者的相互关系和变动的规律性，并用优化的系统观点看问题，世界上任何事物都可以看成是一个系统，系统是普遍存在的。大至渺茫的宇宙，小至微观的原子，一粒种子、一群蜜蜂、一台机器、一架飞机、一台发动机……都是系统，整个世界就是系统的集合。

系统论的出现，使人类的思维方式发生了深刻的变化。以往研究问题，一般是把事物分解成若干部分，抽象出最简单的因素来，然后再以部分的性质去说明复杂事物。这是笛卡儿奠定理论基础的分析方法。这种方法的着眼点在局部或要素，遵循的是单项因果决定论，虽然这是几百年来在特定范围内行之有效、人们最熟悉的思维方法，但是它不能如实地说明事物的整体性，不能反映事物之间的联系和相互作用，它只适应认识较为简单的事物，而不胜任于对复杂问题的研究。在现代科学的整体化和高度综合化发展的趋势下，在人类面对的许多规模巨大、关系复杂、参数众多的复杂问题面前，就显得无能为力了。正当传统分析方法束手无策的时候，系统分析方法却能站在时代前列，高屋建瓴，纵观全局，别开生面地为现代复杂问题提供了有效的思维方式。所以系统论，连同控制论、信息论等其他横断科学一起所提供的新思路和新方法，为人类的思维开拓了新路，它们作为现代科学的新潮流，促进着各门科学的发展。

系统论反映了现代科学发展的趋势，反映了现代社会化大生产的特点，反映了现代社会生活的复杂性，所以它的理论和方法能够得到广泛的应用。系统论不仅为现代科学的发展提供了理论和方法，而且也为解决现代社会中的政治、经济、军事、科学、文化等方面的各种复杂问题提供了方法论的基础，系统观念正渗透到每个领域。当前系统论发展的趋势和方向正朝着统一各种各样的系统理论，建立统一的系统科学体系的目标前进着。有的学者认为，"随着系统运动而产生了各种各样的系统（理）论，而这些系统（理）论的统一业已成为重大的科学问题和哲学问题"。

2.4.3　系统思维的主要内容

系统思维是全面认识和研究问题的思维方法,归根结底是对立统一地来研究和看待所有问题。下面将详细介绍系统思维的核心思想,这些思想是人们在长期研究和解决系统问题的过程中总结和提炼出的科学思想。

1. 在整体上完整把握系统的组成要素

整体法是指在分析和处理问题的过程中,始终从整体来考虑,把整体放在第一位,而不是让任何部分的东西凌驾于整体之上。整体法要求把思考问题的方向对准全局和整体,从全局和整体出发。如果在应该运用整体思维进行思维的时候不用整体思维法,那么无论在宏观还是微观方面,都会受到损害。

系统思维方式的整体性是由客观事物的整体性所决定的,整体性是系统思维方式的基本特征,它存在于系统思维运动的始终,也体现在系统思维的成果之中。整体性是建立在整体与部分之辩证关系的基础上的。整体与部分密不可分。整体的属性和功能是部分按一定方式相互作用、相互联系所造成的。而整体也正是依据这种相互联系、相互作用的方式实行对部分的支配。

坚持系统思维方式的整体性,首先必须把研究对象作为系统来认识,即始终把研究对象放在系统之中加以考察和把握。这里包括两个方面的含义:一是在思维中必须明确任何一个研究对象都是由若干要素构成的系统;二是在思维过程中必须把每一个具体的系统放在更大的系统之内来考察。如解决城市交通问题,就要把城市交通问题作为一个由若干要素构成的系统来考察,不仅要考察系统内部车辆、客流量、道路等参数(要素),还要考察车辆的运行情况。同时,还要把交通问题这个系统纳入城市市政建设的大系统中去考察。只有从市政建设的整体角度去考察解决城市交通这个子系统问题,才是解决问题的根本的有效的方法。

坚持系统思维方式的整体性,还必须把整体作为认识的出发点和归宿。就是说,思维的逻辑进程是这样的:在对整体情况充分理解和把握的基础上提出整体目标,然后提出满足和实现整体目标的条件,再提出能够创造这些条件的各种可供选择的方案,最后选择最优方案实现之。在这个过程中,提出整体目标,是从整体出发进行综合的产物;提出条件,是在整体目标统摄下,分析系统各要素及其相互关系而形成的;方案的提出和优选,是在系统分析的基础上重新进行系统综合的结果。由此可见,系统思维方式把整体作为出发点和归宿,通过对系统要素的分析这个中间环节,再回到系统综合的出发点。

2. 在联系上全面分析系统的各种关系

进行系统思维时,应注意系统内部结构的合理性。系统由各部分组成,部分与部分之间组合是否合理,对系统有很大影响。这就是系统中的结构问题。好的结构,是指组成系统的各部分间组织合理,是有机的联系。每一个系统都由各种各样的因素构成,其中相对具有重要意义的因素称为构成要素。要使整个系统正常运转并发挥最好的作用或处于最佳状态,必须对各要素考察周全和充分,充分发挥各要素的作用。

系统结构是与系统功能紧密相连的,结构是系统功能的内部表征,功能是系统结构的外部表现。系统中结构和功能的关系主要表现为:系统的结构决定系统的功能。在一定要素的前提下,有什么样的结构就有什么样的功能。问题是在于,与人相联系的系统其结构才决定其功能,表现为优化结构和非优化结构同功能的关系。优化结构就能产生最佳功能,非优化结构不能产生最佳功能,这是结构决定功能的一个具有方法论意义的观点。

系统思维方式的结构性对认识方法论的基本要求,就是要树立系统结构的观点,在具体实践活动中,紧紧抓住系统结构这一中间环节,去认识和把握具体实践活动中各种系统的要素和功能的关系,在要素不变的情况下,努力创造优化结构,实现系统最佳功能。比如,我们在对飞机进行设计时,需要在满足飞机性能要求的条件下对飞机部件的可靠性进行设计,通过对组成飞机的不同部件的可靠性优化来提高飞机的整体性能。

系统的要素和结构对功能的作用都是非常重要的。要素是功能的基础,而结构是从要素到功能的必经的中间环节,在相同的要素情况下,结构如何,对功能起着决定性的作用。不仅如此,通过要素和结构的关系可以看出,系统要素在数量上不齐全和在质量上有缺陷,在一定条件下可以通过系统结构的优化得到弥补,而不影响系统的功能。比如,苏联制造的米格 25 型飞机,按构成来说它的部件并不是世界上最先进的,但由于结构优化,其功能在当时是世界第一流的。系统思维方式的结构性告诉我们,在考察要素和结构同功能的关系时,必须在头脑中把思维指向的重点放在结构上;在追求优化结构时,必须全力找出对整个系统起控制作用的中心要素,作为结构的支撑点,形成结构中心网络;在此基础上,再考察中心要素与其他要素的联系,形成系统的优化结构。

3. 在层次上深刻理解系统的涌现等级

系统层次性是指系统各要素在系统结构中表现出的多层次状态的特征。任何系统都具有层次性。一方面,任何系统都不是孤立的,它和周围环境在相互作用下可以按特定关系组成较高一级系统;另一方面,任何一个系统的要素,也可在相互作用下按一定关系成为较低一级的系统,即子系统,而组成子系统的要素本身还可以成为更低一级的系统。任何系统总是处于系统阶梯系列中的一环。

层次性是系统本身的规定性,它反映系统从简单到复杂、从低级到高级的发展过程。层次不同,系统的属性、结构、功能也不同。层次愈高,其属性、结构、功能也就愈复杂。我们创建控制、干预系统必须以系统的层次性为基础。① 系统中的每一要素都依自身的属性和功能,从属于与之相符的层次,执行系统分配的职能。因此,创建新系统必须以层次结构明确为基本要求。② 对系统管理、控制的过程,实际上就是对系统层次进行协调的过程。系统层次之间,各依自己的职能,循着系统的总目标运动。这是系统有序化的保证。③ 对系统进行干预和改造,关键就在于对系统层次及要素之间比例关系的调整,必须把不适合居于较高层次的要素调整到低层次,而把低层次要素中已具备高层次属性和功能的要素,调整到高层次,保证系统从层次内容到层次形式的真正统一。这是系统平衡和稳定的保证。

4. 在边界上正确区分系统的内外因素

系统环境是系统赖以存在和发展的全部外界相关因素的总和。系统和环境之间不断产生物质、能量和信息的交换。存在于系统周围与系统有关的各种因素的集合,通常包括自然、社会、国际、劳动和技术等方面的因素。这些因素的属性或状态及其变化(如社会对新建系统的要求,包括功能、费用、工期、可靠性等)都对系统产生影响,促使系统发生变化。反之,系统建成并开始运行后,系统本身也会对周围环境产生影响,使环境因素的属性或状态发生变化(如新建系统对社会有哪些贡献或危害,对技术进步有哪些影响等)。因此,对系统环境的分析是系统分析的重要内容之一。

对系统环境各种因素的分析,不同系统各有所侧重。复杂大系统的系统环境因素一般包括自然、社会、国际、劳动和技术等方面的因素。属于自然环境的因素主要有:① 各种资源的制约,如能源、原材料的品种、规格和数量上的制约;② 新材料、新能源出现的可能性;③ 生态平衡和协调的有关因素;④ 环境污染的产生和预防;⑤ 各种自然资源的利用等。社会环境的因素主要有:① 生产社会化的扩大;② 社会需要的多样化;③ 价值观念的转变;④ 政府政策和法令等。属于国际环境的因素主要有:① 工业先进国家与发展中国家的协调;② 国际专业化和协作化;③ 技术引进。属于劳动环境的因素主要有:① 人口总数的增长;② 劳动力年龄结构的变化;③ 劳动力的素质;④ 劳动时间的限定;⑤ 劳动保护要求等。属于技术环境的因素主要有:① 固有技术的改进和提高;② 自动化水平;③ 计算机硬件的发展;④ 计算机软件的完善和充实;⑤ 人机系统、人工智能的开发等。进行系统设计时,通常把要设计的系统称为内部系统,把围绕系统的环境称为外部系统。系统工程的特点之一就是把内部系统和外部系统合起来当作一个整体来设计内部系统。

5. 在目的上准确认识系统的功能性能

系统功能是系统与环境在相互作用中所表现出的能力,即系统对外部表现出的作用、效用、效能或目的。它体现了一个系统与外部环境进行物质、能量、信息交换的关系,即从环境接受物质、能量、信息,经过系统转换,向环境输出新的物质、能量、信息的能力。

系统功能与系统要素、结构、环境都有密切的关系,其中与结构的关系尤为突出。系统结构是系统功能的内在根据,功能是结构的外在表现。系统的结构决定了系统的功能,而功能具有其独立性,可反作用于结构。系统结构与系统功能有以下几种具体表现关系:结构不同,功能不同;结构相同,功能相同;相同结构,具有多种功能;不同结构,具有相同功能。

系统的功能与性能的关系:性能是指系统在内部相干和外部联系中表现出来的特性和能力。性能一般不是功能,功能是一种特殊的性能。性能是功能的基础,提供了系统发挥功能的客观依据。功能是性能的外化,只能在系统运行过程中表现出来,在系统作用于对象的过程中进行评价。性能可以在系统与对象分离的条件下观测评价。同一系统有多种性能,每一种性能都可能用来发挥相应的功能,或综合几种性能一起来发挥某种功能。系统性能的多样性决定了系统功能的多样性。

6. 在发展上充分预见系统的变化态势

系统的稳定是相对的。任何系统都有自己的生成、发展和灭亡的过程。因此,系统内部诸要素之间的联系及系统与外部环境之间的联系都不是静态的,都与时间密切相关,并会随时间不断地变化。这种变化主要表现在两个方面:一是系统内部诸要素的结构及其分布位置不是固定不变的,而是随时间不断变化的;二是系统都具有开放的性质,总是与周围环境进行物质、能量、信息的交换活动。因此,系统处于稳定状态,并不是说系统没有什么变化,而是始终处于动态之中,处在不断演化之中。

系统的动态原则可以作为事物运动规律来理解,它对于思维方法的作用是不可低估的。系统思维方式的动态性正是系统动态性的反映。思维从静态性进入动态性,要求人们正确认识和对待系统的稳定结构,使系统演化不断地从无序走向有序。系统的有序和无序是衡量系统结构是否稳定的标志。一般来说,如果系统是有序的,系统结构就是稳定的;相反,系统结构则是不稳定的。系统的有序和无序,稳定结构和非稳定结构,是系统存在和演化的两种基本状态,它们本身没有抽象意义的价值规定。人们完全可以根据自己的需要和价值取向,创造条件打破系统的有序结构,使之成为向新的有序结构过渡的无序状态;也可以创造条件消除对系统的各种干扰,使系统处于有序状态,保持系统的稳定。这里的关键是要把握系统演化过程中的控制项,对系统实现自觉的控制。控制项不仅能够破坏系统旧的稳定结构,而且还能使其过渡到新的系统结构。只要人们能够正确地把握控制项,就能使系统向演化目标方向发展。然而,控制项是多样的,又是可变的。这就要求人们不但要从多方面寻找解决问题的办法,找出最佳的控制项,而且还要随着系统的演化,不断地选择最佳控制项。由于系统演化的可能方向是分叉的树枝型,而不是直线型,这就要求人们把系统演化的可能方向理解为具有多种方向可选择的状态,把事物的发展放在多种可能、多种方向、多种方法和多种途径的选择上,而不要把希望寄托于某一种可能、方向、方法和途径上。因此,在人们的头脑中必须破除线性单值机械决定论的影响,树立非线性的统计决定论的思维方法。

2.4.4　系统思维的应用

系统思维是我们对系统进行理解和认识时常用的思维方式,对所有系统均可以应用。本小节,我们将选择 2 类典型的系统来介绍系统思维在实际工程中的具体表现。

1. 系统思维在工程系统中的应用

工程系统是最常见的一类系统,它是指人们在认知和改造自然世界的各类工程活动中创造出的系统(本书第 4 章还会对工程系统的概念进行介绍)。在军事工程、农业工程、水利工程、交通工程、机械工程、电子工程等各类工程领域中都可以找到不同的工程系统。自古以来,人类发明或创造了很多不同的工程系统:从古代的都江堰水利工程和宋朝《营造法式》中设计的各类宫殿和房屋,到近代发明的蒸汽机、发电机,再到现代的飞机、轮船、火箭、卫星等复杂系统。在第 4 章中,我们将会对工程系统和系统工程之间的关系进行阐述,在这之前,让我们了解一下系统思维在工程系统中的具体表现。

(1) 工程系统是多要素组成的整体

在众多工程领域中的工程系统,无论是简单还是复杂,都有一个共同的特征,即由很多部件和要素组成,我们在看待某个领域中的具体某个工程系统时,通常是从整体的角度来看待,即首先认识到其是一个整体,接着我们会探究一个问题:它由什么组成? 比如自行车,我们会意识到它是由轮子、龙头、链条、踏板等部件组成的。再比如飞机,除了飞机设计人员知道它是由动力系统、燃油系统、航电系统、飞控系统、导航系统等众多系统构成的外,普通人也会发现飞机是由机头、机身、机翼、起落架和机尾等部分构成的。人们在看待一个事物时,已经在用到还原论和整体论的辩证统一思想,即系统论来认识和理解它,都会意识到工程系统是一个由多要素构成的整体。

(2) 工程系统具有一定的逻辑结构

在认识到工程系统是由多要素组成的基础上,人们会继续探究系统的组成之间的关系,也就是工程系统的组成要素之间具有一定的结构,这种结构首先是在物理上的,但归根结底是在逻辑上有某种联系。正是因为组成要素之间存在的逻辑结构,才会把系统组成要素紧紧衔接起来组成一个整体。还是以自行车为例,车轮、链条和踏板之间存在着物理连接,这种物理连接同时也反映了它们之间存在的功能联系:踏板由人来驱动产生动力,再通过链条传送到车轮,车轮通过与地面产生摩擦从而向前运动。这种功能逻辑是由工程师设计出来的,这也正是把一个系统从无到有设计建造出来的核心奥秘。

（3）工程系统是具有层次性的整体

人们认识和理解系统是逐渐深入的,这也是反复运用还原论和整体论的结果。在认识事物的时候,人们会由系统到子系统,再由子系统到部件逐渐分解,直到分解到运用所拥有的知识能够完全掌握的粒度为止。这种不断分解的结果,便形成了工程系统的层次性。我们已经知道自行车有车轮、链条和踏板等子系统,我们还可以把车轮继续分解成车胎、轮圈、辐条和轴承等部件,其中轴承相对较为复杂,还可以继续分为外壳、转子、轴芯等部件。一方面我们把系统自顶向下在不断分解,另一方面我们还会把系统组成要素自底向上不断综合和组装成部件直到一个完整的系统,这个过程我们也可称之为涌现,因此系统的层次也即是系统涌现的等级。

（4）工程系统有其特定的目的

工程系统都是人们为了特定的目的而设计建造出来的,这种目的就是我们所追求的功能。自行车作为一种交通工具,发明创造出来的目的就是实现运输功能。所以从这个角度来讲,在所有工程领域的工程系统,都是具有特定的目的的人造系统。如果没有特定的目的,人们也就没有必要设计和建造它,这样工程系统也就失去了存在的价值和意义。所以,工程系统设计的源头来自于人们对其功能的需求,这是所有系统工程过程的源头。我们后面章节在介绍系统工程过程时会讲到系统需求分析的问题,其目的就是一开始就对系统的功能做一个清晰的约定,以便于后续的设计和建造。

（5）工程系统的运行离不开环境

工程系统在运行过程中实现其功能,但功能的发挥离不开其运行的环境。我们通常把系统之外的所有因素均统称为环境,包括使用和操作系统的操作人员。对于一辆自行车而言,它的环境包括骑行者、地面、空气等因素,这些都是自行车运行的环境。自行车如果没有人去踩踏板、地面没有摩擦,是实现不了运输的功能的。所以,工程系统的运行是离不开环境的。我们在对工程系统进行设计和分析时,要对系统运行的环境进行分析,才能更好地把握它的功能。

（6）工程系统通常是动态发展的

最后,我们在看待一个工程系统时一定要用动态的观点来看待它。一方面,工程系统的运行是一个动态过程,在这个过程中我们会对其状态进行检测和监控,以确保能够正确发挥它的功能;另一方面,工程系统具有它的生命周期,有从设计到建造的"生"的过程,也有故障、磨损和老化的"死"的过程,最终也必将走向报废和消亡。因此,我们要运用系统思维,全面而发展地看待一个工程系统,不仅要关注工程系统如何规划、设计和建造,还要关注工程系统的使用和报废。

2. 系统思维在企业管理中的应用

系统管理理论是现代管理理论的一个重要学派,系统论也构成了现代管理科学最基本的方法理论,它受到了学者和企业管理者的高度关注。系统思维的管理理念对企业管理正发挥着越来越重要的作用。从系统论的角度来看,我们所管理的某个企业也是一个系统,因此可以运用系统思维来解决企业管理的问题。

（1）系统思维要把企业看成是一个整体

企业是一个系统，是一个由相辅相成、相互关联的各个部分组成的有机整体。组成企业的各个部分都在为实现企业整体的目标而履行各自的使命，虽然它们的角度不同、职能相异，但它们都在为企业的整体目标实现应有的贡献和价值。企业各部分只有在整体思维下相互配合，才能实现整体优化；只有树立局部服从全局的思想，才能最终实现公司总体目标。经济学中的"囚徒困境"给了我们很好的启示，为什么囚犯各自按自身利益极大化的原则选择策略，实现了一个均衡，但它却是非效率的？其实就是他们在决策时缺乏整体思维。

（2）系统思维要把企业看成是一个有层次的整体

为了方便公司运转，组成企业的各个组成部分按照一定的原则或规则构成企业的层次系统，不同的管理层次有着不同的职能和任务。如高层管理者制定战略决策和总体实施计划，中层管理者分解战略决策和具体实施计划，低层管理者则执行相关计划和上级的命令并及时报告执行情况。各管理层次只有职责清楚，任务明确，各司其职，才能发挥各自的作用，实现企业管理系统的整体功能。

（3）系统思维要把企业看成是一个开放的整体

今天的企业越来越依赖其生存的环境，系统思维还要把企业放到一个更大的环境中来考虑，即把企业的内外部环境看成一个系统。除了考虑企业内部的资源和能力外，还要考虑企业的外部环境；不仅要考虑宏观环境，还要考虑特定的产业环境。内部环境的分析可以帮助企业发现"我能做什么？"，而外部环境的分析可以帮助企业知道"我可以做什么？"，企业有能力做的事不一定是环境允许的事，如果硬要做环境不允许的事，则企业能力越强，后果越惨。

（4）系统思维要把企业看成是一个动态的整体

事物总是在不断发展变化的，企业的外部环境、内部条件同样也在不断发生变化，也就是说企业内外部一体化的系统也是不断发生变化的，这个系统总是处于动态的不平衡中，平衡是短暂的，不平衡是永恒的。企业要不断以动态的思维来适应外部环境的不断变化，不断调整自己的战略、策略来适应环境、影响环境，来追求系统的平衡。企业总是在这个系统的"不平衡—平衡—不平衡—再平衡"的动态循环中不断提升适应能力，从而可以延长自身的寿命。

（5）系统思维要把企业的各项活动看成是一个整体

企业的各个组成部分的存在是形式，是手段，不是目的。各个部分存在的真正价值在于它们能各自完成或履行企业赋予的使命，而不在于组织本身，各个组成部分的活动才是企业价值的来源。系统思维要求我们不仅要看到各部分，更要看到各部分的活动，还要看到各种活动也构成了一个系统；即使是同一个部门，它的各项工作之间也有系统性问题。企业达到一个目标，需要完成多层次、多方面、多维度的工作，有战略问题，也有策略问题；有营销问题，也有生产问题；有生存问题，也有发展问题；有竞争力问题，也有可持续性问题等。如果以系统思维来考虑安排这些工作，就能较好地实现活动间的相互配合，以达到系统优化。

（6）系统思维本身也是多维度、多层次的体系

系统思维的内涵很丰富，思考问题时要全方位、多角度地把企业看成系统。除了把企业各部分看成一个系统，把企业和所处的整个外部环境看成一个系统外，还要把企业的眼前和长远看成一个系统，把企业的机会和威胁看成一个系统，把企业所处的产业链看成一个系统，把企业的效果和效率看成一个系统，把企业的竞争力和可持续发展看成一个系统等。

2.5　本章小结

　　现实世界中存在着各种各样的系统,在不同的领域不同的人对系统有不同的定义。按照钱学森对系统的定义,一般来说系统应具有以下特征:① 系统是由若干元素组成的;② 这些元素相互作用、相互依赖;③ 由于元素间的相互作用,使系统作为一个整体具有特定的功能。系统具有许多不同的特性,包括整体性、相关性、层次性、有界性、目的性、动态性。对于系统这些特性的理解便形成了系统思维,它是将来我们从事各种领域的系统工程工作的基础,尤其是可靠性工程领域。

　　根据系统所具有的特性,按照研究目的的不同,可以有多种不同的系统分类。由于系统工程是科学方法也是工程技术,与自然系统相比,系统工程更关注于人造系统,其目标是设计和建造更为优良的人造系统,以及确保系统能正常运行。因此,本章在系统定义和系统分类的基础上,还对系统的结构与功能进行了讲解。系统的结构是系统内各个组成要素之间的相对稳定的联系方式、组织秩序及其时空关系的内在表现形式,而功能是系统在与外部环境的相互联系及相互作用中表现出来的性质、能力与功效,是系统内部相对稳定的联系方式、组织秩序及时空关系的外在表现形式。结构是功能的基础,结构决定功能;同时,功能依赖于结构,不能脱离结构而存在。对系统结构和功能的认识,是正确理解和解决系统可靠与安全问题的前提和基础。

　　本书的目的是培养学生"具备系统思维、掌握系统工程方法、解决复杂系统可靠与安全问题",其中的系统思维是整个系统工程的基础,其根本又是如何看待系统,以及如何认识和分析系统。对系统特性的认识,也形成了系统思维。因此,系统思维是把研究对象作为系统,从系统和要素、要素和要素、系统和环境的相互联系、相互作用中综合地考察认识对象的一种思维方式。系统思维是以系统论为基础的思维形态,不同于其他思维方式,它是我们认识和解决系统问题的基础,其根本是综合运用将还原论和整体论进行辩证统一的系统论,从而发现和解决系统的本质问题。

　　另外,系统思维在可靠性工程领域也有重要的作用。可靠性指的是系统在规定条件下、规定时间内完成规定功能的能力。根据系统的目的性,我们把系统设计和建造出来都有一定的目的性,这即是我们所诉求的系统功能。一方面,我们在系统设计和生产的时候,要确保系统功能达到预期;另一方面,在系统使用过程中也要确保功能正常发挥出来。如果系统功能不能达到预期或无法正常发挥,我们称为产品失效或系统故障。为了防止失效或故障,我们就需要运用系统思维去解决系统的设计、生产、试验和使用等各环节中的故障问题,这便产生了一门综合性的交叉专业——可靠性工程。

习　　题

　　1. 给出系统的钱学森定义,并从资料中找出其他关于系统的定义与钱学森定义进行对比分析。

　　2. 系统有哪些特性? 选择一种系统特性,论述其在可靠性工程中的含义。

　　3. 结合具体案例,来解释系统"整体不等于部分之和"的含义。

4. 选择一个你熟悉的系统,结合系统特性来对它进行分析,验证系统的钱学森定义。

5. 选择一个你熟悉的系统,说明:① 系统的功能及其要素;② 系统的环境及输入、输出;③ 系统的结构(用框图表达);④ 系统的功能与结构、环境的关系。

6. 简述系统整体性和层次性之间的关系。

7. 简述系统功能与结构之间的关系。

8. 简述系统功能与性能之间的关系。

9. 查阅产品可靠性的定义,简述系统与环境之间的关系。

10. 简述还原论、整体论和系统论之间的区别与异同。

11. 系统思维有哪些? 举例说明系统思维如何在具体的领域中进行应用。

12. 结合具体案例,论述可靠性工程中的系统思维。

第3章 系统工程方法论

从认识论的角度来讲,方法(Method)和方法论(Methodology)属于不同的范畴。方法是用于完成一个既定任务或目标的具体技术、操作和工具。方法论则是进行研究和探索的一般途径,也就是解决问题的基本程序和逻辑步骤,它高于方法,是对方法如何使用的指导。方法不止一种,对于同一个问题可以有多种解决方法,但是如果某个方法其对应的方法论不对,即便该方法再好,也是解决不了问题的。方法论就是解决问题的一般程序,通过这样的程序把问题和可用的技术联系起来,求得问题的解决,也可以称之为方法框架。

方法和方法论的关系也适用于系统工程,即系统工程方法论是指在更高层次上,指导人们正确应用系统工程的思想、方法和各种技术及工具去处理问题的一套思维模式,也可以把系统工程方法论理解为系统工程研究和解决问题的一般规律或模式。本书的目的是介绍系统工程的基本原理和方法,在讲系统工程方法前,我们将从方法论的角度解释和介绍系统工程过程中常见的方法论,包括硬系统方法论、软系统方法论和其他常见的方法论。这些方法论的介绍将帮助我们进一步理解系统工程的本质特点,同时这些方法论也会在我们具体的系统工程方法实践中发挥它重要的指导作用。

3.1 方法与方法论

3.1.1 方法论、方法、技术和工具

人们在解决领域问题时会使用到方法论、方法、技术和工具,我国学者王众托将它们之间的关系进行了总结,如图 3.1 所示。一般来说,当解决某个特定问题的时候,通常需要三个方面的知识,即领域知识、共性知识和经验知识。在它们的关系中,领域知识和经验知识是与待解决的问题的特色密切相关的知识,而共性知识是指那些脱离于实际问题特色的一般性科学知识。从认识和解决问题的角度来看,方法论是通过指导和规定相应的方法、技术和工具的使

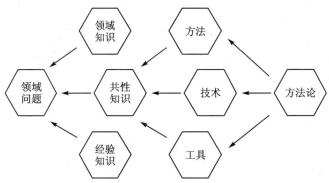

图 3.1 方法论、方法、技术和工具的关系

用过程,进一步表现为待解决问题的共性知识,最终为问题的解决过程服务。换句话说,当我们具备科学的方法论时,也就具备了解决问题的一般性哲学思想。

以系统工程举例,人们在解决一些综合性的重大问题(例如制定长远发展规划或确定大型建设项目)以及建造大型复杂系统(例如飞机、火箭等航空航天系统,企业信息化系统,城市供水、供电系统等)时,常常把它们当作系统工程任务来看待。这时,通常需要下列三个方面的知识:

- 领域知识。有关对象系统的领域方面的知识,例如从事信息系统工作时需要信息技术方面的知识,从事运输系统工程工作时需要运输科学方面的知识等。
- 共性知识。有关系统共性方面的知识,也就是系统学科的知识,在系统工程层次上就是有关系统工程的方法性、原理性知识。
- 经验知识。经验性的知识,这些虽然还没有形成规律性的东西,但它对处理问题是不可忽视的,如果说前两类知识是可以用语言文字表达和传递的显性(言传性)知识,那么这种经验型的知识的相当一部分是只可意会、不可言传的隐性(意会性)知识。

只有在不同程度上掌握上面三种知识,才能从事系统工程工作。其中,共性知识包含两个方面的含义:一是指关于解决系统工程问题的手段和工具的知识,二是指关于工作中的办法和步骤的知识。而这些知识在实际应用中正是由系统工程方法论通过指导系统工程工具、系统工程技术和系统工程方法而体现的。总而言之,系统工程的方法、工具体系,自下而上可以列为四个层次。

- 工具:这是指一些设备手段或者概念上的手段,可以用来处理具体问题。前者如计算机和信息网络,后者如算法(例如求导数的方法、求平均数的方法)的计算机程序。
- 技术:这是指处理问题的具体行动的方式方法,是使用工具的方法。例如优化技术(需要使用求导数或数学规划程序)、预测技术、仿真技术(使用计算机)等。
- 方法:这是指选择什么技术来达到目的的办法。例如我们解决一个问题是应用定量方法,还是定性方法,或是二者相结合的方法;是采取解析方法,还是实验方法等。
- 方法论:这是指处理系统工程问题的一整套思想、原则,是运用方法的方法。这在系统工程工作中是最重要的。我们前面讲过一些系统思想,就是这一层次的。

3.1.2 系统工程方法论的主要内容

方法论是人们认识世界与改造世界的根本方法的哲学思想。方法论探索各种一般方法的内容、结构、作用、规律性、使用范围、发展趋势等。系统工程方法论则是探索系统研究、开发、运行过程中各种方法的共同规律,它和系统思维密不可分。在更一般的科学方法中所使用的抽象方法、归纳与演绎方法、类比和联想方法,也即是我们日常生活中的分析和综合方法,也是系统工程中经常采用的。这里有必要从系统的观点对分析和综合方法做一些讨论。分析是在思维中把对象分解为它的各个组成部分或要素,来分别加以考察的;综合则是在分析的基础上研究各部分的相互关系,并在思维中结合成一个整体来加以研究的。在哲学发展进程的相当一个时期内,是把分析作为综合的前提的。但随着系统观的发展,人们研究事物要首先着眼于整体,局部也是要放在整体、全局之中来加以考察的,于是综合也是分析的前提,所以两者是互为前提、互为基础的。

系统工程方法论(Systems Engineering Approach)是探索系统研究、开发、运行过程中各种方法的共同规律,核心是运用系统思维去分析和处理问题。当我们面临系统工程任务时,必须在正确的方法论指导下,采取适当的方法、选择适当的技术、借助适当的工具去进行工作,只有这样自顶向下地进行考虑才能事半功倍。由于系统工程的方法、技术和工具中有许多都是从其他学科借来的,因此,各种方法、技术和工具的覆盖面、内容、适用范围也不尽一致,而且它们都在不断地改进发展、推陈出新,所以很难列出一个完整齐全的表格以供选用,各种系统工程与系统分析的书籍都只能从整体方面来加以介绍,并且在方法和技术两个层次之间的界线也不是很鲜明的。

总之,系统工程方法论可以是哲学层次上的思维方式、思维规律,也可以是操作层次上开展系统工程项目的一般过程或程序,它反映了系统工程研究和解决问题的一般规律或模式。由于人们所要处理的系统问题的复杂程度不同、人们对问题的认识和理解不同,所以处理系统问题的方法论也不同。在下面几节中,我们将介绍不同的方法论,供读者在处理系统问题时参考。目前,常见的系统工程方法论主要有:硬系统方法论(或霍尔方法论)、软系统方法论,以及具有我国特色的物理-事理-人理方法论、综合集成方法论。下面我们主要针对这些常用的系统方法论进行详细介绍。

3.2 硬系统方法论

硬系统方法论(Hard Systems Methodology,HSM)又称霍尔方法论,因后人将霍尔方法论与软系统方法论对比,才将其称作硬系统方法论。霍尔方法论也可以叫作霍尔三维结构或霍尔系统工程方法论,是美国系统工程专家霍尔(A. D. Hall)于1969年提出的一种系统工程方法论。霍尔的三维结构模式的出现,为解决大型复杂系统的规划、组织、管理问题提供了一种统一的思想方法,因而在学术界和工程界都得到了广泛认可,并在很多工程领域得到了广泛应用。

3.2.1 霍尔方法论框架

霍尔三维结构是将系统工程整个活动过程分为前后紧密衔接的七个阶段和七个步骤,同时还考虑了为完成这些阶段和步骤所需要的各种专业知识和技能。这样,就形成了由时间维、逻辑维和知识维所组成的三维空间结构。其中,时间维表示系统工程活动从开始到结束按时间顺序排列的全过程,分为规划、方案、研制、生产、安装、运行、更新七个时间阶段;逻辑维是指时间维的每一个阶段内所要完成的工作内容和应该遵循的思维程序,包括摆明问题、确定目标、系统综合、系统分析、系统评价、决策、实施七个逻辑步骤;知识维列举需要运用包括工程、医学、建筑、商业、法律、管理、社会科学、艺术等各种知识和技能。三维结构体系形象地描述了系统工程研究的框架,对其中任一阶段和每一个步骤,又可进一步展开,形成了分层次的树状体系。

如图3.2所示,霍尔三维结构是由时间维、逻辑维和知识维组成的立体空间结构。

1. 时间维(粗结构)

霍尔方法论时间维中表达的是系统工程从开始启动到最后完成的整个过程中按时间划分的各个阶段所需要进行的工作,是保证任务按时完成的时间规划。霍尔方法论的时间维给复杂系统的开发提出了一个工程化的工作过程框架,一般称之为霍尔方法论的粗结构。一般针

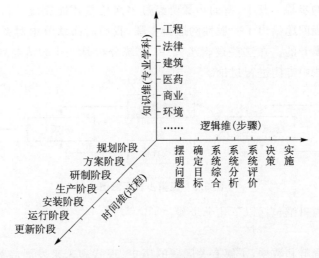

图 3.2 系统工程的霍尔三维结构图

对不同的系统工程任务,在时间维上划分的每个时间阶段的工作任务各不相同,而且对时间表制定的详细程度也不相同。然而,从广义的方法论角度,时间维应包括以下的七个阶段:

- 规划阶段:对将要开展研究的系统进行调查研究,明确研究目标,在此基础上,提出自己的设计思想和初步方案,制定系统工程活动的方针、政策和规划;
- 方案阶段:根据规划阶段所提出的若干设计思想和初步方案,从社会经济、技术可行性等方面进行综合分析,提出具体计划方法并选择一个最优方案;
- 研制阶段:以计划为行动指南,把人、财、物组成一个有机的整体,使各个环节、各个部门围绕总目标,实现系统的研制方案,并做出生产计划;
- 生产阶段:生产出系统的零部件及整个系统,并提出安装计划;
- 安装阶段:将系统安装完毕,并完成系统的运行计划;
- 运行阶段:系统按照预期的用途开展服务;
- 更新阶段:完成系统的评价,在现有系统运行的基础上,改进和更新系统,使系统更有效地工作,同时为系统进入下一个研制周期准备条件。

霍尔方法论的时间维给众多领域的工程活动提供了阶段划分依据,不同工程领域中具体的划分方式各不相同。例如,在飞机或火箭等航空航天系统的全寿命周期过程一般分为论证、方案、工程研制、生产与部署、使用与保障、退役处理等六个阶段;而在汽车设计中,则分为概念设计、造型设计、动力总成设计、车身设计和内外饰设计;在家电行业,则分为策划、方案设计、技术设计、试制、试产、小批量生产等阶段。对于这个维度,我们在下一章系统生命周期过程中会进行详细介绍。

2. 逻辑维(细结构)

霍尔方法论逻辑维按系统工程的不同工作内容划分为具有逻辑先后顺序的工作步骤,每一步都具有不同工作性质和实现的工作目标,这是运用系统工程方法进行思考、分析和解决问题所应遵循的一般程序。霍尔方法论的逻辑维给复杂系统的开发或解决问题过程提出了一个逻辑化的思维过程框架,一般称之为霍尔方法论的细结构。逻辑维中的逻辑步骤及其相互关系可用图 3.3 表示。在此过程中,不但可以从实施或决策步骤返回到前面的步骤,也可以从中间步骤返回到前面的步骤。其中,有的步骤要经过多次反复才能完成。霍尔方法论的逻辑维为我们解决系统工程问题给出了一般性的逻辑步骤,我们后面章节中对系统工程方法的介绍也是基于这一维度展开的。在这些逻辑步骤中,系统分析是一个较为特殊的步骤,我们将在第 5 章系统分析方法中专门进行讨论。

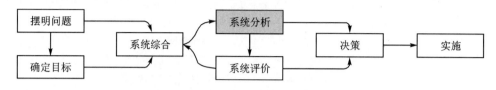

图 3.3　逻辑步骤示意图

霍尔方法论的逻辑维包括以下几个步骤:

(1) 摆明问题

全面收集有关资料和数据,了解有关问题的历史、现状和未来发展趋势,弄清问题的实质和边界。明确问题的关键是要做好调查研究工作,第一是环境方面的调查研究(物理和技术环境、经济和政治环境以及社会环境),第二是需求方面的调查研究。

(2) 确定目标

确定目标也就是系统指标设计。弄清并提出为解决问题所要达到的目标,制定衡量达成度的标准以及评价方法。目标问题关系到整个任务的方向、规模、投资、工作周期、人员配备等,是十分重要的环节。另外,系统问题往往是多目标的,所以一般建立的都是目标体系(指标体系)。

(3) 系统综合

系统综合也就是形成系统方案。系统综合要反复进行多次,第一次的系统综合是按照问题的性质、目标、环境、条件拟定若干可能的粗略的备选方案。没有分析便没有综合,系统综合是建立在前面两个步骤的基础上的。没有综合便没有分析,系统综合为下面的系统分析步骤打下基础。

(4) 系统分析

系统分析是指演绎各种备选方案。对于每一种方案建立各种模型,进行分析计算,得到可靠的数据、资料和结论。系统分析主要依靠模型(实物模型与非实物模型,尤其是数学模型)来代替真实系统,利用演算和模拟代替系统的实际运行,选择参数,实现优化。在系统分析的过程中,可能会形成新的方案。

(5) 系统评价

系统评价就是根据方案对于系统目标的满足程度,对多个备选方案做出综合评价,从中区分出最优方案、次优方案和满意方案送交决策者,这是又一次系统综合。不过应注意,最后送交决策者的方案至少要有两个。

(6) 决　策

决策就是由决策者选择某个方案来实施。出于各方面的考虑,决策者选择的方案不一定是最优方案。应该注意:什么也不干,维持现状,也是一种方案,一般称为零方案。另外,在确认有别的方案比它优越之前,不要轻易否定它。

(7) 实　施

将决策选定的方案付诸实施,转入下一个阶段。应该注意:在决策或实施中,有时会遇到送交决策的各个方案都不满意的情况,这时就有必要回到前面所述的逻辑步骤中认为需要的某一步开始重新做起,然后再提交决策。这种反复有时会出现多次,直到满意为止。

3. 知识维(专业科学知识)

系统工程除了要求为完成上述各步骤、各阶段所需的某些共性知识外,还需要其他学科的知识和各种专业技术,霍尔把这些知识分为工程、医药、建筑、商业、法律、计算机、管理、社会科学和艺术等。由于系统工程本身的复杂性和多学科性,综合的多学科知识为完成系统工程工作的必要条件。在上述各阶段、步骤中,并非每一阶段、步骤都需要全部各学科的知识内容,而是在不同的阶段有不同侧重。各类系统工程,如军事系统工程、经济系统工程、信息系统工程等,都需要使用其他相应的专业基础知识。

3.2.2　霍尔方法论中的活动矩阵

霍尔三维结构强调明确目标,核心内容是最优化,并认为现实问题基本上都可归纳成工程系统问题,应用定量分析手段,求得最优解答。该方法论具有研究方法上的整体性(三维)、技术应用上的综合性(知识维)、组织管理上的科学性(时间维与逻辑维)和系统工程工作的问题导向性(逻辑维)等突出特点。

如果我们只取逻辑维与时间维,就构成了如表 3.1 所列的活动矩阵,即霍尔活动矩阵,也就形成了霍尔方法论在逻辑维和时间维上的细结构。在系统工程实际中,在每一个阶段,也都存在着各个逻辑步骤,利用活动矩阵就可以很明确地表述这种关系。矩阵中时间维的每一阶段与逻辑维的每一步骤所对应的点 $a_{ij}(i=1,2,\cdots,7;j=1,2,\cdots,7)$,都代表着一项具体的管理活动。

表 3.1　霍尔活动矩阵

类　　别	摆明问题	确定目标	系统综合	系统分析	系统评价	决　策	实　施
规划阶段	a_{11}	a_{12}	a_{13}	a_{14}	a_{15}	a_{16}	a_{17}
方案阶段	a_{21}	a_{22}	a_{23}	a_{24}	a_{25}	a_{26}	a_{27}
研制阶段	a_{31}	a_{32}	a_{33}	a_{34}	a_{35}	a_{36}	a_{37}
生产阶段	a_{41}	a_{42}	a_{43}	a_{44}	a_{45}	a_{46}	a_{47}
安装阶段	a_{51}	a_{52}	a_{53}	a_{54}	a_{55}	a_{56}	a_{57}
运行阶段	a_{61}	a_{62}	a_{63}	a_{64}	a_{65}	a_{66}	a_{67}
更新阶段	a_{71}	a_{72}	a_{73}	a_{74}	a_{75}	a_{76}	a_{77}

矩阵中各项活动相互影响、紧密相关,要从整体上达到最优效果,必须使各阶段步骤的活动反复进行,这是霍尔活动矩阵的一个重要特点,它反映了从规划到更新的过程需要控制、调节和决策。

因此,系统工程过程系统充分体现了计划、组织和控制的职能。管理矩阵中不同的管理活动对知识的需求和侧重也不同。在逻辑维的 7 个步骤中,体现了系统工程解决问题的研究方法,定性与定量相结合,理论与实践相结合,具体问题具体分析。对于大多数系统,在时间维的7 个阶段中,规划和方案阶段一般以技术管理为主,辅之以行政、经济管理方法。所谓技术管理就是侧重于科学技术知识,依据科学和技术自身的规律进行管理,在管理上充分发扬学术民主,组织具有不同学术思想的专家进行讨论,为计划和实施提供科学依据。研制、生产、安装阶段一般应以行政管理为主,侧重于现代管理技术的运用,辅之以技术、经济管理方法。行政管理就是依靠组织领导的权威和合同制等经济、法律手段,保证系统活动的顺利进行。运行和更新阶段则应主要采用经济管理方式,按照经济规律,运用经济杠杆来进行管理。

　　系统方案的产生过程具有迭代性与收敛性两大特点。表3.1所列的系统工程展开过程借用希腊神话中的丰收女神(Almathea)之神羊角来比喻是十分形象的,如图3.4所示。丰收女神的神羊角原来的意义是:羊角号一吹,各种财富就源源不断地涌现出来。现在是以各种信息、物质、能量从左边输入,通过神羊角螺旋式地加工收缩,最后产生出一个理想的系统来。

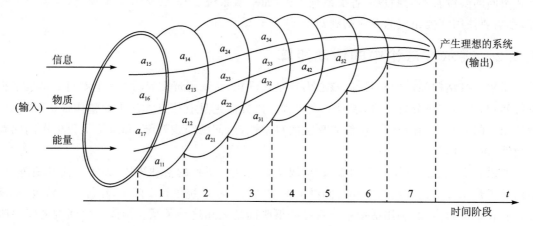

图3.4　系统工程的神羊角模型

　　从系统工程神羊角的大头向里看,可以得到图3.5,霍尔方法论中称之为系统工程活动的

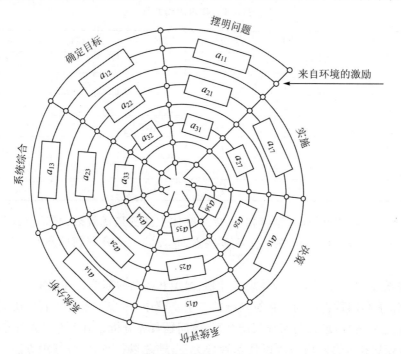

图3.5　系统工程活动的超细结构

超细结构,它显示出开展系统工程活动的全过程,它以逻辑维的 7 个步骤为一个循环周期(一个阶段),经过多次循环而汇聚为一个理想的系统。

3.2.3 硬系统方法论的应用

霍尔方法论中的"三维结构"模型有时也称"系统工程过程系统"。系统工程过程系统的每一阶段都有自己的管理内容和管理目标,每一步骤都有自己的管理手段和管理方法,彼此相互联系,再加上具体的管理对象,组成了一个有机的整体。把系统工程过程系统运用于大型工程项目,尤其是探索性强、技术复杂、投资大、周期长的"大科学"研究项目,可以减少决策上的失误和计划实施过程中的困难。事实上,霍尔方法论作为源自于电子工程领域的一种系统工程方法论,对于所有硬件系统和软件系统的规划、设计和建造都具有普遍适用性,最典型的应用即是在国防领域。在飞机或火箭的研制过程中,我们将研制过程划分为总体论证、方案设计、初步设计、详细设计等阶段,这些阶段的划分为复杂、大型的航空航天系统研制提供了规范的工作模板。在本书后面的章节中,还会专门介绍在航空或航天工程中的阶段划分,这种划分我们也称为系统的生命周期过程。

下面,我们以水利工程为例来介绍霍尔三维结构中时间维的具体含义和作用,以加深对系统工程过程和霍尔方法论的理解,在第 4 章中我们还会进一步讨论系统生命周期模型。

① 规划阶段。在这个阶段,首先要对想要着手建设的系统工程的环境,主要是对工程所处的社会的、经济的、物理的、技术的环境因素进行广泛的、有一定深度的调查和研究。这种调研应当达到三个目标:第一,为系统工程制定一个总体性的纲领性规划;第二,提出相应的方针、政策和实施线路;第三,为下一步设计具体的系统工程的方案提供广泛的背景信息和资料。系统工程在这个阶段所提供的纲领性规划、战略方针以及相关的资料,对于系统工程以后各阶段的进行是重要的;但同时,它们在往后的发展中又是可以修改和补充的。对于水利工程,首先我们面临着"不能令人满意的境况",如经常发生洪水泛滥,损失惨重;经常发生旱灾,蕴藏着的巨大的水能未被利用;严重影响航运安全和过航能力等,于是,就设想建坝来改变这种不能令人满意的境况,它是一项巨大而复杂的系统工程,首先就要对它进行规划。为了进行规划,收集了多方面的资料,包括:流域历史上直到当时为止的水、旱灾的情况,危害和损失的程度;流域的水文、地质资料,如流域的雨量分布、径流量、主流和主要干流的年均流量,暴雨规律和资料,枯水年流量、丰水年流量,十年一遇、百年一遇甚至千年一遇的最大洪水流量,以及库区和坝区的地质状况等;技术能力方面的各种资料,包括建高坝的技术、水库排沙技术、建设巨大的水轮发电机组技术、超高压输变电技术等,以及关于这些技术在未来的发展的预测;工程的各项经费概算和国民经济的承担能力;库区淹没土地、城镇、工厂设施和可能需要迁移的人口的数量及其可能后果等。根据资料的调研结果,调研人员提出了关于工程的一个纲领性计划,预期在多少年内建成一个多大规模的水利工程,并明确提出,建设水利枢纽工程,要达到发电、防洪、灌溉、航运 4 个方面的目标。

② 方案阶段。在这个阶段,是根据规划所做出的决策制定具体的方案,工程规划提出了要建设枢纽工程,来达到发电、防洪、灌溉、航运 4 个方面的目标。而在制定方案的阶段,则要求如下:第一,对这些目标进行分解、量化和协调,提出一个相互协调的、具体的、可量化的目标树。第二,进一步根据这些相互协调的目标,提出多个能实现这些目标的具体方案,这涉及坝址选择、大坝的设计高程、库容大小、电站厂房的合理构想、水轮发电机组的配置方案、船闸

规模、灌溉系统的较详细的构想,以及有关防洪等方面的辅助系统的具体方案的设想等。第三,要根据所提出的具体方案,进一步提出为实施这个方案,在技术方面、社会方面、经济方面、环境方面可能出现的、需要通过研究才能解决的问题。所以在制定方案阶段,不但提出了许多理论性和实践性的研究课题,而且要组织力量来进行研究解决。在方案阶段要特别强调按逻辑维中的 7 个步骤,即明确问题、选择目标、系统综合、系统分析、方案优化、做出决策、付诸实施来进行研究。当然,系统工程的其他各个阶段也都要按此 7 个步骤来进行研究。第四,还要对所提出的工程方案的成本费用和效益进行尽可能详细和严格的计算,以便让方案的委托人或雇主估计承受能力和根据效益进行决策。

③ 研制阶段。这个阶段是实施系统工程(包括生产阶段、安装阶段)之前,最为细微复杂,技术性强,而且也是工作量最大的阶段。这个阶段的工作,不可能仅仅由系统工程师来完成,也不可能仅仅由系统工程师提供方案,由领导人进行决策来完成,而必须由系统工程师结合大批相关工程技术人员合作才能完成。在这个阶段上,主要完成两件大事,即达到两个目标:一是出实施该系统的详细研制方案;二是提出详细的实施(生产或施工,包括往后各个阶段)计划。对于三峡大坝,就是:提出水利枢纽的各个方面的可供施工的蓝图,包括大坝、船、房、机电设备、输变电工程等方面的各项研究工作,以及最终拿出可供施工和生产的图纸。按照预想的进度和可能性,提出包括库区移民及工厂的搬迁安置,大坝、船闸、厂房的施工进度,水轮发电机组、付诸设备、输变电设备的研究及其安装的进度,进而提出何时完成第一期工程和第二期工程、何时全面投产等详细的系统的实施计划。

④ 生产阶段和运行阶段。仍以三峡大坝为例,这个阶段的主要任务:一是要完成大坝及全部水工结构的建筑,船闸、厂房的建设,水轮发电机组、输变电设备、中央控制台、配电室及其他各种机电设备的制造等;二是提出未来的系统的安装计划;三是由于水利枢纽的特殊性,在此过程中还要有步骤地安置库区移民等。工程建设委员会批准,工程采用"一级开发,一次建成,分期蓄水,连续移民"的建设方案和"明渠通航,三期导流"的施工方案。工程分三个阶段完成全部施工,第一阶段以实现大江截流为标志。第二阶段以实现左岸电站第一批机组发电和双线五级船用通航为标志。第三阶段以实现全部机组发电和枢纽工程全部竣工为标志。

⑤ 更新阶段。取消旧系统,代之以新系统,或改进旧系统,使之能更有效地工作。

总之,以上这些阶段,只是对系统工程进行的步骤从时间顺序上做一个大体的区分,以便我们能对各阶段的任务进行清晰的研究,但在实际从事系统工程的时候,它们在时间上是可以交叉的。例如,在研制阶段就可部分地进行生产,在生产阶段就可部分地进行安装,在安装阶段就可部分地进行运行,在运行阶段就可部分地进行更新。

3.3　软系统方法论

系统工程常常把研究的系统分为良结构系统与不良结构系统两类。所谓良结构系统是指偏重工程、机理明显的物理型的硬系统,它可以用较明显的数学模型描述,有较现成的定量方法可以计算出系统的行为和最佳结果。所谓不良结构系统是指偏重社会、机理尚不清楚的生物型的软系统,它较难用数学模型描述,往往只能用半定量、半定性或者只能用定性的方法来处理问题。

20 世纪 40—60 年代期间,系统工程主要用来寻求各种战术问题的最优策略、组织管理大型工程项目等。这些问题即所谓良结构问题,通常用"硬方法"来解决。霍尔方法论的三维结构主要适用于解决良结构的硬系统问题。

20 世纪 70 年代以后,系统工程越来越多地用于研究社会经济的发展战略和组织管理问题,涉及的人、信息和社会等因素相当复杂,使得系统工程的对象系统软化,并导致其中的许多因素难以量化。解决这类软系统问题时,"硬方法"不再适用,通常采用"软方法"来解决。可以求出最佳的定量结果,而所求出的结果一般是可行的满意解,并且也有些结果因人而异。良结构与不良结构问题的不同解决方案比较见表 3.2。到目前为止,解决不良结构的软系统方法已提出一些,例如软系统方法、专家调查法、情景分析法、冲突分析法等。不过从系统工程方法论的角度看,软系统方法具有更高的概括性。

表 3.2 良结构与不良结构问题的不同解决方案的比较

类 别	定 义	特 点	解决方法
良结构系统	偏重工程、机理明显的物理型的硬系统	可用较明显的数学模型描述,有较现成的定量方法可以计算出系统的行为和最佳结果	用"硬方法"求出最佳的定量结果,霍尔的三维结构主要适用于此
不良结构系统	偏重社会、机理尚不清楚的生物型的软系统	较难用数学模型描述,因其加入了人的直觉和判断,往往只能用半定量、半定性或者只能用定性的方法来处理问题	用"软方法"求出可行的满意解,常用德尔菲法、情景分析法、冲突分析法、切克兰德的调查学习法等

3.3.1 软系统方法论框架

软系统方法论(Soft System Methodology,SSM)是英国兰切斯特大学(Lancaster University)切克兰德(P. Checkland)教授于 1981 年首次提出的,也称之为切克兰德的调查学习法。系统方法"软"的主要原因是它加入了人的判断和直觉,它是在硬系统方法论的基础上提出来的。

与硬系统思想相反,软系统思想认为对社会系统的认识离不开人的主观意识。社会系统是人主观构造的产物。软系统方法论的任务就是提供一套系统方法,使得在系统内的成员间开展自由、开放的辩论,从而使各种世界观得到表现,并在此基础上达成对系统进行改进的方案。软系统方法论强调通过人的交流讨论,对问题的实质有所认识,逐步明确系统的目标,经过不断的反馈,逐步深化对系统的了解,得出满意的可行解,而不是一开始就按照硬系统的一套思维方式按部就班地去处理问题,导致对问题的曲解和做出不符合实际的结论。软系统方法论强调反复对话、学习,因此整个过程是一个学习的过程。

软系统方法论使用 4 种智力活动:感知—判断—比较—决策,并构成了各个阶段联系在一起的学习系统。它包含 7 个逻辑步骤,它们的联系如图 3.6 所示。阶段 1、2、5、6、7 是包括人在内的实际世界里的活动,它可以使用日常的语言来描述,阶段 3、4、4a、4b 是系统思考的活动,它使用系统语言来描述。

(1)非结构问题情景描述

在这里有必要区分问题与问题情景,问题指的是已能确定下来的某些东西;问题情景是指人们感觉其中有问题却不能确切定义的某种环境。在第 1 和第 2 阶段的目的是要明确问

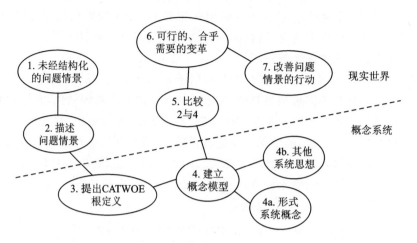

图 3.6　软系统方法论的步骤

题情景的结构变量、过程变量以及两者之间的关系,而不是定义问题本身。明确问题情景在实践中是非常困难的。人们往往急于行动,却不愿花时间理解有关情况。在这里要尽可能了解与情景有关的情况、不同人的不同观点,形成一个丰富的情景描述以便进一步研究。

(2) 相关系统的根(root)定义

在第 3 阶段并不回答建立什么系统,而是回答相关系统的名字是什么之类的问题,亦即确切定义相关系统是什么,而不是做什么。这个定义是根据分析者的观点形成相关系统的概念,称为相关系统的根定义。对于同一个问题情景,不同的人可能给出不同的根定义。不同的根定义的交集形成该问题情景的"内核"。

这些定义主要涉及下列方面:

- 系统的利益承受者(Customer,简写为 C)。
- 系统的执行者(Actors,简写为 A)。
- 系统从输入到输出的变化过程(Transformation process,简写为 T)。
- 世界观(Weltanschauung,简写为 W,这里指的是价值观和伦理道德观等)。
- 系统所有者(Owners,简写为 O)。
- 系统的环境约束(Environment constraints,简写为 E)。

利用上述 6 个方面(CATWOE)的根定义,就把系统活动的要素、有关人员或组织的身份及其影响确定下来了。

(3) 建立概念模型

第 4 阶段的任务是根据根定义建立相关的概念模型。模型由内在联系的动词构成,是描述根定义所定义的系统的最小活动集。其中:概念模型是根据系统理论建立的标准系统,用来检验概念模型是否完备,若不完备,则要说明原因。除此之外,还涉及其他一些系统思想,比如系统动力学、社会技术系统等,也许这些思想更适合于描述当前系统,提醒分析者全面分析问题。概念模型是根据根定义做出的,它不涉及实际系统的构成,它不是实际中正在运行的系统的重复和描述。描述中包括的活动应恰好构成定义系统,通过"做"说明系统"是什么",与此无关的活动不应包括在内。

(4) 概念模型与现实系统的比较

第 5 阶段的工作是将建立的几个概念模型与当前系统(问题)进行比较,目的是发现两者之间的不同及其原因,以便改进。在比较过程中,由于建立的概念模型有几个,所以无法取得一致的认识。因而在比较之前,先找出一个为多数人接受的模型。一般来说,几个概念模型的交集是一个比较理想的模型。

(5) 提出变革方案并付诸实施

在以上分析的基础上,依据讨论的结果在第 6 阶段确定可能的变革。做出的变革应当同时满足以下条件:在给定优势的态度和权利结构并考虑到所考察情景的历史的前提下,它们应是合乎需要的和可行的。阶段 7 的任务是把阶段 6 的决定付诸行动,以改善问题的情景。事实上,这相当于一个"新问题"并且也能用同样的方法论来处理。

软系统方法论开始提出时是按照上述步骤顺序进行的,后来经过许多实践,发现有时候也可以从任何一个阶段开始,而且会在中途有所反复。也可能在改革之后还不满意,经过反思继续进行上述步骤。总而言之,这种方法强调的是不断反馈和学习。

切克兰德的"调查学习"软方法的核心不是寻求最优化,而是"调查、比较"或者说是"学习",从模型和现状比较中,学习改善现存系统的途径,最终目标是决策者满意。通过认识与概念化、比较与学习、实施与再认识等过程,对社会经济等问题进行分析研究,这是一般软系统工程方法论的共同特征。

3.3.2　软系统方法论的应用

软系统方法论一般对于"软问题"有着较好的应用,下面以规划一个新系统为例,来说明软系统方法论的应用过程。

- 分析现有系统规划存在的问题。一般来说,① 系统规划问题的提出并不明确,对于规划究竟要解决什么问题、达到什么样的目标,规划的提出者并不清楚,于是这个任务便落到规划编制者的身上。② 问题结构性差,其原因一方面来自于规划问题的提出不明确、目标很含糊;另一方面来自于现代系统规划本身是一个复杂系统,各子系统之间的关系非常复杂,很难用具体的数学模型来描述,所要解决的问题通常是每一个都有着各自的特点,因而缺乏一套固定的问题结构。③ 规划目标要满足多方的要求,系统规划不能只考虑某一方面的要求,而应满足多方的要求。④ 很难得到最优解,通常的思路是规划结果得到一个最优的操作方案,但这在实际规划中是不可能实现的;我们无法得到最优解,我们甚至无法判断规划方案是否为最优,这都源自于上面所说的规划问题的特点,它决定了规划的结果通常是一个满意解,即编制一个各方较为满意而又便于实施的方案。

- 现状描述和根定义。现状描述和规划结构的确定包括软系统方法的前 3 个阶段:问题状态识别、问题状态描述和根底定义建立。现状描述首先所要做的工作就是对于现有系统运作现状和产业发展现状进行调查;然后对现状进行描述,包括对于问题状态的识别和描述,就是在现状调查的基础上对于现有系统的现状进行描述,实质上就是对于现状调查的总结;紧接着建立根定义,经过现状描述以后,对于现有系统已经有了全面和较为准确的认识,从而可以建立想象系统的根定义,通过 O、A、T、W、E、C 来给出系统的根定义。

- 概念模型建模。概念模型首先要明确根定义中各要素之间的操作关系,这种操作关系还是停留在"系统思考"的层面上,即回答的还是系统应当怎么样。确定这种操作关系的方法主要包括：专家研讨法、类比法，通常情况下在实际规划中是采用以上两种方法相结合的方法。

- 概念模型与问题状态的比较。通过概念模型与问题状态的比较，确定现有系统的差距，这同时就是规划的着眼点。
- 规划方案的制定。根据现状调查、根定义、概念模型以及概念模型与问题状态的比较就可以确定规划方案。规划方案的确定还需要同各部门、利益相关方取得共识。在规划实践中规划方案的确定往往需要多次同有关部门协商、讨论，以求取得一致意见；也只有这样的方案才具有可操作性。
- 规划方案的实施。规划方案的实施就是将上述的规划方案交由有关部门执行。对于规划者而言，需要根据实施的效果来调整规划方案。

通过以上软系统方法论的过程，我们所追求的即是新规划出来的系统能够在一定程度上对原有系统进行改善，这个过程可以反复进行，直到新的系统达到我们的预期目标为止。

3.3.3 硬系统方法论与软系统方法论对比

霍尔三维结构与切克兰德方法论之间既存在相同点，也存在不同点。就相同点而言，两者均为系统工程方法论，均以问题为起点，具有相应的逻辑过程。就不同点而言，霍尔方法论（硬系统方法论）与软系统方法论之间主要存在以下几个不同点（具体比较见表 3.3）：

- 前者主要以工程系统为研究对象，适用于解决良结构的硬系统问题；而后者更适合于对社会经济和经营管理等问题的研究，适用于解决不良结构的软系统问题。
- 前者是以目标为导向的，是一个精确求解的过程；而后者是以问题为导向的，是一个不断探寻的过程。
- 前者的核心内容是优化学习，追求问题的解决、方案的最优化，输出为最优解；而后者的核心内容是比较学习，追求的是状态的改进、方案的改革或问题的准优化，输出为满意解。
- 前者更多关注定量分析方法，而后者比较强调定性或定性与定量有机结合的基本方法。

表 3.3 硬系统方法论与软系统方法论的不同

硬系统方法论	软系统方法论	硬系统方法论	软系统方法论
硬问题	软问题	二元论	多元论
良结构	劣结构	最优化	准优化
知物之善	知理之善	问题解决	状态改善
还原论思维	系统论思维	最优方案	改革方案
目标确定	目标模糊	客观评价	主观评价
状态辨识	共识、沟通		

3.4　其他系统工程方法论

在系统工程研究中,除了比较经典的霍尔三维结构和切克兰德的"调查学习"模式外,还存在其他的系统工程方法论,其中比较典型的是中国系统科学学者顾基发提出的物理-事理-人理(WSR)系统方法论,以及钱学森等提出的综合集成方法论。

3.4.1　物理-事理-人理方法论

1. WSR 方法论的基本概念

自然科学是关于物理的科学,运筹学是关于事理的科学,实际还包括管理科学、系统科学。事理就是做事的道理。处理好人的关系是人理学,就是人文科学、行为科学,人理就是做人的道理。把这三者结合起来,1995 年中国系统工程学会理事长、中国科学院系统科学研究所研究员顾基发和英国 Hull 大学华裔学者朱志昌博士提出物理-事理-人理系统方法论,简称"WSR 系统方法论"。WSR 系统方法论是具有东方文化传统的系统方法论,得到国际同行的认同。表 3.4 说明了 WSR 系统方法论的基本内容。

表 3.4　物理-事理-人理(WSR)系统方法论的基本内容

要　素	物　理	事　理	人　理
道理	物质世界、法规、规划的理论	管理和做事的理论	人、纪律、规范的理论
对象	客观物质世界	组织、系统	人、群体、人际关系、智慧
着重点	是什么? 功能分析	怎么做? 逻辑分析	最好怎么做? 可能是什么? 人文分析
原则	诚实,追求真理	协调,追求效率	讲人性、和谐,追求成效
需要的知识	自然科学	管理科学、系统科学	人文知识、行为科学

作为科学研究对象的客观世界是由物和事两方面组成的。物是指独立于人的意志而存在的物质客体;事是指人们变革自然和社会的各种有目的的活动,包括自然物采集、加工、改造,人与人的交往、合作、竞争,对人的活动所做的组织、管理等。通俗地讲,事就是人们做事情、做工作、处理事务。

运筹学促使科学认识从物理进到事理,事理学的研究又促使科学认识从事理进到人理。没有人的系统(自然系统)的运动总可以用物理加以说明,而有人的系统(社会系统)则要加上事理、人理去说明。

物理主要涉及物质运动的规律,通常要用到自然科学知识,回答有关的物是什么,能够做什么,它需要的是真实性。事理是做事的道理,主要解决如何安排、运用这些物,通常用到管理科学方面的知识,回答可以怎样去做。人理是做人的道理,主要回答应当如何做。处理任何事和物都离不开人去做,以及由人来判断这些事和物是否得当,并且协调各种各样的人际关系。通常要运用人文和社会学科的知识去处理各种社会问题,人理常常是主要内容。

WSR 系统方法论认为,在处理复杂问题时,既要考虑对象系统的物的方面(物理),又要考虑如何更好地使用这些物的方面,即事的方面(事理),还要考虑由于认识问题、处理问题、实施管理与决策都离不开的人的方面(人理)。把这三方面结合起来,利用人的理性思维的逻辑性和形象思维的综合性与创造性,去组织实践活动,以产生最大的效益和最高的效率。

一个好的领导者或管理者应该懂物理,明事理,通人理,或者说,应该善于协调使用硬件、软件、人才,才能把领导工作和管理工作做好。也只有这样,系统工程工作者才能把系统工程项目搞好。

应该看到,任何社会系统不但是由物、事、人所构成的,而且它们三者之间是动态的交互的过程。因此,物理-事理-人理三要素之间不可分割,它们共同构成了关于世界的知识,包括是什么、为什么、怎么做、谁去做,所有的要素都是不可或缺的,如果缺少了、忽略了某个要素,对系统的研究将是不完整的。

2. WSR 系统方法论的基本内容和主要步骤

WSR 系统方法论有一套工作步骤,如图 3.7 所示,用以指导一个项目的开展。这套步骤大致是以下 6 步,这些步骤有时需要反复进行,也可以将有些步骤提前进行。

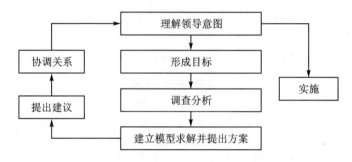

图 3.7　WSR 方法论 6 个步骤

- 理解领导意图(understanding desires)。这一步骤体现了东方管理的特色,强调与领导的沟通,而不是一开始就强调个性和民主等。这里的领导是广义的,可以是管理人员,也可以是技术决策人员,也可以是一般的用户。在大多数情况下,总是由领导提出一项任务,他的愿望可能是清晰的,也可能是相当模糊。愿望一般是一个项目的起始点,由此推动项目。因此,传递、理解愿望非常重要。在这一阶段,可能开展的工作是愿望的接受、明确、深化、修改、完善等。

- 形成目标(formulating objectives)。作为一个复杂的问题,往往一开始问题拟解决到什么程度,领导和系统工程工作者都不是很清楚。在领会和理解领导的意图并经过调查分析,取得相关信息之后,这一阶段开展的工作是形成目标。这些目标会有与当初领导意图不完全一致的地方,同时在以后经过大量分析和进一步考虑后,可能还会有所改变。

- 调查分析(investigating conditions)。这是一个物理分析过程,任何结论只有在仔细地调查情况之后才能得出,而不应在之前。这一阶段开展的工作是分析可能的资源、约束和相关的愿望等。一般总是深入实际,在专家和广大群众的配合下,开展调查分析。

- 建立模型(creating models)求解并提出方案。这里的模型是比较广义的,除数学模型外,还可以是物理模型、概念模型,运作步骤、规则等。一般通过与相关领域的主体讨论、协商,在思考的基础上形成。在形成目标之后,在这一阶段,主要开展的工作是设计、选择相应的方法、模型、步骤和规则来对目标进行分析处理,称之为建立模型。这个过程主要是运用物理和事理。

- 提出建议(implementing proposals)。在综合了物理-事理-人理之后,应该提出解决问题的建议。提出的建议一要可行,二要尽可能使相关主体满意,最后还要让领导从更高一层次去综合和权衡,以决定是否采用。这里,建议一词是模糊的,有时还包含实施的内容,这主要看项目的性质和目标设定的程度。
- 协调关系(coordinating relations)。在处理问题时,由于不同的人所拥有的知识不同、立场不同、利益不同、价值观不同、认知不同,对同一个问题、同一个目标、同一个方案往往会有不同的看法和感受,因此往往需要协调。当然协调相关主体的关系在整个项目过程中都是十分重要的,但是在这一阶段,显得更重要。相关主体在协调关系层面都应有平等的权利,在表达各自的态度方面也有平等的发言权,包括做什么、怎么做、谁去做、什么标准、什么秩序、为何目的等议题。在这一阶段,一般会出现一些新的关注点和议题,主要开展的工作就是相关主体的认知、利益协调。这个步骤体现了东方方法论的特色,属于人理的范围。

必须注意,有时甚至实施结束了也不能算项目完成了,还要进行实施后的反馈和检查等。当然,这样也可以说是进入到一个新的 WSR 步骤循环了。

在运用 WSR 系统方法论的过程中,需要遵循下列原则:

- 在整个项目过程中,除了系统工程人员外,领导和有关的实际工作者都要经常参与,只有这样,才能使系统中的工作人员了解意图,吸取经验,改正错误想法;
- 由于问题涉及各种知识、信息,因此经常需要将它们与讨论的专家意见进行综合,集各种意见、方案之所长,相互弥补;
- 人机结合,以人为主,把人员、信息、计算机、通信手段有机结合起来,充分利用各种现代化工具,提高工作能力和绩效;
- 迭代和学习不强调一步到位,而是时时考虑新信息,对极其复杂的问题,还要摸着石头过河;
- 尽管物理-事理-人理三要素彼此不可分割,但是不同的道理必须区分对待。

3. WSR 系统方法论中常用的方法

在 WSR 系统方法论的指导下,要有选择地使用一些具体的方法,甚至其他的方法论。表 3.5 中给出了 WSR 系统方法论中常用的若干方法。

表 3.5　WSR 系统方法论中常用的若干方法

要　素	物　理	事　理	人　理	方　法
理解意图	了解顾客的最初意图,通过谈话来收集有关领导讲话	了解顾客对目标的偏好,喜欢什么模型和评价标准	了解有哪些领导会参与决策,谁来使用这个结果	头脑风暴法、讨论会、CATWOE 分析、认知图
调查分析	主要调查现在已有资源和约束条件,主要通过现场调查和文件检索	了解用户的经验和知识背景	了解谁是真正的决策者,哪些知识是必需的,弄清用户上下各种关系是必要的	Delphi、各种调查表、文献调查、历史对比、交叉影响法、NG 法、KJ 法

续表 3.5

要 素	物 理	事 理	人 理	方 法
形成目标	将所有可行的和实用的目标准则以及约束都列举出来	要在目标中弄清它们的优先次序和权重	最好弄清各种目标涉及的人物	头脑风暴法、目标树等
建立模型	将各种有关的目标和约束数据化和规范化	要选择合理的模型、程序和知识	尽量把领导的意图放到模型中	各种建模方法和工具
提出建议	要对各种物理设备和程序加以安装、调试、验证	要将各种专门术语改为用户能懂得和喜欢的语言	要尽量让各方面易于接受、易于执行,并考虑到今后能否合法运用该建议	各种统计表图、统筹图
协调关系	要对所有的模型、软件、硬件、算法和数据之间加以协调,或称为技术协调	要对模型和知识的合理性加以协调,或称为知识协调	工作过程中各方面的利益、观点、关系都会由于不同而引起冲突,这就需要进行利益协调	SAST、CSH、IP、和谐理论、亚对策、超对策

3.4.2　综合集成方法论

1990 年初,钱学森等首次把处理开放的复杂巨系统的方法定名为从定性到定量的综合集成法。综合集成法是从整体上研究和解决复杂巨系统问题的方法论,是人-机结合、以人为主的思维方法和研究方式。综合集成的实质是专家经验、统计数据和信息资料、计算机技术三者的有机结合,构成一个以人为主的高度智能化的人-机结合系统,发挥整体优势,解决复杂的决策问题,参见图 3.8。在这个系统中集大成、得智慧,产生新思想、新知识、新方法,去解决开放复杂巨系统问题,体现了从定性判断到精确论证、以形象思维为主的经验分析,到以逻辑思维为主的定量分析的系统工程思想和方法。

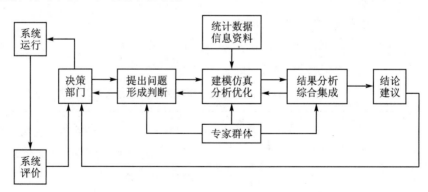

图 3.8　钱学森提出的从定性到定量的综合集成方法

综合集成有方法论层次上的和工程技术层次上的。方法论层次上的综合集成就是把经验与理论、定性与定量、微观与宏观辩证地统一起来,用科学理论、经验知识、专家判断相结合的半理论、半经验的方法去处理复杂系统问题。工程技术层次上的综合集成就是根据所研究问题涉及到的学科和专业范围,组成一个知识结构合理的专家体系。通过信息体系、模型体系、指标体系、评价体系、方法体系以及支持这些体系的软件工具的集成,实现系统的建模、仿真、分析与优化。

在哲学上,就是要把经验与理论、定性与定量、人与机、微观与宏观、还原论与整体论辩证地统一起来。这就是方法论层次上的综合集成,其要点如下:

- 直接诉诸实践经验,特别是专家的经验、感受和判断力,把这些经验知识和现代科学提供的理论知识结合起来。
- 专家的经验是局部的、多半是定性的,要通过建模计算把这些定性知识和各种观测数据、统计资料结合起来,使局部定性的知识达到整体定量的认识。
- 把人与计算机结合起来,充分利用知识工程、专家系统和计算机的优点,同时发挥人脑的洞察力和形象思维能力,取长补短,产生出更高的智慧。如何进行综合集成,除方法论层次上的综合集成外,还应特别重视工程技术层次上的综合集成。

综合集成工程具有很强的可操作性,运用综合集成工程解决开放复杂巨系统问题的基本步骤和要点如下:

- 一个实际问题提出来后,研究者(或研究小组)首先要充分收集有关的信息资料,调用有关方面的统计数据,作为开展研究工作的基础性准备。这些数据资料中包含系统定性、定量特性的信息,没有它们就不可能实现从关于系统的局部定性认识经过综合集成达到关于系统的整体定量认识。
- 研究者邀请各方面有关专家对系统的状态、特性、运行机制等进行分析研究,明确问题的症结所在,对系统的可能行为走向及解决问题的途径做出定性判断,形成经验性假设,明确系统的状态变量、环境变量、控制变量和输出变量,确定系统建模思想。
- 以经验性假设为前提,充分运用现有的理论知识,把系统的结构、功能、行为、特性、输入/输出关系定量地表示出来,作为系统的数学模型,以便用模型的研究部分地代替对实际系统的研究。
- 依据数学模型把有关的数据、信息输入计算机,对系统行为做仿真模拟试验,通过试验,获得关于系统特性和行为走向的定量数据资料。
- 组织专家群体对计算机仿真试验的结果进行分析评价,对系统模型的有效性进行检验,以便进一步挖掘和收集专家的经验、直觉,更深入细致地进行判断。所谓"即景生情"式的见解,常常是专家面对仿真试验结果时被诱导出来和明确起来的。如果再应用虚拟现实技术,可能会收到意想不到的效果。
- 依据专家们的新见解、新判断,对系统模型做出修改,调整有关参数,然后再上机做仿真模拟试验,将新的试验结果再交给专家群体分析评价,根据新一轮的专家意见和判断再次修改模型,再做仿真试验,再请专家群体分析评价……如此反复循环,直到计算机仿真结果与专家意见基本吻合为止。最后得到的数学模型就是符合实际系统的理论描述,从这种模型中得出的结论将是可信的。

因此,信息技术是实现综合集成的重要手段。利用信息技术的联通性、融合性和整体性,如多维信息的集成和融合、集成型模式识别和智能控制等,是系统综合集成的基本途径。而综合集成是实现大科学、大工程的基本途径,综合集成的关键是解决整体与局部的关系问题,实现"1+1>2"。

3.5　本章小结

方法和方法论在认识论上是两个不同的范畴：方法是用于完成一个既定任务或目标的具体技术、操作和工具，而方法论是进行研究和探索的一般途径。系统工程方法论可以是哲学层次上的思维方式、思维规律，也可以是操作层次上开展系统工程项目的一般过程或程序，它反映了系统工程研究和解决问题的一般规律或模式。对于系统工程人员来说，掌握系统工程方法论有利于综合运用各种系统工程方法、技术和工具去解决复杂的系统工程问题。

在工程领域，常见的系统工程方法论有：霍尔方法论（硬系统方法论）、切克兰德的调查学习法（软系统方法论）、物理-事理-人理系统方法论（WSR方法论）和综合集成方法论（钱学森方法论）。其中，霍尔方法论是在大量工程实践中人们普遍使用和广为接受的一种方法，也是所有系统工程师需要深刻理解和熟练使用的一种方法。归根结底，系统工程方法是人们解决不同领域系统工程问题时总结和归纳出来的规律性方法。霍尔方法论或硬系统方法论以工程系统为研究对象，适用于解决良结构的硬系统问题，而切克兰德的调查学习法或软系统方法论适合于对社会经济和经营管理等问题的研究，适用于解决不良结构的软系统问题。不同工程领域可以结合具体问题选用不同系统工程方法论。另外，系统工程在我国的推广应用过程中，也产生了一些重要的方法论，最具有代表性的就是物理-事理-人理系统方法论和综合集成方法论，可以结合中国的传统文化背景，以及具体的工程实践，来对这两种系统工程方法论进行理解和运用。

另外，系统工程方法论是不同工程领域成功实施系统工程的关键。对于材料、电子、机械甚至软件工程等领域，要设计和生产各式各样的产品或系统，都需要遵循系统工程方法论。在下面一章中，会针对工程系统这类系统重点展开论述，尤其是针对霍尔方法论的过程维。

习　　题

1. 结合具体实例来简述方法论与方法的区别。

2. 什么是系统工程方法论？为什么要研究系统工程方法论？

3. 什么是霍尔三维结构？查阅资料说明霍尔三维结构有何特点和应用。

4. 简述良结构和不良结构系统的不同，以及所采用的不同的解决方法。

5. 简述霍尔和切克兰德的系统工程方法论的异同。

6. 结合具体的案例，简述不同专业范围内开展的系统设计工作中，哪些可以用硬系统方法论来解决，哪些需要用软系统方法论来解决。

7. 什么是WSR系统方法论？简述WSR系统方法论中懂物理、明事理、通人理的内涵。

8. 理解综合集成的思想，简述从定性到定量的综合集成方法论的实质。

9. 除了本书所介绍的几种方法论外，查阅资料看看是否还存在其他的系统工程方法论。

第4章 系统生命周期过程

从工程的视角来看,工程活动的核心是构建或改进一个人造物或人造系统。工程活动中所采用的各种技术始终围绕着这个目的展开,所以这个人造系统是工程活动的基本标志。我们把工程活动所构建或改进的人造系统称为工程系统,它是工程的成果、产出物和交付物,是能够为社会、为用户带来益处的人工创造物。例如航空工程,经过规划、论证、设计、建造、试飞,最后交付给用户的是一个符合设计要求、可以持续提供乘客和货物运输功能的飞机系统,这就是航空工程的成果、产出物和交付物。对工程系统进行设计、建造和交付,必须采用工程化的系统工程过程,也即是霍尔方法论中的时间维,这一维度同时也构成了系统的生命周期过程。对于不同的工程系统,其生命周期过程是不同的,目的是给出一个通用的生命周期过程模型来指导系统的开发、设计和建造。

4.1 工程系统与工程系统工程

4.1.1 工程系统

工程系统是一个用于满足特定功能目的或目标的人造物或者人为改造系统,是为了实现集成创新和建构等功能,由各种"技术要素"和诸多"非技术要素"按照特定目标及功能要求所形成的完整的集成系统。工程系统之所以称为系统,是因为这一工程由许多部分组成,而且这些组成部分并不是各自独立的,它们之间具有紧密的关联性,即整个工程具有系统性。所有组成部分构成了工程系统,这些组成部分包括各个系统及其部件、建造过程中的所有环节、工程所需要的各种资源,以及确保工程顺利实施的支持系统。从最终结果来看,工程系统是最终交付给工程需求者的客观存在物。将系统工程应用于工程系统领域中便产生了工程系统工程,工程系统工程是应用工程项目的系统工程,是组织和管理工程系统的规划、研究、设计、发展、试验、生产、使用和保障的科学方法,也是解决工程活动全过程的工程技术。

系统的设计有好有坏,本书中的"工程系统"瞄准的是设计优秀的系统。一个优秀的系统有以下特点:工程系统有功能目的以响应所识别的需求,并具备完成给定使用目标的能力;工程系统在全生命周期中实现并使用,始于需求识别,终于退役与处置;工程系统由一组协调的资源组合构成,例如设施、设备、材料、人员、信息、软件和资金,工程系统由子系统和相关的部件组成,它们相互作用以实现预期的系统响应或行为;工程系统是层次结构的一部分并受外部因素的影响,这些外部因素的来源包括此系统所属的上级系统以及同级系统;工程系统嵌入了自然世界,并与自然世界以期望和不期望的方式相互作用。随着人们建造的工程系统越来越复杂、体系化更强,要求人们必须全面考虑建造过程中的各种影响因素,提前规划工程进展中可能遇到的各种问题,协调来自各单位的工程参与者,统筹考虑工程项目的质量、进度、成本问题。正如钱学森所说,"导弹武器系统是现代最复杂的工程系统之一,要靠成千上万人的大力协同工作才能研制成功。研制这样一种复杂工程系统所面临的基本问题是:怎样把比较笼统的初始研制要求逐步地变为成千上万个研制任务参加者的具体工作,以及怎样把这些工作最终综合成一个技术上合理、经济上合算、研制周期短、能协调运转的实际系统,并使这个系统成为它所从属的更大系统的有效组成部分"。这个"基本问题"实际上就是系统工程所要解决的问题,这也是系统工程应运而生的背景。

在第 1 章中我们给出了系统工程的多种定义。系统工程是一个面向功能、基于技术的跨学科的过程,目的是实现系统与产品(人造系统)以及改进现有系统。对于工程项目,系统工程的输出是工程系统,其首要目的是围绕人们的目的去改造世界。对应地,它还应该设计得满足人类需求并/或有效地降低系统生命周期费用,以及减少无形的社会与生态负面影响。尽管钱学森把系统工程划分为若干专业,但系统工程本源还是起源于人们在对工程系统的设计和建造上,因此下面重点针对工程系统工程进行介绍。

4.1.2　工程系统工程

工程系统工程是应用于工程项目的系统工程,属于钱学森最早提出的 14 门系统工程专业之一,是组织和管理工程项目的规划、研究、设计、试验、生产、使用和保障的科学方法,也是解决工程活动全过程的工程技术。飞机或火箭的研制、生产和使用就是一类复杂的工程项目。工程系统工程属于工程技术范畴,并以"工程设计"作为其特有的学科基础。这是一门极其新颖的、尚在发展中的学科。它以实际应用为目的,是一个把各个领域的各种管理、技术加以综合应用的工程技术体系。

工程系统工程由下述四个基本部分组成:系统工程过程、工程设计、工程专业综合以及系统分析和控制,如图 4.1 所示。其中,工程设计是核心,在系统工程过程中实现系统技术要求和系统最优配置,系统分析和控制对工程设计进行控制与管理,而工程专业综合则是使系统性能扩延的手段,确保系统达到可靠性、维修性、保障性、易用性、可生产性、可处置性以及经济可承受性等。

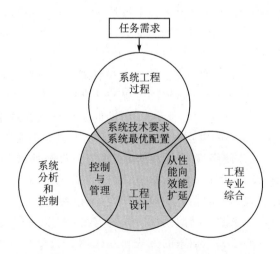

图 4.1　工程系统工程的三个基本组成部分

1. 系统工程过程

系统工程过程是一种技术处理过程,该过程由一系列的工程活动和工程决策的逻辑程序组成,其目的是将工程项目的任务需求转化为对系统(对象、制造和保障系统)性能参数的描述,并确定出工程项目的最优配置。系统工程过程的主要功能是以一套规范化的方法和程序从任务需求中完整地导出量化的系统技术要求,并确定能满足这些技术要求的系统最优配置。这本质上是一个先导的工作过程,推行这一工作过程就能对整个设计进程起指导作用,并确保设计工作取得成功。

系统工程过程的主要工程活动是系统分析和综合。通过工程项目的任务要求分析和功能分析把任务要求转化为系统功能要求,并借助随后进行的技术要求分配进一步转化为系统较低层次上的技术要求,从而使系统、分系统、部件能据以进行设计。而综合则是从系统总体的观点,按给定的详尽程度保持设计的完整性。

2. 工程专业综合

工程专业的综合是将与工程项目的研制有关的各个工程专业,诸如可靠性、维修性、安全性、人素工程、软件工程、生产工程、后勤工程、价值工程等工程专业的工作协调地纳入到系统的发展过程中,以保证它们能对系统设计工作施加影响,并最终满足对工程项目规定的要求。

各个工程专业的设计和发展工作是整个工程研制任务的有机组成部分。除了将上述工程专业综合到系统研制工作中外,工程系统工程还特别强调在系统研制过程中全面的工程综合。从 20 世纪 80 年代末到 90 年代初,美国针对工程项目(如国防系统的采办)的技术要求越来越高,而可用资源却日益减少的状况,进一步提出了"综合产品研制"和并行工程的新概念,强调在整个系统研制中,都应将传统的工程技术(如力学、机械学、空气动力学、电子、电气、动力、液压等)和各工程专业(如可靠性、维修性、测试性、保障性、安全性等),以及试验工程、生产工程和后勤工程综合到一起,并予以统一的协调和管理。采用这种新概念进行工程项目管理,可以大为减少设计与生产、使用、保障间的不协调,从而显著地提高系统的效能,并节省研制时间和费用。

为了实施"综合产品研制"所要求的全面的工程综合,必须在工程研制全过程中的任何阶段,都由传统的工程设计人员、各工程专业的设计人员(如可靠性工程师、维修性工程师等),以及试验、生产、综合后勤保障部门的工程技术人员共同组成的设计组织来确定工程系统完整的技术要求并开展研制工作,以确保对设计工作施加影响。这样才能使研制出来的工程系统不仅具有优异的性能,而且具有良好的可靠性、维修性、保障性、易用性、可生产性、可处置性以及经济可承受性等。

3. 系统分析和控制

系统分析和控制是使工程系统研制过程从输入到输出的可追溯性得以保持,并使其研制过程得到控制,以确保最终研制出的工程系统能符合用户的需求。系统分析包括权衡分析、系统体系结构分析、风险分析和效能分析。系统分析可用来评价备选工程方案及其技术途径、风险是否能恰当地满足系统要求和指标,为选择最终的体系结构和设计方案提供依据。在系统工程过程中,系统控制主要包括技术性能测量(TPM,Technical Performance Measurement)、技术状态控制(CM,Configuration Management)和技术评审(TR,Technical Review)等方法和技术:技术性能测量是对系统的技术性能进行连续的验证和控制过程;技术状态控制是对已确立的工程基线进行控制;技术评审则是对工程系统研制各阶段实施里程碑控制的重要手段。

因此,系统工程过程、工程专业综合、系统分析和控制扩延了传统的专业设计的内涵,并把工程项目的设计与规划、技术与管理融为一体。它们与传统的工程设计学科的关系如图 4.1 所示。系统工程过程将使用部门(或用户)提出的任务需求转化为系统量化的技术性能要求,为系统提供设计的依据。工程专业的综合是将可靠性、维修性、保障性等与系统效能密切相关的技术性能纳入到工程设计中,从而扩延传统的工程设计所考虑的系统性能(如重量、速度、精度、功率、机动性等),将性能扩延为系统效能。这对于现代工程项目具有极其重要的意义。而系统分析控制则对工程项目的整个研制过程进行监控、实施管理,以确保所研制的系统达到预定的任务要求和指标。

4.2 几种常见的系统生命周期过程模型

系统工程过程是工程系统工程的组成部分,为系统工程师们提供工作指导,也是整个系统工程的一个工作模板。事实上,基于系统工程方法论,尤其是霍尔系统方法论,其中的一项核心工作即是对整个系统工程过程进行阶段划分,这对于一项复杂、耗时长、投资大的工程项目而言尤其重要,这其实是用工程化方法解决和控制复杂工程项目的风险的一种有效方法。同时,对系统工程过程进行阶段划分,有利于指导系统工程师在不同阶段开展不同的工作。对于系统工程过程的阶段划分,我们一般称之为系统生命周期过程模型,通过它来给一个复杂的工程项目提供可参考和借鉴的工作模板,以规范系统工程过程并减小系统工程过程中的各种风险。下面,我们介绍在系统工程领域应用最为广泛的三种系统生命周期过程模型:瀑布模型、螺旋模型和 V 字模型。

4.2.1 瀑布模型

瀑布模型(Waterfall Model)是在 1970 年由 Winston Royce 提出来的,最初应用于软件开发。在系统工程或软件开发中,该模型通常包括 5~7 个步骤或阶段。瀑布模型的核心思想是按工序将问题化简,将功能的实现与设计分开,便于分工协作,即采用结构化的分析与设计方法将逻辑实现与物理实现分开。在软件工程中应用瀑布模型,通常将软件生命周期划分为制定计划、需求分析、软件设计、程序编写、软件测试和运行维护等 6 个基本活动,并且规定了它们自上而下、相互衔接的固定次序,如同瀑布流水,逐级下落。事实上,瀑布模型对于硬件和软件一样适用,如果将该模型应用至更一般化的系统,尤其是针对工程系统,Blanchard 在《系统工程与分析》一书中对系统工程瀑布模型总结为需求分析、规范体系、设计、实施、试验、维修等基本活动,如图 4.2(a)所示;与之对照的是大家常见的软件工程瀑布模型,如图 4.2(b)所示。需求分析是将用户的 needs 或 wants 转化为用户和系统工程师都可理解、可接受且可验证的 requirments 的过程。规范体系则是对需求以及设计方案进行规范化描述的一系列技术文件、模型、数据等,它起源于对系统进行可行性分析,也体现了系统工程中设计演进的过程,具体内容可以参看本书的第 5 章。其他的设计、实施、试验、维修等过程的内涵与霍尔方法论中的时间维度基本一致。

瀑布模型是一个项目开发架构,开发过程是通过设计一系列阶段顺序展开的,从系统需求分析开始直到产品发布和维护,每个阶段都会产生循环反馈。理想中,每一阶段都应按照顺序完成,直到产品交付为止。但事实上极少会如此,因为总会发现缺陷,进而重复某一步骤直到

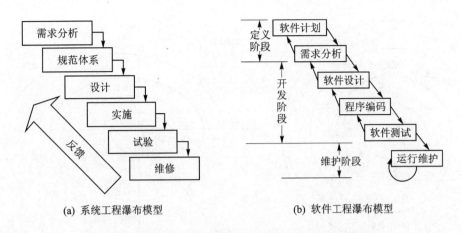

(a) 系统工程瀑布模型　　　　　　　　　(b) 软件工程瀑布模型

图 4.2　系统工程瀑布模型与软件工程瀑布模型对比

更正,项目开发进程才会从一个阶段"流动"到下一个阶段,这也是瀑布模型名称的由来。它可用于软件工程开发、企业项目开发、产品生产以及市场销售等构造瀑布模型。

　　瀑布模型有以下的优点: ① 为项目提供了按阶段划分的检查点;② 当前一阶段完成后,只需要去关注后续阶段;③ 提供了一个系统开发模板,这个模板使得系统分析、设计等方法可以在该模板下有一个共同的指导。同时,瀑布模型也存在缺点: ① 各个阶段的划分完全固定,阶段之间产生大量的文档,极大地增加了工作量;② 由于开发模型是线性的,用户只有等到整个过程的末期才能见到开发成果,从而增加了开发风险;③ 通过过多的强制完成日期和里程碑来跟踪各个项目阶段;④ 瀑布模型的突出缺点是不适应用户需求的变化。

4.2.2　螺旋模型

　　研制生命周期的螺旋过程模型(Spiral Model)是 Barry Boehm 于 1986 年提出的(参考了Hall 自 1969 年以来在系统工程方面所做的工作)。Blanchard 在《系统工程与分析》一书中将系统工程螺旋模型总结为需求、系统分析、权衡研究以及评价和优化过程,同时在每个螺旋需要进行相应的方案评审、试验和评审以及正式设计评审,如图 4.3(a)所示,与之对照的是常见的软件工程螺旋模型,如图 4.3(b)所示。螺旋模型的目的是引进一种风险驱动的产品或系统研制方法,它兼顾了快速原型的迭代特征以及瀑布模型的系统化与严格监控,强调在系统工程过程中的系统分析、权衡以及评价和优化这些分析与评估工作,同时利用方案评审、试验和评审以及正式设计评审来控制系统研制过程中的设计风险。螺旋模型是对瀑布模型的修改,还综合了其他模型的特点,例如反馈等。应用螺旋模型是反复进行的,每次都要经历一些阶段,研制出一个原型,在进入下一阶段前进行风险评价。

　　对于软件工程来说,螺旋模型采用一种周期性的方法来进行系统开发。这会导致开发出众多的中间版本。使用该模型,在早期就能够为客户实证某些概念。螺旋模型使用原型以进化的开发方式为中心,在每个项目阶段使用瀑布模型法。这种模型的每一个周期都包括需求定义、风险分析、工程实现和评审 4 个阶段,由这 4 个阶段进行迭代。系统开发过程每迭代一次,系统开发又前进一个层次。可以说,系统开发是反复进行的,每次都要经历一些阶段,研制出一个原型。可以在进入下一阶段前进行风险评估。螺旋模型最大的特点在于引入了其他模型不具备的风险分析,使系统在无法排除重大风险时有机会停止,以减小损失。同时,在每个

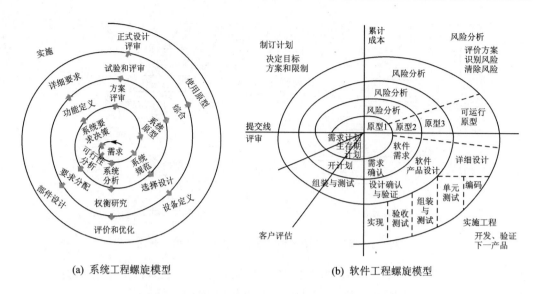

(a) 系统工程螺旋模型　　　　　　(b) 软件工程螺旋模型

图 4.3　系统工程螺旋模型与软件工程螺旋模型对比

迭代阶段构建原型是螺旋模型用以减小风险的途径。螺旋模型将瀑布模型和原型结合起来，强调其他模型所忽视的风险分析，特别适用于大型复杂的系统。

螺旋模型具有如下的优点：① 设计上的灵活性，可以在项目的各个阶段进行变更；② 以小的分段来构建大型系统，使成本计算变得简单容易；③ 客户始终参与每个阶段的开发，客户始终参与评审，掌握项目最新信息，保证了项目不偏离正确方向及项目的可控性。但是螺旋模型也有其缺点：① 很难保证演化方法的结果是可以控制的。② 系统开发周期长，由于技术发展比较快，所以经常出现系统开发完毕后，和当前的技术水平有了较大的差距，无法满足当前用户的需求。因此，螺旋模型适用于新系统开发，在需求不明确的情况下，便于风险控制和需求变更。

4.2.3　V 字模型

V 字模型是 Kevin Forsberg 和 Harold Mooz 在 1978 年提出的，模型强调测试在系统工程各个阶段中的作用，并将系统分解和系统集成的过程通过测试彼此关联，它在软件工程中也得到了广泛应用。Blanchard 在《系统工程与分析》一书中对系统工程 V 字模型的总结如图 4.4(a)所示，与之对照的是大家常见的软件工程 V 字模型，如图 4.4(b)所示。用 V 字模型表述项目周期中的技术方面，该模型从左上角的用户需求出发，到右上角的用户确认结束。在左侧，分解和定义活动构成了系统体系结构，做了详细设计，右侧紧跟着做综合与验证，从部件、子系统到整个系统的验证和确认。从部件级到系统确认，在每一级的试验中，都要参考原始的规范体系和需求文档，以保证部件、子系统、系统能够满足所有的规范体系。

V 字模型用于可视化系统工程，特别是在概念和发展阶段。V 字模型突出在需求开发过程中定义验证计划的需要，连续验证与利益相关者需要的重要性，并对连续风险和机会进行评估。V 字模型提供了一个有用的系统工程活动在生命周期阶段的图示化说明。在 V 字模型中，时间和系统成熟度从左向右进行。V 字模型的核心描述了从用户需求→系统概念识别→系统架构元素定义(包括最终系统)的基线演化过程。V 字的形状非常准确地表示了从系统

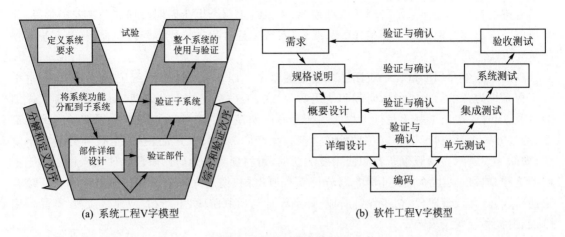

(a) 系统工程V字模型　　　　　　　　　　　　(b) 软件工程V字模型

图 4.4　系统工程 V 字模型

分解到集成活动的系统演进过程,使系统工程过程变得可视化且易于管理,不是简单地将瀑布模型折弯。

对于 V 字模型而言,有两个核心,分别为确认和验证。

1. 确认(validation)

确认是一个过程,核心词语是"正确性"和"完整性"。应对每一个需求的正确性和完整性做检查。确认的对象是设计、原型和最终系统及要素,以及描述系统与如何使用系统的文件和培训材料等。"正确性"应关注需求是否清晰、可验证,与其他需求是否协调以及必要性等。"完整性"是指有一个正确需求的集合,以民用飞机为例,用以在飞机或系统生命周期内满足各利益相关方,包括:(aircraft/ system/ item)研制方、航适当局、顾客、用户、维修方等。确认的方法有:需求追溯矩阵(可追溯性)、分析方法、试验测试、工程评审/技术审查、建模仿真、类比法等。需求确认常常基于需求分析、对需求充分性和完整性的探究,原型、仿真、模型、场景和初级样机的评估,并通过获取来自顾客、用户或其他利益相关方的反馈进行。

2. 验证(verification)

验证同样是一个过程,核心词是"正确地执行"。验证的首要目的是判定系统规范、设计、流程和产品等符合需求(requirements)。验证方法是多种多样的,一般有:检查、评审/审查、分析方法、试验测试、服役经验等。在这些方法中,应用得最多的几种试验包括部件试验、子系统试验、系统试验,通过逐层试验来验证前面所提的系统需求是否得以满足。另外,验证过程同时也是一个综合过程,部分、子系统以及系统通过逐层综合,最终形成一个完整的、符合用户需求的目标系统。

4.3　工程系统生命周期过程

大量的大型工程系统的经验显示,工程系统的形成不是一蹴而就的,不能通过等到系统完全实现再去验证是否达到用户需求,这样的系统的质量和可靠性是得不到保证的。因此,一方面需要在系统设计和研制过程中实施有效的组织和管理,另一方面在这个过程中要通过不断迭代和验证来控制质量和风险。将工程/项目生命周期分解为几个阶段,可以达到使整个过程更易管理的目的。按照系统研制及管理规律，将系统工程全生命周期过程划分为若干阶段，并按研制阶段建立协调系统工程工作的基线，对系统工程过程进行严格管理和控制，是系统工程的重要方法之一。

理解产品生命周期过程是应用系统工程的基础。Blanchard 在《系统工程与分析》一书中以工程系统为背景给出了包括研制和使用两阶段的工程系统的生命周期过程，并进行了详细的分解，同时还给出了基于并行工程的系统生命周期模型。工程系统的生命周期始于综合论证，经过方案设计、初步设计、详细设计与研制、生产和/或建造、产品使用、退役和处置几个阶段，如图 4.5 所示。按照生产者和使用者的活动，可将项目分为研制阶段和使用阶段。对于不同的工程/项目，其生命周期过程的划分可能有所不同，但是大都包含以下的几个阶段：综合论证阶段、方案设计阶段、初步设计阶段、详细设计与研制阶段、生产和/或建造阶段、产品使用阶段、退役和处置阶段等。

图 4.5　工程系统的生命周期过程

在工程系统的生命周期背景下对系统进行设计与一般意义的设计有所不同。注重生命周期的设计同时考虑用户的需求（如功能要求）和生命周期结果，这时设计不仅是把需求化为特定的系统和系统配置，还要确保相关物理或功能需求的兼容性；另外，在考虑性能、效能和经济可承受性的同时，还要考虑产品的可靠性、维修性、保障性、可生产性以及可处置性等专门特性。详细的系统生命周期过程如图 4.6 所示，其中概括了生命周期中的研制和使用阶段的主要技术功能。新的用户需求一旦形成，就要开始规划功能，包括综合论证、方案设计、初步设计和详细设计、系统的生产和建造（这是研制阶段），而系统生命周期的使用阶段包括系统使用和保障功能、退役和处置功能。

需要注意的是，工程系统生命周期过程中，不能总仅仅重视系统自身的生命周期，还要重视系统的生产制造、保障周期，如图 4.7 所示，这个概念是并行工程的基础。这两个生命周期容易为设计人员所忽视，在系统设计早期就应当考虑制造工艺，并筹备必要的生产设备，否则设计出来的系统无法生产，设计就成为一纸空谈；同样地，在系统设计早期还应当考虑系统保障问题，否则研制的系统无法得到保障或保障效率低下，这都将影响系统的使用效率。

系统工程中，首先要关注的是产品的需求。从方案设计阶段开始就要重视产品是否满足需求。在产品的方案设计过程中，同时也要关注生产。这就是有关生产和/或建造能力的平行生命周期。需要进行许多生产商相关的活动来为生产产品做准备，不管生产能力是制造厂、建筑承包商，还是服务活动。此外，应在方案设计阶段开始关注产品和系统，以及任何相关系统之间的兼容性，以尽量减少需要对产品和系统重新设计的需求。无论相互关联的系统是同一家公司的产品还是可能降级的环境系统，或软件产品运行的计算机系统，都必须同时对正在研制的产品和系统的关系进行设计。

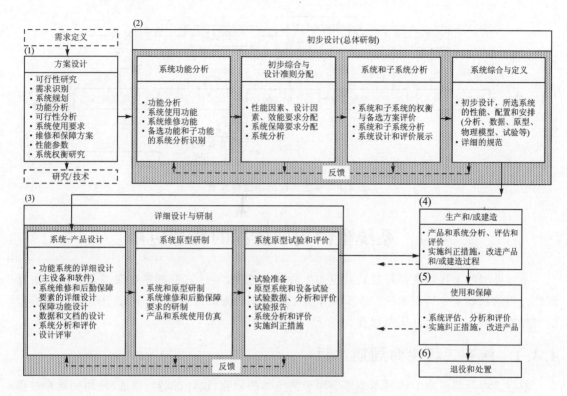

图 4.6   详细的系统生命周期过程

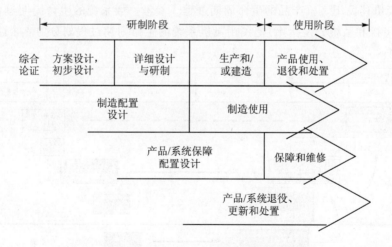

图 4.7   基于并行工程的系统生命周期过程

　　系统设计早期是一个自上而下的过程,随后则是一个自下而上的过程。在初步设计阶段的晚期与详细设计和研制阶段,部件要组装、集成、综合成特定的系统配置。这又反过来导致对系统反复评价。系统工程的固有性质决定了这是一个不断反馈、修正的过程。整个反馈过程如图 4.8 所示。

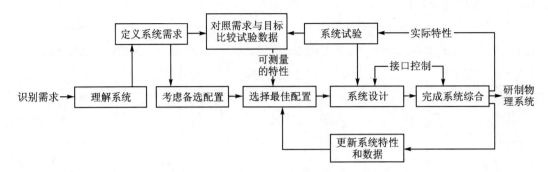

图 4.8　系统生命周期过程反馈

4.4　系统生命周期过程的典型应用

不同类型的工程系统都具有其对应的生命周期过程,不过它们都是在典型工程系统生命周期过程的基础上发展而来的。本节就系统工程应用较为广泛的航空、航天、国防等三类典型的工程或产品介绍其生命周期过程。

4.4.1　航空工程生命周期过程

航空工程是将航空学的基本原理应用于航空器的研究、设计、试验、制造、使用和维修过程的一门综合性工程技术。常见的航空器包括飞艇、飞机、直升机、倾转旋翼机等。本小节以民用飞机为代表讲述民用飞机产品的生命周期过程。参考一般系统的生命周期过程,SAE ARP 4754A《民用飞机和系统开发指南》把民用飞机系统的生命周期过程划分为 4 个阶段,如图 4.9 所示。

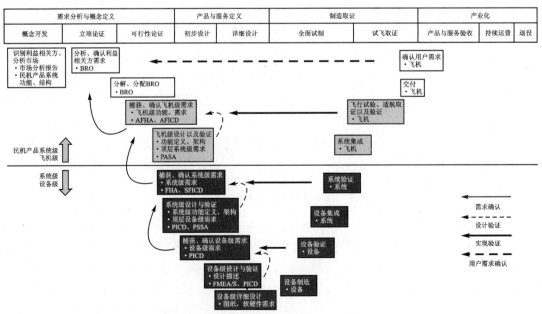

图 4.9　民用飞机产品生命周期模型

1. 需求分析与概念定义阶段

需求分析与概念定义阶段,是逐步形成一个可行的产品概念方案并启动项目的过程。它从市场和商机分析开始,构思酝酿产生飞机与服务产品方案,对方案进行经济和技术可行性分析,最终正式形成项目,在这个过程中形成产品基本概念和可行性方案。其具体可以细分为3 个子阶段,分别是概念开发阶段、立项论证阶段以及可行性论证阶段。

2. 产品与服务定义阶段

在项目立项、可行性获批之后,整个研制阶段即开始了从飞机研制到最终形成飞机产品的全过程。这是开发一个满足客户需求的产品系统的过程,这个阶段针对商用飞机这一类高度复杂产品的特点,主要采用一个 V 字形的、自上而下的研制过程。其中的产品与服务定义阶段是位于这个 V 字形研制过程的左边,主要是基于概念方案的需求定义及设计分解的不断细化的活动,最终完成飞机产品和服务的详细设计的过程。具体可以分为两个子阶段,分别为初步设计阶段和详细设计阶段。

3. 制造取证阶段

制造取证阶段位于 V 字形研制阶段的右边,主要是逐级进行产品的制造、集成、实现验证和产品确认的飞机产品实现过程,最终形成飞机产品并完成首架或者首批飞机的交付。具体可以分为两个子阶段,分别为全面试制阶段和试飞取证阶段。

4. 产业化阶段

产业化阶段是指完成产品研制后,根据运营情况,进行产品和服务的改进,完成产品和服务的确认,最终验收项目。同时,产品转入批生产阶段,根据市场订单进行生产,根据需要开展使用改进,并进行产品支援和客户服务工作,逐步实现规模化和产业化,并随着时间的推移,根据实际情况进行型号的退役过程。其具体可以分为两个子阶段,分别为产品与服务验收阶段和持续运营阶段。

4.4.2　航天工程生命周期过程

航天系统产品是指运载火箭、人造卫星、载人飞船和导弹武器系统,也称为航天型号。国际上各航天机构或企业都对系统工程研制阶段有明确的划分,并通过标准或以设计指南的形式对各阶段的任务、所包含的活动及其流程、完成标志等内容进行了规定。在实际的航天器研制中,常根据技术成熟度对系统工程研制阶段或其中的活动进行裁剪或综合,以达到在不影响航天器研制质量的前提下有效降低系统开发成本、缩短研制周期的目的。

表 4.1 给出了中国与美国、法国、日本制定的航天器研制阶段的划分。它们在阶段划分上有所不同,但都可以归纳为以下几个重要阶段:① 系统概念研究或任务论证阶段(包含预先研究工作);② 系统方案设计阶段;③ 系统设计(包含初步设计和详细设计)及试验阶段;④ 系统生产、总装及验证阶段;⑤ 系统发射、运行及评价阶段。

表 4.1　中国、美国、法国和日本的航天器研制阶段

中　国	美国（NASA）	法　国	日　本
任务需求分析及立项阶段	概念探索阶段	预先研究阶段	—
可行性论证阶段	概念研究和技术开发阶段	可行性分析、初步研究阶段	概念研究阶段
方案阶段	初步设计和技术完善阶段	系统方案确定阶段	方案确定阶段（包括备选方案分析和预设计）
初样研制阶段	详细设计和制造阶段	系统设计、模装和试验阶段	设计阶段（包括基本设计和详细设计）
正样研制阶段	系统组成、集成、试验和投产阶段	制造阶段	研制试验阶段
在轨测试阶段	运行使用与维护阶段	运行阶段	运行阶段（包括发射、跟踪控制和评价）
使用改进阶段	退役处置阶段	—	—

在这里就美国 NASA 关于生命周期阶段的划分对航天工程生命周期过程进行详细的介绍。NPR 7120.5《NASA 空间飞行工程和项目管理需求》将 NASA 寿命期阶段定义为规划论证与实施执行两个阶段。对飞行系统和地面保障项目，NASA 生命周期的上述两个阶段又分为以下 7 个递进阶段。A 前阶段：概念探索（确定可行备选方案）；阶段 A：概念研究和技术开发（即项目定义，明确和组织必要的技术）；阶段 B：初步设计和技术完善（即建立初步设计方案，开发必要的技术）；阶段 C：详细设计和制造（即完成系统设计，进行组件的建造/编码）；阶段 D：系统组装、集成、试验和投产（即集成组件，验证系统，系统投入生产并准备运行使用）；阶段 E：运行使用与维护（即运行与维修系统）；阶段 F：退役处置（即处置系统，分析数据）。

1. A 前阶段：概念探索

该阶段的目的是谋划可行概念，由此选定新的工程/项目，通常由概念研究团体不间断地进行。一般来说，该阶段活动包含对新观点宽松的结构检验，通常没有集中控制，且大多是一些较小的研究项目。该阶段的主要产品是项目建议清单，这些建议是对符合 NASA 使命任务、能力、重点项目和资源约束的需求辨识和商机发现。这些研究通常集中在建立使命任务目标和构建顶层系统需求及运行使用构想上，通常给出概念设计以演示验证可行性并支撑工程性估算。概念探索强调立项的可行性和迫切性而非最优化。可选的分析和设计手段在深度和数量上是有限的。

2. 阶段 A：概念研究和技术开发

阶段 A 的活动是完整地开发控制基线明确的使命任务概念，并安排或确保所需技术开发的责任。这项工作及与利益相关者的交互，能够帮助建立使命任务概念和工程对项目的需求。在阶段 A，通常由一个与工程办公室或非正式的项目办公室相关的开发团队重新陈述使命任务概念，以确保项目的合理性和实用性，以及能够在 NASA 的预算中得到充分保证。

开发团队的工作集中于分析使命任务需求并建立使命任务架构。活动是正式的，重点从原先的可行性转向最优性。工作面更加深入并考虑众多的备选方案。项目在系统需求、高层

系统架构,以及运行使用构想方面开发更多定义。概念设计已开展,并较概念研究展示出更多的工程技术细节。技术风险识别更加详细,同时技术开发需求或成为焦点。在阶段 A,工作重点在于将系统功能分配到特定的硬件、软件和人员等。

在努力获取更经济有效的设计中,通过系统权衡和子系统权衡的反复进行,系统功能和性能需求,连同架构和设计,变得更加稳定(权衡研究应在系统设计决策之前而非之后进行)。该阶段的主要产品包括已接受的系统功能基线及主要的系统目标产品。同时提出各种工程技术及管理计划,以准备管理项目的后续流程,如验证和使用,准备开展专业工程技术工作。

3. 阶段 B:初步设计和技术完善

在阶段 B 中,主要活动是建立初始的项目控制基线,包括"飞行和地面单元的项目层性能需求正式分解为完整的系统和子系统设计规范集"及"相应的初步设计",技术需求应该充分、详细,以建立可靠的项目进度和费用估计。

还应注意到,对于商机公示项目,阶段 B 的作用是在技术状态控制下,最终确定和处理顶层需求及向下层分解的需求。尽管在阶段 A 确定需求控制基线,在阶段 A 后期和阶段 B 早期仍不可避免地有相当多的由权衡研究和分析导致的变更,然而,在阶段 B 中期,顶层需求应该完全确定。

实际上,阶段 B 控制基线由覆盖项目技术和商务方面的演化的控制基线汇总组成,包括系统(及子系统)需求和规范、设计、验证、使用计划等控制基线的技术部分,以及进度、费用规划和管理计划等商务部分。控制基线的确定意味着技术状态管理技术规程的实施。

在阶段 B 中,工作重点转移到建立功能完备的初步设计方案(即功能控制基线)上,以满足使命任务目标。权衡研究继续进行,目标产品的主要接口已定义,工程试验产品可能已制成并用于获取进一步设计工作所需的数据,而项目风险通过成功的技术开发和演示验证得到缩减。

阶段 B 在一系列的初步设计评审(包括系统层初步设计评审和适当时针对底层级目标产品的初步设计评审)后结束。初步设计评审反映需求的不断细化直到设计完成,初步设计评审揭示的设计问题需要解决,这样使详细设计在明确的设计规范下开始。从这一点看,几乎所有控制基线变更都期望反映设计的持续细化,而非根本上的变更。在确定控制基线之前,系统架构、初步设计,以及运行使用构想必须经过充分的技术分析和设计工作确认,建立阶段 A 更详细的可信和可行的设计方案。

4. 阶段 C:详细设计和制造

在阶段 C 中,主要活动是建立完整的设计方案(配置控制基线),进行硬件产品制造或生产及软件编码,为产品集成做准备。权衡研究继续进行,完成更接近真实硬件的工程试验单元的制造和试验,以确定设计的系统在预期运行环境中功能正常。工程技术专业分析结果集成到设计中,且制造过程和控制得到有效说明和确认,所有在阶段 A 后期针对试验和运行设备、流程和分析、工程技术专业分析集成、制造过程和控制全面启动的计划已经实施。在完成详细接口的定义后,技术状态管理持续跟踪并控制设计的变更。在详细设计逐步细化的每一步,将更加详细地计划相应的集成和验证活动。在这一阶段,技术参数、进度和预算被密切跟踪,以确保能够及早发现不良趋势(如空间飞行器质量的意外增大或其成本增加)并采取纠正行动。这些活动的重点是准备关键设计评审、生产准备状态评审(若需要)和系统集成评审。

　　阶段 C 由一系列关键设计评审组成，包括系统层的关键设计评审和对应系统结构不同层次的关键设计评审。每个目标产品的关键设计评审都应该在开始制造生产硬件产品之前和开始对可交付软件产品编码之前进行。通常，关键设计评审的排序反应将发生在下一个阶段的集成流程——从底层关键设计评审到系统层关键设计评审的集成。当然，项目应裁剪评审的顺序以满足项目的需要。如果产品投入生产，将实施生产准备状态评审以确保生产计划、设备和人员已做好开始生产的准备。阶段 C 在实施系统集成评审后结束。该阶段的最终产品是准备集成的产品。

5. 阶段 D：系统组装、集成、试验和投产

　　在阶段 D 中，进行系统组装、集成、试验和投产活动。这些活动重点在于为飞行准备状态评审做准备，活动包括系统组装、集成、验证及确认，包括在留有余量的预定环境中做飞行系统试验，其他活动包括对使用人员的初步培训，以及后勤保障和备件管理的实施。对于飞行项目，活动的重点转移为发射前的产品集成及投产。尽管所有这些活动在项目的阶段 D 进行，但很多活动的计划已在阶段 A 启动。活动计划最晚在阶段 D 开始前启动，因为就满足需求而言，项目设计需要大大超前于试验和运行使用。

6. 阶段 E：运行使用与维护

　　阶段 E 的活动主要是执行使命任务，满足既定使命任务需求，按需求在使命任务中进行维护和保障，该阶段的产品是使命任务执行结果。这一阶段包括系统的演变，且仅包括不涉及系统架构重大变更的演变。由于演变引起的范围变更构成新的"需求"，项目生命周期活动需重新开始。

　　对于大型飞行项目，有可能是经过较长时间的飞行，进入轨道后需在轨组装并进行最初的调整操作。在主要使命任务即将结束时，项目可以申请使命任务延长，继续相关活动或努力完成额外的使命任务目标。

7. 阶段 F：退役处置

　　阶段 F 的主要活动是实施系统的退役处置计划并分析所有反馈的数据和样本。该阶段的产品是执行退役处置的结果。

　　阶段 F 在系统完成使命任务后处理系统的退役处置，其发生时刻取决于多种因素。对执行短期使命任务返回地球的飞行系统，其退役处置可能比硬件拆除并返还给所有者要稍微多一些。对于长期飞行项目，其退役处置可按照既定计划，或因为意外事件（如使命任务失败）开始。使命任务的终止运行参照相应预定退役并终止运行中空间系统及终止使命任务的通告进行；否则，在技术进步的情况下，系统不论在当前技术状态下还是在改进的技术状态下继续运行都可能造成浪费。为了限制空间碎片，应参照 NASA 的限制轨道碎片技术规程需求，提供在其寿命终止时将地球轨道人造卫星从运行轨道移除的说明。对于低地球轨道使命任务，卫星通常脱离轨道。对于小卫星，可以通过轨道缓慢降低直到卫星最终在地球大气层烧毁来实现。对于大型卫星和观测站，必须设计成在受控方式下衰减或脱轨，这样使它们能够安全地藏落在深海区域。远在 35 790 km 高的地球同步卫星事实上几乎不脱离轨道，因此，它们可被推送到更高的轨道，以避开拥挤的地球同步轨道。

　　除了本阶段开始时的不确定性之外，系统安全退役处置的有关活动是长期而复杂的，有可能影响系统设计。因此，不同的选择和策略，应在工程的早期阶段与相应的成本及风险一起综

合进行考虑。

4.4.3　国防系统全生命周期过程

在我国,国防系统的研制通常遵循相应的武器装备研制程序。一般来讲,常规武器装备的研制划分为论证阶段、方案阶段、工程研制阶段、设计定型阶段、生产定型阶段。结合系统的生命周期过程模型,武器装备的全生命周期也大致可分为论证、方案、工程研制、设计定型、生产定型、使用保障、退役处理等阶段,如图 4.10 所示。

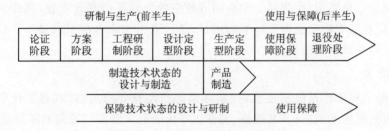

图 4.10　武器装备全生命周期过程

武器装备的前半生包括论证、方案、工程研制、设计定型、生产定型阶段,武器装备的后半生是在部队使用保障的过程,包括武器装备的使用保障和退役处理阶段。

1. 论证阶段

论证阶段的主要工作是进行战术技术指标、总体技术方案,以及研制经费、研制周期、保障条件的预测,形成《武器系统研制总要求》。论证工作主要由使用部门组织实施。战术技术指标论证,应根据国家批准的武器装备研制中长期计划和武器装备的主要作战使用性能进行,在主要战术技术指标初步确定后,即可进行总体技术方案论证。

使用部门通过招标或择优的方式,请一个或数个持有该类武器研制许可证的单位进行多方案论证。研制单位应根据使用部门的要求,组织进行技术、经济可行性研究及必要的验证试验,向使用部门提出初步总体技术方案和对研制经费、保障条件、研制周期预测的报告。使用部门会同研制主管部门对各方案进行评审,在对技术、经费、周期、保障条件等因素综合权衡后,选出或优化组合出一个最佳方案;根据论证的战术技术指标和初步总体技术方案,编制《武器系统研制总要求》(附《论证工作报告》),上报上级主管部门。需要国家解决的保障条件,由研制主管部门提出解决意见,报国家有关综合部门。

《武器系统研制总要求》的主要内容应包括:
- 作战使命、任务及作战对象;
- 主要战术技术指标及使用要求;
- 初步的总体技术方案;
- 研制周期要求及各研制阶段的计划安排;
- 总经费预测及方案阶段经费预算;
- 研制分工建议。

《论证工作报告》的主要内容应包括:
- 武器装备在未来作战中的地位、作用、使命、任务和作战对象分析;
- 国内同类武器装备的现状、发展趋势及对比分析;

- 主要战术技术指标确定的原则和主要指标计算及实现的可能性；
- 初步总体技术方案论证情况；
- 继承技术和新技术的采用比例，关键技术的成熟程度；
- 研制周期及经费分析；
- 初步的保障条件要求；
- 武器装备编配设想及目标成本；
- 任务组织实施的措施和建议。

《武器系统研制总要求》由研制方和使用方相应的领导部门联合审批（初步所需保障条件建设投资规模达到基本建设大中型标准的项目，送国家相关综合部门会签），下达给使用部门和研制主管部门，并抄送有关部门。

2. 方案阶段

方案阶段的主要工作是根据批准的《武器系统研制总要求》进行武器系统研制方案的论证、验证，形成《研制任务书》。方案论证、验证工作由研制主管部门或研制单位组织实施，进行系统方案设计、关键技术攻关，以及新部件、分系统的试制与试验，根据武器装备的特点和需要进行模型样机或原理性样机的研制与试验。在关键技术已解决、研制方案切实可行、保障条件已基本落实的基础上，由研制单位编制《研制任务书》（附《研制方案论证报告》），报研制主管部门和使用部门。

《研制任务书》的主要内容应包括：
- 主要战术技术指标和使用要求；
- 总体技术方案；
- 主要系统和配套设备、保障设备方案；
- 研制总进度及分阶段进度安排意见；
- 样机试制数量；
- 研制经费概算（成本核算依据和方法说明）；
- 需要补充的主要保障条件及资金来源；
- 试制、试验任务的分工和生产定点及配套产品的安排意见；
- 需试验基地和部队提供的特殊试验的补充条件。

《研制方案论证报告》的主要内容应包括：
- 总体技术方案及系统组成；
- 对主要战术技术指标调整的说明；
- 质量、可靠性及标准化的控制；
- 关键技术解决的情况及进一步解决措施；
- 武器装备性能、成本、进度、风险分析说明；
- 产品成本和价格估算。

对于不同的武器装备，分属不同级别的定型委员会进行审批定型：属于一级定型委员会审批的项目，《研制任务书》由使用部门会同研制主管部门联合上报，由相应上级主管部门审批和会签，其中重大项目，报请国务院、中央军委批准下达；属于二级定型委员会审批定型的项目，《研制任务书》由使用部门和研制主管部门审查后，联合审批下达，同时上报上级主管部门备案。

3．工程研制阶段

本阶段的主要工作是根据批准的《研制任务书》进行武器装备的设计、试制、试验工作。

复杂武器装备的设计、试制及科研试验，除飞机、船等大型武器装备平台外，研制单位一般进行初样机和正样机两轮研制。完成初样机试制后，由研制主管部门或研制单位会同使用部门组织鉴定性试验和评审，证明基本达到《研制任务书》规定的技术指标要求，试制、试验中暴露的技术问题已经解决或有切实可行的解决措施，方可进行正样机的研制。正样机研制应加强质量管理，提高样机的质量和可靠性、维修性。正样机完成试制后，由研制主管部门会同使用部门组织鉴定，具备设计定型试验条件后，向二级定型委员会提出设计定型试验申请报告。

4．设计定型阶段

设计定型阶段的主要工作是对武器装备的性能和使用要求进行全面考核，以确认是否达到《研制任务书》和研制合同的要求。

设计定型工作的组织实施和审批权限，按相应的军工产品定型工作条例执行。二级定型委员会应了解和分析科研试验情况，对达到设计定型试验要求的科研试验项目，可予以承认，在设计定型试验中不再进行。承担设计定型试验的单位应根据研制进度，做好设计定型试验的准备工作，参加研制单位组织的有关试验；研制单位应协助其了解、掌握产品的性能。根据武器装备的特点和需要进行的部队适应性试验，应在产品基本性能得到验证后进行。适应试验的结果应作为设计定型的依据。试验需要动用部队装备时，按使用部门的有关规定办理。

5．生产定型阶段

生产定型阶段的主要工作是对产品的批量生产条件和质量稳定情况进行全面考核，以确认是否达到批量生产的标准，稳定质量、提高可靠性。生产定型工作的组织实施和审批权限，按相应的军工产品定型工作条例执行，生产批量很小的产品，可不进行生产定型，由研制主管部门会同使用部门组织生产鉴定。

6．使用与保障阶段

本阶段的主要工作是以合理的总费用持续保障系统的作战使用，主要任务是武器装备的使用、维修和保障。根据使用、维修中出现的问题，对武器装备系统进行科学、准确的评价，按照性能、可靠性、维修性、保障性、测试性、兼容性、互用性和安全性等的不足，提出更改意见并反馈给研制生产部门，作为武器装备改进改型、更新换代的依据。与产品生命周期一样，武器装备的研制、生产和使用实际上也是一个循环往复、不断改进的过程。

7．退役处理阶段

武器装备按其自然寿命、技术寿命和经济寿命的不同特征，都有特有的寿命期，到了寿命终结时，或武器装备遭到损毁失去执行任务能力时，应按有关保密、安全和环境保护的法律、法规要求进行退役处理。本阶段的主要工作是对主装备和保障装备进行认真的分类清理，对有些仪器、仪表和零（备）件，能在其他武器装备上再使用的尽量再使用；对有些零备件通过再制造技术能够恢复尺寸、形状和性能的进行再制造；对不能利用的资源和材料，在保密的原则下送到指定地点进行回收再循环；通过再使用、再制造、再循环，提高资源的利用效率，减少废弃物对生态环境的影响，落实国家的可持续发展战略。

4.5　本章小结

工程系统是一个设计用于满足功能目的人造系统,是由各种"技术要素"和诸多"非技术要素"按照特定目标及功能要求所形成的完整的集成系统。将系统工程应用于工程系统领域中便产生了工程系统工程。工程系统工程是应用工程项目的系统工程,是组织和管理工程系统的规划、研究、设计、发展、试验、生产、使用和保障的科学方法,也是解决工程活动全过程的工程技术。

针对工程系统的时间维度进行系统工程阶段划分,有利于开展系统工程的各种活动,也即是系统的生命周期过程模型。常见的生命周期过程模型有:瀑布模型、螺旋模型和 V 字模型。对于不同的工程和项目,其生命周期过程的划分可能有所不同,但是大都包含以下的几个阶段:综合论证阶段、方案设计阶段、初步设计阶段、详细设计与研制阶段、生产制造阶段、使用维护阶段、退役处理阶段,将其称为典型工程系统生命周期过程。系统工程生命周期的典型应用包括航天工程、航空工程以及武器装备工程等。不同类型的工程系统都具有其对应的生命周期过程,不过都是在典型工程系统生命周期过程的基础上发展而来的。

关于本书介绍的系统生命周期过程模型,大家还可以扩展阅读和参看 ISO 和 IEC、IEEE 联合发布的系统工程标准 ISO/IEC/IEEE 15288《系统和软件工程——系统寿命周期过程》(我国对应标准为 GB/T 22032《系统工程　系统生存周期过程》)和 INCOSE 出版的系统工程手册(*INCOSE SE Handbook*),航空工程参看 SAE－ARP－4754《民用飞机和系统开发指南》,航天工程参看 NASA/SP－2016－6105《NASA 系统工程手册》,以及我国发布的面向武器装备的系统工程标准 GJB 8113—2013《武器装备研制系统工程通用要求》。这些关于系统工程过程的标准已经在大量不同的工业领域得到了广泛的认可。

另外,在可靠性工程领域,开展的所有可靠性相关的技术和管理工作也都遵循工程系统的生命周期过程模型,在不同的过程分别开展可靠性论证、设计、试验等工作。在工程系统的研制、生产和使用过程中,需要系统工程理论和方法的指导,才能成功、有效地实施可靠性工程。

习　　题

1. 简述工程系统的概念,以及工程系统工程的基本内容。

2. 简述系统工程的瀑布模型、螺旋模型、V 字模型的基本内容,以及生命周期中包含的活动。

3. 简述系统工程瀑布模型、螺旋模型和 V 字模型各自的优缺点。

4. 针对系统工程 V 字模型,简述确定和验证的含义。

5. 简述工程系统的生命周期过程所包含的阶段,以及各阶段的主要任务。

6. 结合图 4.7 以及可靠性工程专业知识,简述并行工程在系统工程中的应用。

7. 选择一个你熟悉的系统,阐述其生命周期过程包括哪些阶段以及各阶段包括的活动。

8. 结合图 4.9,简述航空工程生命周期过程中开展的各项安全性工作。

9. 简述武器装备系统的生命周期过程,以及每个阶段的主要工作内容。

第 5 章　系统分析方法

　　系统工程的主要目标之一，就是通过工程化的方法，从无到有地把系统设计并建造出来。作为围绕复杂产品生命周期的一个重要问题，对系统工程的认识和贯彻对于项目的成功实施具有重要意义。在这个过程中需要对系统进行分析，可以说系统工程是一个不断综合、分析和评价的过程。在系统分析的过程中，一方面，需要从系统全生命周期过程的角度来对系统进行研究（即时间维度）；另一方面，还要在系统生命周期的各个阶段，从处理问题的思维过程和逻辑过程的角度对系统进行分析（即逻辑维度）。另外，还要综合运用与系统有关的各种专业知识来对系统进行综合的分析（即知识维度）。归根结底，系统分析是运用系统工程方法论去解决系统问题的具体过程。因此，学者们在几十年来的系统工程研究中逐渐形成了一套处理问题的基本方法和过程，这些基本方法和过程就是从系统的视角出发并采用系统工程的方法来分析和解决各种问题。

5.1　系统分析的概念

　　对于系统分析，学术界存在着广义和狭义的两种理解。从广义上理解，系统分析也即是系统工程，就是基于系统思维和运用系统工程方法去解决系统工程问题的过程；从狭义上理解，系统分析只是系统工程逻辑维度中的一个或几个步骤或过程的总称，其目的是对系统综合设计并提出的各个系统方案进行演绎和优化，以提供方案优选所需的决策依据。下面对系统分析的基本概念进行介绍。

5.1.1　系统工程与系统分析

　　系统分析首先是用科学的方法对系统进行研究的一种方法。具体来说，系统分析运用科学的技术和方法对构成所研究的系统的各个构件和要素，以及要素之间包含的相互关系进行分析、比较，以此为依据评价并优化各个可行方案，最终为决策者进行方案优选提供可靠的依据。系统分析涉及的范围十分广泛，在任何一个具有开发、构建活动的领域都有应用。"系统分析"一词最早提出是在 20 世纪 30 年代，当时的系统分析主要解决管理科学的相关研究问题。在之后的几十年，系统分析的理论和方法进入到了各个领域，因此各类不同的系统都广泛地采用了系统分析的方法。对于系统分析的概念和定义，不同的学者在不同的时期提出了以下几种观点：

- 根据《美国大百科全书》所述，系统分析是研究相互影响的因素的组成和运用情况，完整地而不是零星地处理问题。系统分析要求人们考虑影响系统的各种主要因素及各个因素之间的相互影响，并且用符合科学逻辑的、数学的方法对系统及其因素进行研究和应用。
- 根据切克兰德的观点，系统分析是处理系统问题的一种科学的作业程序或方法，其考虑了系统中所有不确定的因素，通过系统思维来对系统进行管理和对系统功能进行规划；进一步地，系统分析要提出能够实现目标的各种可行方案，然后对每一个方案的费用和效益进行比较，最终通过决策者对问题的直觉与判断，决定最有利的可行方案。

- 根据美国著名的综合性战略研究机构兰德公司的观点，系统分析是一种研究的思路，它可以帮助系统的分析者在不确定的系统和环境条件下，确定系统问题的起因，确定其本质矛盾和问题，明确咨询的目标，找出各种解决问题的可行方案，并通过一定的评价标准对这些方案进行比较，帮助决策者在各个可行的方案中做出科学的决策。

由以上三种对系统分析的定义可以看出，对系统分析这一概念，尚未形成明确、统一的观点，但这些观点大致可以分为三类：第一类，是一种最为狭义的理解，系统分析是在数学模型的基础上、利用各种数据和信息对系统备选方案进行演绎，从而为系统备选方案的评价和选择提供基础（见本书第3章系统工程方法论中的相关定义）；第二类，狭义的系统分析，则是指运用建模、优化、仿真、评价等各种定性、定量，或定性、定量相结合的科学的方法对系统的各个方面进行分析，为选择最优或满意的系统方案提供决策依据的研究和分析过程；第三类，广义系统分析就等同于系统工程，此概念下的系统分析涵盖了系统的需求、方案、分析和评价、决策、实施的整个过程（参考本书前文中系统工程的概念）。系统工程面向的对象可以是具体的产品型号、重大工程问题的研究，或者是针对某项复杂产品的生产、使用、维护中若干环节的设计和分析。因此，系统分析技术实际上构成了系统工程方法论的基础，也是完成系统工程问题的最关键环节。广义的理解和解释认为系统分析就是系统工程，系统分析是系统工程的同义词；狭义的解释认为系统分析是包含于系统工程之中的一种优化方法，主要运用在系统工程中的各种结构化或非结构化的决策问题当中。

以上第一类对系统分析的理解只是运用数学模型和信息对系统备选方案进行演绎，从而为系统评价和决策提供基础（见图5.1中灰色框部分）。对于第二类狭义的理解，系统分析是系统工程中的由若干活动构成的一个主要的逻辑程序（见图5.1中的虚线框部分）。而第三类广义上的理解则是整个系统工程过程，也即是系统工程问题解决的全过程，包括明确问题需求、分析形成方案、方案评价选择、系统决策和实施控制等阶段。不管哪类理解，系统分析的本质都是运用系统思维、掌握系统工程方法去解决系统工程问题，其目的是要为决策者服务，即系统分析是为了发挥系统的整体功能及达到系统的总体目标，采用科学的合理的分析方法，对系统的目标、整体、结构、因素、层次和环境等问题进行深入的调查，细致的分析、设计和试验，通过不断的分析和探索，从而制定出一套合理有效的实施步骤或程序，或提出对原有系统进行改造的方案，或提出决策者关心的某项工程的设想建议和解决方案等，并在此基础上对所提出的系统备选方案的优劣进行评价，从而为决策者提供决策所需的信息和资料来进行科学合理的决策。

以上对系统分析概念的不同理解的区别见图5.1。我们将系统工程硬系统方法论中的逻辑步骤划分为明确问题需求、分析形成方案、方案评价选择、系统决策和实施控制这几个阶段。在狭义的系统分析理解中，其作为方案评价选择阶段中的一个步骤。在这个阶段，我们会运用系统分析、系统建模、系统优化、系统预测、系统仿真和系统评价等方法来对系统方案进行进行评价和选择，在系统决策阶段主要运用系统决策方法，在实施控制阶段主要运用系统控制方法。本书中第5章到第12章系统工程方法的章节也是按这个思路展开讨论。

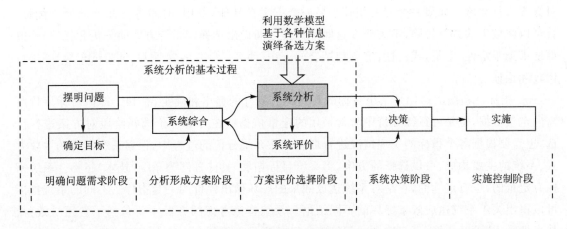

图 5.1　系统分析的基本过程

基于以上观点,我们可以发现系统分析的实质是:① 从过程上来看,要应用科学的分析和推理步骤,使任何问题的系统分析都符合逻辑原则,要探究系统组成并符合系统的特点和发展规律,而不是仅凭决策者的主观臆断和经验。② 从方法上来看,要运用数学的方法对各种系统方案进行演绎和比较,在对系统进行充分认识的基础上,对系统方案不仅具有定性的描述,而且还要在系统模型的基础上进行定量分析,以具体的数量概念来显示各个系统方案的差异和优劣。③ 从结果上来看,系统分析的结果,能立足于系统或产品的现实条件,在一定条件下反映系统目标优化的要求,要在各种战略约束和资源约束下充分有效地利用各种信息和资源,以便于决策者选出合理、可行的系统方案。

5.1.2　系统分析的组成要素

系统分析的实质是依据规范化、结构化的分析过程,采用科学的分析方法来对系统方案进行优化和选择。从这一观点出发,系统分析通常包括如下组成要素:

① 目标。系统目标指的是系统发展要达到的结果,它是系统目的的规范描述,对系统的设计、生产和运行起到了决定性的作用。具体而言,系统目标要回答这些问题:系统要以什么方式解决什么问题? 希望达到何种效果? 实现何种产品功能? 这些是系统目标的主要体现。一般来说,系统目标的确定是在进行系统综合之前的工作,系统分析开始前必须给出系统目标的明确定义,必须表明这些确定的系统目标的必要性和可行性。必要性是指为什么要选择这样的系统目标,以及未选择其他目标的原因和依据;可行性是指所选择的目标在与系统或产品相关的实现资源、人力、技术、环境、时间等方面是有根据的;有根据是指要给出做出这些目标选择的背景资料及各个角度的分析和论证。为了得到有利于达成系统工程目的的系统目标,要专门对系统目标进行分析,通过对系统信息的搜集、目标的规范描述、论证和冲突目标的调整等步骤,最终得到适合于实现系统工程目的的系统目标,这一过程称为目标分析。

② 备选方案。系统方案是实现系统目标可以采取的各种实施策略的不同组合,是通过不断地进行系统综合得到的结果。一方面,在需求阶段,根据所提出的系统工程问题,提出相应的系统目标。通常会在方案形成阶段存在多个系统方案,这是在需求和方案阶段反复进行系统综合所得到的结果。另一方面,当多个系统方案在性能、费用、效益上各有长短时,会出现方案之间的优选问题,在系统的方案评价选择阶段,提出用于系统分析和方案评价的数学模型,

对方案进行评价。如果一个方案相较于另一个方案在性能、费用、时间等方面全部处于优势，就可以将较劣的方案排除，不需要在这两个方案之间做出选择。系统方案的分析和优选，一般都要借助于定性、定量，或定性、定量相结合的方法（测算、模拟、专家评判、试验试车等）来进行比较和论证。

③ 指标。系统的指标是系统目标的具体化。指标的提出和确定，有利于提供目标评价所需的定量依据，也是可行性分析中常常采用的定量依据。在方案评价选择阶段对方案进行优选，也需要根据各个指标的实现情况进行取舍。在系统分析的过程中，根据系统实现的主要方式、系统的主要构成、可供选择的方案，将系统目标拓展，具体分解为系统（技术）指标。系统指标有定量的，也有定性的，它是对系统达成效果的好坏做出评价的一套指标。不同的系统指标可以得出关于系统达成效果好坏的不同结论。系统指标考虑的方面主要包括了费用与效益、技术性能、技术适应性、可行性和时间等。由于达到目标的各个方案在资源消耗、产生的效益、时间上的不同，因此借助于系统指标的评判更有利于方案的合理选择。

④ 模型。模型是进行系统分析的基本工具。模型是将系统及其组成，以及系统所在的环境、时空、约束条件、演变过程、目标抽象成概念的或量化的描述。近年来，基于模型的系统工程（MBSE）作为一种模型驱动的工程过程，尤其在航空航天领域被广泛使用。通过模型可以反映系统特征的相关参数和因素并进行本质方面的描述，从而对各方案的性能、费用、效益做出较为准确的预测。模型是对方案进行分析和比较的基本依据，而模型优化和评价的结果则为方案优选提供了依据。

⑤ 标准。要对各个评价备选方案的效果优劣进行判断，需要有相应的评价尺度。标准是对各个指标的值的衡量尺度。因此，为了权衡多个方案在不同指标上的差异，需对方案达到的指标进行全面衡量，以便做出决策。科学的系统分析要求所提的标准必须具有可测量性和敏感性。可测量性要求标准可以对各个方案、各个指标进行考察，能够做出合理的指标、方案的分析；敏感性要求对各个指标有所侧重，各个指标应该有一个合适的先后顺序，能够反映出不同方案在各个指标上的区别。

⑥ 评价。在上述的标准对对象系统具有完备性的前提下，就可以得出对系统的各个备选方案的完整评价。决策者通过这些评价，结合分析评价结果的不同侧面，根据决策者的个人经验以及各种决策原则进行综合比较，最后做出选择，选择出一个综合效益最好的系统方案。其中，决策原则应当遵循当前利益和长远利益结合、内部条件和外部条件结合、局部利益和整体利益结合、定性和定量方法结合的方针。

5.2　系统分析的主要内容

系统分析的本质是利用系统思维去认识系统，对系统有足够的理解，以便于解决系统存在的问题，从而对系统进行设计和建造。从这个角度来讲，系统分析主要就是将系统思维反复运用在对系统进行研究的过程中。在前面的章节中，我们讨论了系统特点及系统思维，我们可以据此对系统开展目标分析、整体分析、结构分析、相关分析、层次分析和环境分析。系统分析也不仅仅包括这些分析，所有对系统进行认识和理解以便于去解决系统问题的工作都可以称为系统分析[①]。

5.2.1　目标分析

系统目标指的是系统发展要达到的结果。对于系统分析而言,系统目标是系统发展方向的决定性要素,它对系统的发展起到了决定性的作用。根据控制论的思想,所有反馈系统的目标值一旦确定,系统就跟着反馈系统信号与目标值的偏差随时进行修正,使系统的输出最终逼近或等于目标值。在规划系统的发展过程中,我们对系统进行的分析、评价与决策活动,都是从确定系统目标开始的。在系统分析中,系统的目的、属性和目标的含义如下:

- 目的:系统的目的是指通过一系列行动使系统达到某一水平的标志。
- 目标:系统的目标描述的是实现系统目的的过程中要努力的方向,是系统目的的具体化和初步展开。
- 属性:属性是对系统目标达成程度的度量。在分析处理目标的属性时,会遇到有些因素难以度量的问题,这类问题有两种解决方法,一种是采用间接的度量属性进行代替,一种是采用类似"满意度"的概念或者应用模糊集合论的方法将其量化。
- 目标集:当系统的目标有多个时,按照目标之间的依存和相互影响关系,将目标子集进行分解、分类、分级,按子集、分层次地描绘成树状的层次结构,称为目标树或目标集。

比如在航空产品的系统分析过程中,由于产品技术难度较高,技术指标的组成复杂,同时对产品有重量、空间等方面的限制,所以其目标的建立是非常重要、非常复杂的工作,而且系统目标通常是以目标集的形式存在。把总目标通过目标集分解、分类为目标系统时,一个重要的原则是要保持分解后各级分目标与总目标之间的一致性,保证目标系统一旦实现以后,总目标必定实现。分目标之间可以是相互协调的,也可以不是相互协调的,也有可能是矛盾的,但在总体上要达到平衡和统一。当出现系统目标之间需要协调的情况时,需要通过系统优化中的目标规划方法进行优化,以支持多目标情形下最终的系统决策,这部分内容将在第 7 章中介绍。目标的建立应当与系统分析的后续步骤紧密相连,目标的建立过程涉及后续各个系统分析步骤的初步实施过程。

根据目标集建立过程关系,目标集的建立中应该注意以下几点:

① 应该要求进行决策的人亲自参与"确定系统目的"的工作。只有在制定出明确无误的目的之后,才能让系统分析人员制定出相应的目标方案和目标评价标准。比如具体到航空产品上,就是在对该产品的使命任务有清晰认识的基础上确定系统工程的目的。

② 有针对性地按照类别划分各个复杂的决策目标。

③ 确定某项待决策的系统目标时,应参照系统整体信息、结构信息和环境信息将系统目标具体化,再根据系统层次分解和相关分析对目标进行调整。在目标调整后,当实际情况与理想情况有偏差时,问题就出现了。在确定目标的过程中,发现这些问题,有助于确定出更符合系统需求和可实现情况的目标。

---

① 对于系统分析方法的理解,本书作者曾与我院已故教授张锡纯讨论。张锡纯曾与钱学森讨论事理学问题(见《钱学森书信》),后提出事理分析的概念。张先生认为系统分析即事理分析,他认为包括 10 种分析方法:目标分析、途径分析、矛盾分析、逻辑分析、信息分析、环境分析、组织结构分析、思障分析、人文社会分析和风险分析。

④ 经过系统分析所确定的目标应该具有一定的弹性和适应性。弹性是指系统产生性能下降时的恢复能力,适应性是指系统在不同的环境、外界输入下能保持性能稳定的能力。

⑤ 在制定目标的同时,应制定与目标相对应的评价标准。通过具体可行的标准来进行评价而通过的目标才是有望实现并满足系统目的的目标。

⑥ 确定目标的工作是一个反复优化与逐步完善的过程,确定的目标需要经过模拟或实验的检验。

系统目标的确定过程如图 5.2 所示。

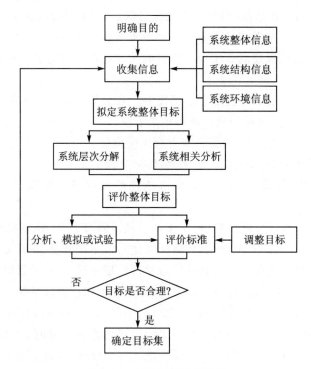

图 5.2　系统目标确定过程

在进行目标分析时,经常会发现,许多需要干预的特殊情况往往是由于目标内的某些分目标相互冲突所造成的。目标冲突主要分为两种:利益冲突和利害冲突。利害冲突是纯属专业性质的,如工程成本和工程质量的冲突,这类冲突一般通过分析两个矛盾的目标之间的关系,对其中一个目标仅提出一定的上限或下限,以此寻求另一个目标的最优结果。例如,设计成本和产品可靠性是矛盾的,则在一个界定的成本界线下获取最大的可靠性,或者在确定的可靠性要求下使设计成本最低。而利益冲突则通常是社会性质的,通常涉及某些利益相关方的期望。比如,生产部门在产品试制生产管理的过程中至少有两个目标,一是利用新技术新产品稳步提高产品的性能和可用性,二是保证现有工作岗位不因新技术的应用而淘汰。前者涉及了产品使用方的期望,后者涉及了员工的利益,所以称作利益冲突。处理利益冲突的方法通常是通过调整目标系统使之相容。无论是利益冲突还是利害冲突,系统优化方法针对相互冲突而不能同时达到最优的目标的问题,提出了对各个目标引入重要度因子的方法,来表示各个目标之间的权重大小,为解决目标冲突情况下的系统决策提供支持。

5.2.2　整体分析

整体分析，是从全局出发，从系统、子系统、单元、构件之间的相互作用，以及它们与周围环境之间的相互关系中总结系统运行的本质和规律，并利用这些规律来提高系统的整体效应，追求整体目标的优化。系统的整体分析是解决系统目标之间的协调，以达到整体最优化的基础。因此系统整体的优化，包括目标的优化，是整体分析的主要内容。在对一些复杂的、较大的系统进行分析时，通常把系统分解为一组相关联的子系统，分析、评价并协调各个子系统的目标，包括目标的指标限制和目标所对应的基本功能，从而达到整个系统所要求的目标集，即通过求局部最优化得到的局部最优解，经过协调而得到系统整体的最优解。

具体来说，整体性分析需要分阶段、分层次地解决三个问题：第一，建立总的系统评价标准，即对具体的系统来说，它的整体性效果函数应该表现在哪些指标上；第二，确定标准的内容，即这些指标分别说明这种综合效果表现的各个方面；第三，建立能够体现系统整体特性的若干个系统要素集-相互关系集的$(E，R)$模型，并确定对其进行选择和优化的程序。

整体性分析的关键在于优化系统的要素集-相互作用集-系统阶层分布集三者之间的关系，使其达到系统效用的最佳。单纯地对系统的$(E，R)$模型进行优化，并不足以说明整体的性质。整体性分析要求综合上述模型分析的结果，从整体最优上进行协调和概括，这就要使系统要素集、相互关系集的$(E，R)$模型达到最优结合，以得到系统效用的最大值和整体最优输出。上述系统要素集、相互作用集、系统阶层分布的合理性分析是在可行范围内讨论的，这些变量都有允许的变化范围，而不是唯一确定的。在目标和要求给定时，$(E，R)$集合的结合方案通常有多种，但是每种方案的结合效果都是不同的，并且存在优选的可能性。出于某个系统总目标的需要而改变$(E，R)$的结合状态，可以得到不同的系统效用，从而得到其变化状态和优化方向，最终取得系统最佳效能。

5.2.3　结构分析

系统是由多个要素组成的一个集合体，比如一架飞机通常包含上万个构件，这些构件通过物质、信息、能量的交换进行相互交互，行使各自的职能。此时就有必要对系统内部各构件（也称为组成要素）及它们之间的相互关系进行分析，这是系统结构分析的主要内容。系统结构分析对于系统分析的后续工作步骤，尤其是确立系统的模型、进行系统评价等，都具有重要的影响。对系统构件的分析被称为要素分析，它是对系统进行结构分析的基础，要了解系统的结构，必须先了解组成系统的单元有哪些；同时，系统结构要回答系统要素之间如何连接、相互影响而成为一个整体的系统，并且系统功能是如何通过这些连接而实现的。

① 系统要素集的分析。首先在系统综合的基础上，进行系统要素集的确定。当系统目标集确定时，各个系统目标所要求的系统功能单元（即系统要素）也同时确定。由于各个目标和功能单元之间可能不是一一对应的关系，因此存在着目标和要素之间的最优对应问题，即在符合目标要求的情况下，使得功能单元（结构要素）的构造成本尽可能低，而功能效果尽可能满足系统目标的要求。

② 系统结构与系统功能。在对系统要素进行分析的基础上，还要考虑系统要素的组合方式以及要素的组合如何实现希望的系统功能。系统结构保证了系统具有整体性，并且具备所要求的整体功能，稳定规范地描述了系统中构件及其组成关系的秩序。系统结构和系统功能

还反映了系统内部构件之间相互联系和作用的形式。尽管系统由各个部件构成,而且系统功能大于部分的功能之和,但是系统的整体功能又是由系统结构即系统内部要素、构件之间互相联系、互相作用的形式决定的。一切系统都是由大量要素按一定的相互关系(相关性)组合在特定的系统层次内的。因此,集合性、相关性和阶层性是系统结构主体的三个特性,整体性和环境适应性则分别是系统内部协调和外部协调的外化。系统结构分析就是要找出系统在这些性质上体现的规律。有关系统结构的分析,通常采取可行性分析对系统要素的组合方式进行评估,判断其能否实现系统目标所需的效果。总之,系统结构要使得系统在考虑了内部的总目标、外部的环境约束集的基础上,为系统要素集、要素之间的相互关系集,以及要素集和关系集找到一套在系统层次分布上的最优结合方式,并能在给出最优结合效果的前提下使得系统结构能输出最优的效果。

5.2.4　相关分析

系统是否可以达到目标要求,还取决于系统要素之间的相关关系。对系统要素之间的相关关系进行识别和判断,就属于系统的相关分析。由于系统之间存在着属性上的区别,这些属性根据不同的系统而发生变化,因此要素之间的关系也有所不同。这些关系可以体现在多个方面,包括空间结构、顺序、数量、力学或热力学的传递方式等。这些关系综合形成了要素间的相关关系,即

$$R = \langle R_{i,j} \in R \,|\, i,j = 1,2,\cdots,n \rangle \tag{5.1}$$

相关关系仅局限于系统要素之间,所以在系统要素保持不变的条件下,任意个要素之间的相关关系,都可变换成两个要素间的相互关系,也就是说,二元关系构成了所有要素间相关关系的基础。

通过分析系统要素间的二元关系,不仅可以明确有哪些二元关系,还可以确定这些关系存在的必要性;此外,可以确定要素在系统中的重要程度以及要素之间输入/输出的关系,以掌握系统任何一个要素在系统运行中输入和输出的二元关系的总和。了解输入/输出关系的总和,对系统状态的管理与控制至关重要,也可以明确系统要素间关系的性质,以及关系的转变如何影响系统目标的实现。通过对二元关系的性质及其变化的分析,可以得出保持最优的二元关系的尺度范围,这为优化研究提出了更为具体和更为实际的问题。

5.2.5　层次分析

大多数的系统都具有一定的结构层次。以飞机系统为例,从元件和材料,再到零件、设备和部件,最高层次就是飞机整体。系统层次所包含的元素,层次之间应保持何种关系,层次的数量和层次内要素的数量,对系统结构、功能都具有重大的影响。一般来讲,系统可分为系统级、子系统、子子系统等层级。探索并研究这些关系,有助于从系统的本质上加深对系统结构的认识,从而揭示事物合理存在的客观规律,这是提出系统层次分析的理论依据。系统在功能和结构上由不同的单元组成,这些单元不能独立实现系统功能,而要以一定的联系、规律进行组合,才能实现预定的系统功能。由于不同的系统往往具有不同的目标,这些单元必须以符合系统目标的方式相互连接形成系统层次,共同实现功能。系统评价方法为层次分析提供了一种经典的方法——层次分析法,它通过将系统目标要素分解为目标、准则和方案三个层次来进行逐层的决策分析而得出系统的最优配置,这将在第 10 章进行介绍。总之,系统的层次分析

是对系统的层次、各层次包含的系统要素,以及包含元素的合理性进行判断和优化。系统层次的合理性主要是以下两个方面:

- 物质、信息、能量所达到的效果和成本,即实现功能所采用的系统要素。系统的层次不应过于复杂,对于技术系统,系统层次主要关注能量和信息的传递链长度和复杂程度,传递越复杂、传递链长度越长,则传输损耗越大,摩擦副作用越多。系统层次的分析至少要能够解决系统的效能和费用之间的矛盾。
- 功能单元如何进行划分和结合,即如何将关联度高的要素组合在一起以实现系统结构的合理性。将有些功能单元组合为一个整体,可以提升系统效益;有些结合则会降低系统效益。例如,将各个可靠性试验项目组合为一次试验,就能节省试验的费用和时间,对产品的可靠性度量也得到了提高。例如,各个产品设计部门和可靠性工程部门如何协同工作也是一个值得研究的问题,因为他们的工作内容相互影响,相互交叉。在技术系统中,控制功能的安排必须优先于执行功能。

5.2.6　环境分析

　　环境是系统边界以外的物质、经济、信息等与系统相关的因素的总称。任何系统都是有限大的,因此任何系统也都是有边界的。按照系统和环境是否具有物质和能量交换,系统可以划分为三类:孤立系统、封闭系统和开放系统。通常,系统工程研究的是开放系统。要研究开放系统,既要研究该系统本身,也要研究与系统有关的环境。在系统演化的过程中,人工对其进行物质、能量、信息的注入,作为系统的输入,同时,由于环境与系统之间也有物质、能量的关系,这种能量关系也会对系统状态、系统输出造成影响,所以环境也构成系统输入的一部分。环境因素变化导致系统输入的变化,最终使系统发生变化,这一过程即体现了系统对环境的适应性。反过来,系统本身的运动和变化,也可使系统环境相关的因素发生变化,这一过程则体现了环境的开放性。系统工程中环境分析的思想实际上体现在系统生命周期的各个阶段。系统在设计、制造、使用、报废方面的设计均会受到环境的制约,因此在可靠性设计和分析中,产品所处的环境常常是重点考虑的因素:在设计阶段,可靠性分析要求对产品使用的环境进行分析,开展环境适应设计;在测试和改进阶段,与环境相关的工作项目包括可靠性环境试验、产品保存、运输和使用过程的环境适应性试验和评价;在使用和维护阶段,针对不同的使用环境,要针对环境条件进行使用和处置方面的规定。

　　从系统分析的角度来看,对系统环境的分析有多种实际意义:

- 环境对系统的约束作用,是提出系统工程问题的最终来源。之所以存在系统工程问题,归根结底是系统环境的变化所导致的。比如,新的技术、新的形势会导致现有系统不再满足当前现状的要求,或者产生了更好的可能的系统方案,这就产生了新的系统工程问题。
- 环境决定了系统边界的必要性。这说明,确定系统边界,要根据具体的系统要求来进行。
- 系统分析与决策的依据是从环境中得到的。具体来说,系统分析和决策所需的各种资料,如系统指标、运行条件的变化等,都是由环境产生和提供的。
- 系统的外部约束通常来自环境。这是环境对系统发展目标的限制。
- 系统分析的好坏最终需要通过系统环境来进行检验和评价。从系统分析的结果实施过程来看,环境分析的正确与否将直接影响到系统方案的实施效果。

从系统环境的因素来看,系统环境有三种因素:

- 物理和技术环境:宏观经济、军事形势所形成的环境是任何系统分析的基础,主要包括现存系统、技术标准、科技发展因素估量和自然环境。在进行系统分析时,要考虑现存系统和新系统的并存性和协调性,以及现存系统的各项指标。这些指标包括:经济指标、使用指标、产量、技术标准等。技术标准对系统分析和系统设计具有客观约束性质,技术标准是制定系统规划、明确系统目标、分析系统结构特征的基本约束条件,使用技术标准可以提高系统设计和分析的质量,提高系统开发效率;科技发展因素估量主要涉及在新系统开发之前是否已有可用的技术手段、相应的工艺方法和维修保障方法出现,以避免设计的系统在投入使用前就已经过时;自然环境是系统分析得以成功的基础,人类的全部创造都是在适应和征服自然环境的条件下取得的,系统工作者在进行系统分析时必须先充分估计到有关自然环境的作用和影响,特别是自然环境因素的极端情况。

- 经济和管理环境:经济和管理环境是系统存在的根本条件。任何系统的经济过程都不是孤立地进行的,它是全社会经济过程的组成部分,因此系统分析不能离开系统与经济管理环境的联系。典型的经济和管理环境因素有宏观经济环境、政策、经营活动、产品系统及其价格等。宏观经济环境很大程度上决定了系统效益;政策对系统的开发和分析起到指导性的作用,政策影响着企业和单位在发展方向、追求目标上的选择;外部组织结构包括系统与外部组织之间存在各种输入/输出关系,追求与外部组织最佳协调的发展是系统的努力方向;经营活动是指与产品生产、市场销售、原材料采购、资金流通等有关的全部活动,经营活动的目的是获取最大的经济效果,改善经营活动的主要手段包括增强企业实力、搞好经营决策、提高竞争能力。产品系统及其价格结构:产品系统反映了社会总需求及其供给情况,产品价格结构取决于国家的政策和市场供求关系,经济和经营环境是确定产品系统及其价格结构的出发点。在进行有关系统的分析时必须了解产品和服务存在的社会原因、技术经济要求、价格因素的变动,以及这些变化对成本、收入以及其他经济指标和社会的影响。

- 社会环境:社会环境是系统得以生存的基本依据,主要是两个方面,即大范围的社会因素和人作为个体的因素。大范围的社会因素主要考虑人口潜能和城市形式两部分,从人口潜能的概念出发,可以得出人口的"聚集"、"追随"和"交换"的测度,可用于产品和服务的市场估计以及预测未来各种系统开发的成功因素。城市形式是现代社会中物质和精神文明的策源地,城市形式的演化体现了社会人文环境的变革,这些变革影响系统的需求和系统所在的环境,并与系统的演化过程相互影响。人作为个体的因素主要考虑两个方面:一是通过人对需求的反应而作用于创造过程和思维过程的因素,二是人或人的特性在系统开发过程中应该考虑的因素。在系统分析时,哪类人员之间以及哪类人和系统之间进行配合,是人作为个体在系统中要考虑的关键问题。

5.3 几种常见的系统分析方法

根据以上系统分析的主要内容,下面对系统工程中常见的几种系统分析方法进行介绍。

5.3.1　可行性分析

开展任何一项系统工程之前,都希望系统在技术上先进、经济上合算、实践上可行、发展上协调。因此,在系统工程活动开始之前,必须就这些方面进行一系列技术、经济的分析研究,对于给定的系统工程目标,判断现有经济、技术、工程条件是否可以支持实现,并预测系统可能取得的技术效果、经济效益及社会环境影响等,从而提出有关该系统工程是否具有实施价值,以及有关具体的实施方式的意见,为决策者提供一种综合的系统分析方法。这些工作我们称为系统的可行性分析。对一般的系统工程而言,可行性分析应具有预见性、公正性、可靠性、科学性的特点。

1. 可行性分析的目的

(1) 确定系统实现的可能性和必要性

我们设计和建造一种系统或产品,其根本目的是为了满足各种各样的使用要求,这些要求在系统综合的过程中往往会转化为一系列以指标为核心的特征,我们把这些与产品满足功能和性能要求有关的一组指标叫作系统特性。而确定系统是否具有实现的可能性和必要性,通常采用系统特性来进行衡量。其中,有些系统特性是某种产品依赖于其功能所特有的,称为专用特性,用来描述特定的系统功能;而另外一些则是不依赖于功能,并且所有的系统或产品都有的系统特性,叫作通用特性。对系统实现的可能性和必要性可以通过以下指标来表示:

① 系统功能和性能。系统功能是指系统整体与环境相互作用所反映出的能力,主要是其如何吸收来自外界的物质、信息、能量,并将其转换而输出为另外的形式、形状的物质、信息和能量。为了便于在系统评价中进行比较和优选,指导改进设计,通常用专用系统特性作为系统功能的度量指标。对于系统的使用者而言,系统功能表示的是这个系统所特有的职能,即系统区别于其他系统所具有的总体功用或用途。具体而言,系统功能指系统能够做什么或能够提供什么功能。比如,运载火箭具有运送人员和物资进入太空轨道的功能,武器系统具有摧毁目标的功能。系统功能具有三个特点:易变性,指系统的功能易受到环境的影响;相对性,指系统的功能是依赖于其结构而存在的,并且会随着系统结构的改变而发生变化;另外,系统功能的发挥还需要进行有效的控制。

② RAMS(Reliability, Availability, Maintainability, and Safety)。RAMS 是可靠性、可用性、可维护性和安全性的简称,这些属性都属于通用质量特性。RAMS 构成了产品或系统产品评估的关键要素。对于系统的运行和维护而言,RAMS 表达了系统安全、可靠和良好的功能实现以及更低的运营和维护耗费。可靠性是指系统在规定时间、规定条件下完成规定功能的能力;可用性是系统在某个考察时间范围内能够正常运行的概率或可以正常运行的时间占有率的期望值;系统的可维护性是系统的可修性和可改进性的总称。所谓可修性是指在系统发生故障后能够排除故障,返回到原来正常运行状态的可能性;而可改进性则是系统具有接受对现有功能的改进、增加新功能的可能性。

③ 系统的易用性(usability)。这是指包括人在内的系统运行时怎样解决人与系统的互动问题,这需要考虑系统使用人员(如飞机的飞行员)的生理因素、感觉因素、心理因素等。生理因素方面,设计操作台、控制台、方向盘以及维修处所时需要考虑人的体重、身高、视野、手臂活动范围、手的大小。感觉因素方面,人与外界的联系首先是通过感觉因素(视觉、听觉、嗅觉、触

觉、味觉)接收外界信息,从感觉形成知觉,构成心象,或是形成概念;然后进行判断和决策,指导系统工程的行动。随着现代技术的发展,人和系统通过人机接口进行互动时,要受到感觉因素的生理条件的限制,例如光的亮度、颜色的辨别、听觉的限度、声音的频率、温度、湿度、粉尘、有害气体等。人的心理因素是人类的智力、感情、性格与行为方式的集合。不同的系统运用和操作,需要不同的智力、性格、耐力和沟通能力,设计时应该明确提出,同时也要考虑偶然出现差错时如何避免损失。当系统和人协同进行工作时,人已经成为系统的组成部分。此时,系统的设计与开发就需要进行全盘的考虑,一方面要考虑人的生理、心理能力的限度;另一方面要考虑到人是有智力的,可以发挥主观能动性、创造性。这些问题涉及一个专门的学科——人因工程。有兴趣的读者可以参看有关的文献。

④ 系统的可承受性(affordability)。系统的可承受性是指能否以用户承担得起的、尽可能低的成本,制造和组建出满足要求的系统。系统的全生命周期成本包括:研究开发成本、生产成本、运作与维护支持成本、退役与废弃成本。这些成本又包括资金成本、人力成本、物料成本、技术成本等。一般来说,用户的可承受性都有一定的限度,即用户可以支持的成本有一个最大值,任何系统方案的成本都不应超过这个限度。在此基础上,系统工程的可承受性追求的是成本与效果的平衡,即系统的全生命周期成本和系统效能达到一定条件下的综合最优。

⑤ 系统的可支持性(supportbility)。系统的可支持性(保障性)涉及系统工作时的供应保障、运转维护,以及持续性支持等方面。系统的后勤和维护保障的基础设施应当作为一个主要单元来考虑(我们通常称之为保障系统,在本书第4.3节中介绍基于并行工程的系统生命周期过程中提到了保障系统),在系统设计过程中就加以解决。要使系统的工作具有高效率、高效能,后勤的基础设施必须可靠而且与系统同时到位。后勤与维护保障的基础设施包括具有采购、生产、运输、配送功能并能在用户运行所在地安装的基础设施,以及能在系统整个生命周期进行持续维护和保障的人员和设施,具体包括:后勤与维护保障的人员、维护用的部件库存、包装、运输与配送、培训支持、测试设备、信息设备与信息资源等。

⑥ 系统的可生产性(producibility)和可处置性(disposability)。系统的可生产性是指系统能够尽可能容易和低成本地被制造或建立起来,而可处置性是指当系统失去效用时又能尽可能少地被废弃和处置。一般来说,系统工程人员对系统可生产性注重的程度大于可废弃性,因为系统工程要的是工程“效果”而不是“后果”。但是近来无论是系统工程的组建者还是用户,都开始注重可处置性,因为系统失去效用后的处理也逐渐成为工程人员和用户需要考虑的问题,废弃物的产生和处置会带来资源回收和环境问题。近年提出的“绿色”“再制造”概念正是生产者、工程人员考虑系统的可废弃性所提出的新理念。

(2) 提出可能的初步系统级设计方案

首先,提出相应的初步系统级设计方案,是进行可行性分析的基础。初步系统级设计方案可以作为可行性分析的重要依据。从根本上说,系统是否可行,取决于系统设计方案是否可行。初步的系统及设计方案包括初步设计要求,研制、产品、工艺与材料规范,功能分析和分配。可行性研究应能支持形成设计方案,因此在进行工程技术方案论证时,方案应具体到基本设计或概念设计的细致程度,在我国,基本设计和概念设计的水平基本相当于初步设计应达到的水平,以及对所需的设备和材料应提出明确的清单。

1) 初步设计要求

初步设计要求的依据是系统的使用要求、维修保障方案、技术性能参数定义的设计要求。

对航空航天产品而言,"是什么(what)"是方案设计过程的起点,通过方案设计给出了可行的设计方案,得到了"怎么做(how)"的结论。然后,"怎么做(how)"的问题通过要求分配的方式引入初步设计,又变成了"是什么(what)",并驱动初步设计,以在更低的系统级别上得到"怎么做(how)"的结论。这是一个级联过程,即在了解系统将实现什么功能的情况下决定是什么样的一个系统。子系统和主要系统要素的要求是通过进一步的功能分析与分配,以及设计权衡研究等工作决定的。系统初步设计的过程也是反复的自顶向下/自底向上的设计过程,此步骤将一直延续直至确定和配置出最低层次的系统部件为止。

2) 系统、研制、产品、工艺与材料规范

系统工程过程涉及的规范主要来自方案设计中对系统规范的准备,以及可参考的由各国标准机构发布的相关规范和标准。研制和编写这些标准的有关国际机构包括:美国国家标准协会 ANSI、美国电子工业协会 EIA、国际电工委员会 IEC、国际标准化组织 ISO 等。在系统初步设计的过程中,应当有选择地采取不同的标准和规范。将这些标准和规范进行整理分类如下:

① 系统规范:包含作为实体系统的技术、性能、使用和保障特征、可行性分析结果、使用要求、维修保障方案、系统级适用的技术性能参数要求、系统功能说明、系统设计基本要求、系统级设计要求分配。

② 研制规范:包含系统级以下任何需要研究、设计、研制的新产品的技术要求。这些产品包括设备、组件、设施、保障关键产品、数据以及支持这些产品的软件程序等。每个研制规范都必须包括从系统级往下设计所要求的性能、效能和保障性。

③ 产品规范:包含系统级以下的任何处在库存状态或可以通过采购货架产品得到的产品技术要求。这涉及到工业或商业货架产品、软件模块、部件、保障产品或类似产品。

④ 工艺规范:包含工艺或系统任意要素所执行服务或完成一些功能要求过程中的技术要求。其包含制造工艺(如机加工、焊接等)、后勤过程(如材料装卸、运输)及信息处理过程等。

⑤ 材料规范:包含与原材料(如金属、非金属、绝热材料等)、液体(如涂料及化学成分)、半成品材料(如钣金、紧固)等方面的技术要求。

上述系统工程中每一类规范都应当直接、完整地记录在性能相关文件中,并能回答"是什么(what)"的问题,清楚地阐述产品功能。每一份规范都应该根据系统的实际需要进行恰当的裁剪,并且避免过定义或欠定义。建立一套完整的从上到下的方法是很重要的,这有利于确保整个系统及其要素要求的实现。

3) 子系统功能分析与分配

子系统功能分析与分配是在系统目标具体为系统级功能分析以后,依据系统初步设计方案将系统级功能分析拓展到子系统及以下级。应用功能流程图(FFBD)是一种方便高效的功能分析工具,可以将顶层功能逐层向下分配,直至描述系统及其不同要素在功能方面的不同功能接口关系和确定实现功能所需资源的层次。应用功能流程图中还包含了功能之间的次序和并列关系,以保证最初自顶向下的需求可追溯性,以及此后根据这些需求自底向上的资源论证来完成这些功能。

用给定的功能术语表示的系统功能描述以后,下一步要做的是将系统封装成要素(或部件)。虽然在独立的基础上识别单一功能要求和相关资源会相对简单,但当考虑如何进行系统部件、重量和大小封装时,这个过程就会比较麻烦。将系统封装成要素的方法在本质上是逐步进行的。共用功能可以组合和结合起来为系统提供一个功能封装方案,需要注意:根据系统内部物理结构、外部环境,将有相似功能的模块组成系统要素;单一系统包需要尽可能独立,与其他的系统包的"接口影响"最小;将系统分成子系统时,应选择一种使得不同子系统之间的相关关系最少、最简单的配置;应当使系统具有开放式结构,等等。

(3)分析结果对系统最终特性和生命周期费用的影响

在系统设计过程中,需要在很多系统方面之间进行权衡。系统工程中常常遇到的一个重大问题,是系统最终特性和生命周期费用之间的权衡问题。通过上述的可行性分析和初步系统级设计方案,可以得到若干种设计方案,对这些设计方案进行选择、调整,可以得出分析结果对系统最终特性和生命周期费用的影响。这个过程包括以下步骤:

① 确定分析目标:分析目标通常是对给出的设计方案进行比较和优选,或是优化设计方案中的某些或全部的可调参数;

② 选择权衡评价准则:典型的权衡评价准则包括系统性能、费用、系统的保障特性等;

③ 确定数据需求:系统方案不可能兼顾所有的设计参数和指标,应当有选择地对其中一部分参数、实验结果、分析评估结果进行分析;

④ 确定评价技术:包括仿真、线性/动态规划、排队;

⑤ 建模与分析:选取相关的建模方法对系统进行建模,以分析系统工程的可行性,运行该模型,生成数据;

⑥ 评估备选设计:根据模型分析的结果,对备选方案进行评估、权衡,可参考的方法包括灵敏度分析、识别风险和不确定区域;

⑦ 提出首选方案:根据评估的结果,确定最终的可行方案。

2. 可行性分析的主要内容

(1)技术分析

在可行性研究过程中,首先要进行技术分析。航空航天产品作为一类复杂产品,技术指标一旦选定通常难以修改,具有"牵一发而动全身"的效应。对所设计的新系统来说,技术选择一旦发生错误,就根本谈不上经济效益,而且会造成严重的经济损失。要分析新系统在技术上的先进性、可靠性、维修性、保障性、易用性、可生产性和可处置性等。技术可行性分析以系统功能要求、性能要求及实现该系统的各项约束条件为基础,从技术上是否可行的角度研究实现该系统的可能性。技术可行性分析是系统设计和制造过程中较为关键的一项工作。

具体而言,技术可行性分析包括三个方面:风险分析、资源分析和技术分析。风险分析的任务,是从给定的风险条件的角度,对能否实现系统所需的功能和性能的做出判断。资源分析的任务是,论证是否具备系统实现所需的各类人员、计算机软硬件、工作环境等,资源分析也是技术、人才和设备资源的综合分析。技术分析是为了验证当前的技术是否支持系统开发的全过程。在进行技术可行性分析时,分析人员应收集系统在性能、可靠性、可维护性和可生产性等方面的资料,对实现系统功能和性能所需的各种资源,分析项目开发过程可能担负的技术风险,以及这些不确定的因素对开发成本的影响程度等。

(2)经济分析

经济分析是充分考虑系统工程的经济目的和实现所需的技术手段,力求以最少的资源消耗得到最满足需求的系统功能,以期取得较好的系统效能;另外,加强经济分析对选定系统部件或明确新系统建设的改进措施和改进目标是非常重要的。典型的两种经济分析方法包括:

① 投入产出分析。投入产出分析是量化地研究系统工程投入和产出的影响关系的分析方法。投入是指系统工程过程对各种资源的消耗情况。产出是指系统工程的成果(如质量改进和功能实现)。

② 费效分析。费效分析就是权衡系统工程的效益与费用,以此为依据评价项目合理性的一种分析方法,它是对系统工程方案的输入和产出、优劣进行评价、比较,为系统决策提供依据的一种经济数量分析方法。

(3) 社会分析

社会分析是分析系统工程对社会的影响。随着系统工程的发展,系统工程向大型化、综合化发展,工程系统与社会的关系日益密切,所以设计人员必须重视系统的社会效果,分析系统工程对社会的影响,包括政治、军事、政策、经济、文化等。很多时候,系统工程的失败并不是由技术因素或经济因素导致的,而是由忽视社会因素对系统的影响而造成的。

3. 不可行性分析

对系统工程项目应当开展"不可行性分析",认真思考导致系统工程无法顺利实施或失去实施的价值的各种原因,分析系统工程会带来的社会、经济、法律问题,以及可能存在的风险、资源的浪费、对环境的影响等。我们在实施系统工程项目之前,只有在对这些问题给予科学的、实事求是的论证分析后,才能确定系统工程是否真正可行。

在航空航天领域新研产品的不可行分析中,通常对分析结果进行"非提倡性(非拥护性)评审"。可行性研究是通过对系统工程方案进行分析论证进行的详细研究,以得出系统工程项目是否合理可行的研究结论;而不可行性研究,则从系统工程目标的合理性、构成系统工程目标的各种现实条件的科学性、系统工程目标中各个指标的选定原则,以及可靠性、保障性、经济可承受性等的限制方面进行分析;还需要进一步论证项目的原因,包括系统工程的目标,从而对系统工程立项的目的、论证内容的完整性,以及论证内容构成的科学性、合理性进行全面的评估。

4. 可行性分析的结果

可行性分析是要求以经济效益为核心目标,围绕影响工程项目的各种因素,依据多方面证据论证系统在经济、技术、资源各个方面是否可行。可行性分析要求对整个可行性研究提出综合分析评价,指出系统工程的有益效果和有害效果。要形成可行性分析的结果,往往要提供一些数据、理论作为附件,如试验数据、计算过程、流程图、附图等,以增强可行性分析结果的说服力。可行性分析的结果通常有两种,一是立项被否定,项目不成立;二是立项通过论证,此时会编制形成立项建议书。

5.3.2　主次因素分析

主次因素分析图也叫排列图。排列图是将影响系统的要素按照重要程度进行排列而采用的一种简单的图示方法。排列图来源于帕累托原理。帕累托原理最早产生于 19 世纪,被经济学家用来分析社会财富的分布状况。意大利经济学家发现:社会财富的 80% 掌握在 20% 的人手中,这种 80% 与 20% 的关系,即是帕累托原理。帕累托原理提出了重要的"关键的少数和次要的多数"的论点。这种关系可以从生活中的许多事件得到印证:80% 的航空安全事故,由 20% 的人为工作疏忽引起;80% 的系统运行故障,由系统中 20% 的部件引起;也就是说,系统的各种有利或有害事件,其 80% 的结果,归结于 20% 的原因。如果我们可以找到 80% 的收益,是哪 20% 的关键付出,或者 80% 的系统性能下降,可以通过纠正哪 20% 的错误来补偿,那么我们就能做到事半功倍了。

　　标准的排列图由一个直方图和一条曲线构成,如图 5.3 所示。左边的纵坐标对应直方图,表示造成某种系统反常现象(可以是有利的或有害的)的各个因素的影响频数;右边纵坐标对应曲线,表示的是各个影响因素的累计百分比,该曲线被称为帕累托曲线。通常将累计百分数分为三个等级,累计百分数在 0~80% 之间包含的因素称为 A 类因素,也叫主要因素,80%~90% 之间的因素对应为 B 类因素,也叫次要因素,累计百分数在 90%~100% 的称为 C 类因素,也叫一般因素。对系统进行分析和改进时,主要关注 A 类因素,这些因素占据了系统效能的 80% 的原因。

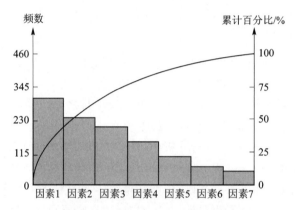

图 5.3　系统主次因素分析示意图

　　主次因素分析法的一个主要应用是在生产质量管理中的过程控制。美国质量管理专家朱兰把帕累托的这种关系应用到质量管理中,发现尽管影响产品质量的因素有许许多多,但关键的因素往往只是少数几项,它们造成的不合格产品数占总数的绝大多数。在质量管理中运用排列图,对有关产品质量的数据进行分类排列,用图形表明影响产品质量的关键所在,从而可以知道哪个因素对质量的影响最大,改善质量的工作应该从哪里入手解决问题最为有效,经济效果最好。

　　主次因素分析法还有一个主要应用是在生产管理中的库存管理。库存管理中常用 ABC 分类法对物料或备件进行分类管理。拿备件来说,A 类产品就是指在产品消耗量比较大、在库存管理方面需要大量备货的产品;B 类产品则是消耗量适中、可中轻度备货的产品;C 类产品则是消耗量较少、可少量备货甚至不备货的产品。这样,就可以根据存货的重要程度把存货归为 A、B、C 三类:A 类物品,品种比例在 10% 左右,占比很小,但年消耗的金额比例约为 70%,比重较大,是关键的少数,需要重点管理;B 类物品,品种比例在 20% 左右,年消耗的金额比例约为 20%,品种比例与金额比例基本持平,常规管理即可;C 类物品,品种比例在 70% 左右,占比很大,但年消耗的金额比例在 10% 上下,此类物品数量多,占用了大量管理成本,但年消耗的金额很小,只需一般管理即可。

　　在可靠性工程领域,运用主次因素分析法可以帮助我们梳理系统的主要故障模式,找出主要故障原因并定位关键产品,及时开展故障机理分析并采取有针对性的措施。图 5.4 是某型飞机影响飞行任务完成的主要系统和故障频数较高的系统排列图。从该图上可以看出,电源系统是影响该机飞行的主要系统;其次,发动机系统也应作为关注的对象。通过系统主次因素分析找到影响飞行的主要系统后,便可以采用故障原因和故障模式分析,来找到导致电源系统故障的主要原因,并采取有针对性的改进措施,从而提高整个飞机的可靠性。

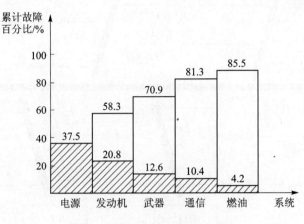

图 5.4　某型飞机的故障排列图

5.3.3　因果分析

1. 因果图分析法

质量管理中的因果分析法常用工具是因果图。因果图也称为特性要因图、鱼骨图或石川图。因果图于 1953 年由日本质量管理专家石川馨提出,最早用于寻找产生某种质量问题的原因,以因果图形象的表示方法,发动大家集思广益,分析某个工程或社会问题的原因。因果图形似鱼骨,将问题或缺陷(即问题的后果)标在"鱼头"处。每发现一个原因,就在鱼骨的主干上长出一条鱼刺,在上面按照各个原因发生的可能性列出造成问题的所有可能原因,通过这种因果图的表示方法,说明各个原因间的层次关系,以及这些原因是如何造成问题的。因果图的表示方法比较直观、醒目、条理分明,使用方便,因此在工业界得到广泛应用,在学术界也有大量针对鱼骨图分析法的研究。

在系统工程中也经常使用到因果图。系统工程的目的是开发出高效、低费、综合效益最佳的系统,为提高产品性能、获得具有实用价值的产品或达成所要的目标而服务。在实际规划、设计、改进系统的工作中,常常出现导致系统效益下降,产出与投入不相匹配的各种问题。我们要分析这些问题产生的原因,提出有关的对策并采取改正措施。影响系统效能的原因,往往是多种多样、错综复杂的,概括起来有两种关系:平行关系和因果关系。从事物发展的逻辑规律上讲,这两种关系实际上是互相依存的。因果分析的目的,就在于查找问题产生的原因,并通过因果图的形式定性地呈现原因之间的相互关系,以便找出问题产生的原因,解决系统效能提升的问题。

具体来说,因果图主要的方法是头脑风暴,工程人员一起进行思考和讨论,集思广益,从问题产生的结果出发,寻找影响系统效能的潜在因素,首先找出问题产生的大原因,再在大原因中逐层找小原因,直到把原因分解到可以采取措施为止。图 5.5 是质量管理中对工艺缺陷进行分析,以"滑油箱焊缝质量不合格"作为最终后果,逐层寻找原因后整理得到的因果图。

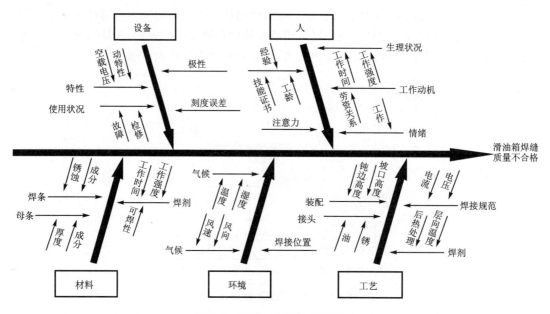

图 5.5　系统因果图分析示意图

2. 故障树分析法

故障树分析法(Fault Tree Analysis,FTA)是由因果图演变而来的一种专门应用于可靠性领域对产品故障事件进行定性、定量分析的方法。引起产品故障的原因通常来自于某个组成部件,通过一系列的故障或事件最终引起产品的故障,而故障树就是用来层层追溯造成产品故障的原因。故障树可以指导技术人员发现造成产品故障、危及系统安全的事件或事件组合。通过计算各个导致系统故障的事件的发生概率,找到导致故障的关键原因,然后通过产品部件的设计改进和有效的故障检测、维修等措施,减小系统发生故障的概率。

故障树分析方法包括两个方面:一是故障树的建立,二是故障树的分析。其中,建立故障树的步骤包括:广泛收集、分析系统及其故障的有关资料;根据分析的目的,选择并清楚定义最终发生的故障事件作为故障树的顶事件;逐层向下查找产生问题的原因,建造故障树;按照所找到的原因之间的依存关系,对故障树进行简化。故障树的分析,则包括故障树的定性分析、定量分析、重要度分析,最终找出薄弱环节,确定改进措施。

图 5.6 是一个简单的启动电机电路系统故障分析的示意图。

绘出故障树以后,可以得出造成顶事件的最小割集,作为系统故障诊断和维修的依据。最小割集描述的是规避系统故障(顶事件)的最简单方法。割集是引发顶事件发生的基本事件的集合。若一个割集中去掉任意一个,则该集合不再是割集,那么该集合就被称为最小割集。因此,当且仅当最小割集中的部件都发生失效,则系统失效;同时,消除可靠性关键系统中的一阶最小割集,可达到消除其单点故障的目的。最小割集对降低复杂系统的潜在事故风险具有重大意义。

故障树分析具有直观、定性、定量相结合的特点,因此在许多领域都得到了应用。故障树分析可以用于各种工程领域的失效分析。故障树分析的用途,概括地说就是了解顶端的不利结果事件和底端造成结果的各种部件状态或事件之间的关系。在工程上,故障树也用于显示系统是否符合所要求的系统安全/可靠性规范。通过最小割集及其概率的计算,可以找到发生

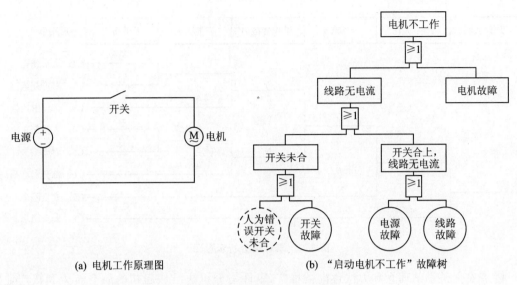

(a) 电机工作原理图　　　　　　(b) "启动电机不工作"故障树

图 5.6　故障树分析示意图

顶事件的原因,并按照其重要程度列出整改措施的顺序。故障树分析可用于复杂系统的安全性分析,得出改进系统可靠性和安全性问题的最优资源需求。此外,故障树分析可用于协助系统设计,通过减少最小割集的个数或增加每个最小割集中的事件个数,来获得具有更高可靠性、安全性的系统。

3. 事件树分析法

事件树分析(Event Tree Analysis,ETA)法是一种分析事件原因的归纳推理方法,在安全领域中有广泛的应用。事件树分析法的理论起源于决策树分析(Decision Tree Analysis,DTA),按照导致事故发生的事件的时间顺序由初始事件逐步推论可能的后果,每个事件的发生与否都会造成最终结果的改变,从而帮助分析人员识别危险源。事件树分析方法通过树形图来表示系统可能发生的某种事故和导致该事故的各层原因之间的逻辑关系,为提高系统安全性提供依据,结合各个事故原因发生的可能性,找到提高系统安全性的改进措施。

事件树分析法的主要步骤包括:确定初始事件、判定安全功能、绘制事件树和简化事件树。正确选择初始事件确保了对事故分析的效果和意义。初始事件是在事故发生的过程中最先发生的原因事件,它可以是机器故障、设备损坏、能量泄漏、人员操作错误等。安全功能是系统中最先发生的原因事件发生后,对该原因事件及其后续影响进行纠正和补偿的功能。当安全功能正确发挥作用时,系统的危险的状态应该得到解除或有所缓解。常见的系统安全功能有:侦测初始事件的报警系统;根据紧急安全程序,要求人为干预的措施;对异常能量或状态的缓冲装置,如减振、压力泄放系统或排放系统等应急装置。绘制事件树,要求从初始事件开始,从左到右按照初始事件、各个先后作用的安全功能直到事件后果的顺序绘制事件树,各事件的发生与否会产生不同的事件发展途径,用树枝表示。一般把各个安全功能正常作用的状态(又称成功状态)画在上面的分枝,把不能发挥功能的状态(又称失败状态)画在下面的分枝,直到事件树完整绘制完为止。简化事件树,要求将与初始事件或与事故无关的安全功能删除,调整事件树中逻辑相互矛盾、不协调的情况,最终构成简化的事件树。

图 5.7 给出了一个火灾事故的事件树分析示意图。

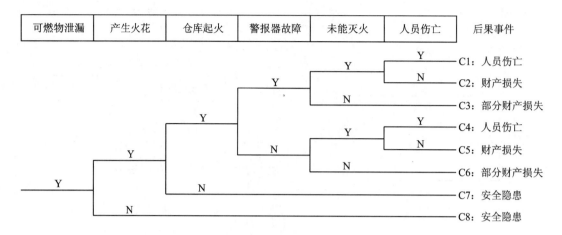

可燃物泄漏	产生火花	仓库起火	警报器故障	未能灭火	人员伤亡	后果事件

C1：人员伤亡
C2：财产损失
C3：部分财产损失
C4：人员伤亡
C5：财产损失
C6：部分财产损失
C7：安全隐患
C8：安全隐患

图 5.7　事件树分析示意图

随着安全科学的理念和方法逐渐被推广,事件树分析法已从起初的航空航天和核产业进入到一般工程领域,包括电力、化工、机械、交通等领域,帮助分析人员完成系统故障诊断、安全薄弱环节的分析,确保系统的安全运行,对系统安全的资源进行优化配置等。

事件树分析可用于事故原因的建模、计算和排列不同的事故情景。事件树分析适用于产品或过程生命周期的全过程。事件树可以进行定性使用,有利于分析人员对引发系统安全事故的各个阶段的情景及依次发生的事项进行分析,同时对各种处理方法、缓冲或其他各种控制手段对事故或事件结果的影响方式提出各种看法。故障树分析也可以用于定量分析,有利于分析各种系统安全功能或控制措施的效果。这种分析尤其可以帮助分析拥有多个安全功能的事故发生模式。

5.3.4　风险分析

有关风险的定义,首先国际标准 ISO 31000—2009《风险管理——原则与实施指南》对"风险"的定义是:"不确定性对目标的正面或负面影响"。风险通常包含发生风险的可能性(即风险出现的概率)和风险的后果大小两个方面。因此通常用两个相互影响的变量即风险事件概率以及风险事件的后果来刻画风险的内涵。风险分析是度量系统工程各个阶段的决策中可能造成的决策失误及其可能带来的损失。风险分析主要分为定性风险分析和定量风险分析两种。

- 定性风险分析主要对已识别风险的后果和可能性进行评估,按风险对系统工程总目标的各种影响进行排序。通过定性风险分析,可以根据各个风险对系统工程目标的潜在影响对各种可能存在的风险进行排序;通过比较各个风险的风险值,可以确定项目总体风险的级别。
- 定量风险分析是对风险的概率及后果的严重程度进行量化。在定量风险分析中,要测定发生风险事件的概率,再通过量化各个风险的影响程度,识别出最需要关注的风险。

下面对两种风险分析方法分别进行介绍。

1. 确定型风险分析

对各种风险发生的概率、后果的严重性都明确知道的风险情形进行分析,就叫作确定型风险分析。确定型风险分析包括以下环节:风险识别、风险估计、风险评价和对策研究。风险识别的方法有很多,如专家调查法、头脑风暴法、风险解析法、德尔菲法等。风险评价可通过概率数分析法、蒙特卡罗仿真法得到最终确定的系统总风险。以蒙特卡罗仿真法为例,首先,确定风险的各种可能性,形成风险概率表,每一种风险发生的概率、风险之间的关系用联合概率密度表示。然后,通过计算机产生的随机数和概率表,可以得到每次仿真的风险结果,在进行相当数量的仿真次数后,可以得到最终的仿真分析结果。仿真分析的结果,可以用来指导对策研究,工程人员可根据系统风险的大小,选择或调整对策。

2. 不确定型风险分析

不确定型风险分析主要用于分析系统潜在的、发生概率和后果严重性无法明确知道的一类风险。这类相比于确定型风险,具有不可量化、概率不可测、不可知的特点,在工程中,这类风险的影响往往更大。不确定型风险分析通常带有一定的主观性,其受到决策者的知识、经验、信息的影响,因此要采用科学的分析方法来降低主观性带来的影响。不确定型风险分析通常采用的方法有:① 损益值法。考虑各因素引起的不同收益,选择收益最大的方案作为最优方案。② 后悔值法。计算出对各种决策而采纳的方案的收益值与可能的最大收益值之间的差距作为每种决策的后悔值,后悔值最小的方案为最佳方案。③ 期望值法。计算考虑各种方案的收益期望值,选取期望值最高的方案作为最佳方案。系统工程中的不确定因素的分析和决策,可以通过系统决策中的风险型决策和不确定型决策方法求解,这些内容将在第 11 章详细介绍。

5.3.5　统计分析

统计是在数据分析的基础上,对数据进行测定、收集、整理、归纳和分析,以给出对有关对象系统的正确认识的方法。随着系统复杂程度的迅速提高、大数据时代的到来,使得统计分析的任务、概念和方法也在逐渐改变,与信息、计算机等领域密切结合,统计分析成为数据科学中的重要主轴之一。近年来,对航空航天产品的 RAMS 分析与优化,也逐渐从设计、分析导向转移到以大数据的收集和分析为导向来开展。统计分析,则是对收集到的数据进行整理归类,并解释所关心的统计问题的过程。从统计学的角度,统计分析涉及的方法门类很多,包括概率论、参数估计、假设检验、方差分析、多变量分析等。从统计分析的用途的角度来看,统计分析又包括分类分析方法、结构简化方法、相关分析方法和预测决策方法。有关统计分析的具体门类和用途,请读者参阅相关的拓展资料和书籍。按照统计变量的个数,统计分析又分为一元和多元统计分析两种。一元统计分析是研究一个分析变量的统计规律,多元统计分析则是研究多个随机变量之间的相互关系,从数据的角度对研究对象进行分类和简化的分析方法。

统计分析方法可以用于分类分析、统计简化、相关分析和预测决策等许多工程用途。分类分析主要包括聚类分析和判别分析;统计简化则主要包括聚类分析、主成分分析、因子分析和对应分析;相关分析则包括回归分析、典型相关分析、主成分分析和因子分析;预测决策则包括回归分析、判别分析和聚类分析。另外,统计分析的方法又为系统预测方法提供了分析基础,许多的系统预测方法,包括趋势预测、马尔可夫预测等方法都以统计数据作为支撑,系统预测中的数据、指标和许多因果关系的分析都依赖于统计。

　　总的来说，统计分析方法大体上可分为描述统计和推断统计两大类，分别用于解释过去和预测未来。从在系统工程中的应用来看，统计分析方法包括 4 大类：指标对比法、分组分析法、时间序列及动态分析法、指数分析法。下面按照统计分析在系统工程中的应用，介绍 4 大类统计分析方法。

1. 指标对比法

　　指标对比分析法又称比较分析法，是统计分析在实际应用中的一种最常用的方法。指标对比法建立关于系统生命周期中所关心的各种数量的一个函数，作为对比的指标，如成本、产量、RAMS 度量指标等，是通过把这些指标在不同的系统或条件下进行对比，来反映事物数量上的差异和变化的方法。有比较才能鉴别，因此单独看某个系统，或某个系统在某个条件下得到的指标值，只能说明该条件下的某些统计特征，而得不出有关什么条件下才能得到更优系统效能的认识。指标对比分析法可进一步分为静态对比分析和动态对比分析。静态比较是同一系统、同一条件、同一时间下不同系统之间指标的比较，也叫横向比较；动态比较是同一系统、同一条件、在不同时期的系统的指标的比较，也叫纵向比较。比较的结果可用百分数比、倍数、系数等形式加以体现，也可用相差的绝对数和相关的百分点（每 1％为一个百分点）来表示，即将对比的指标相减。

2. 分组分析法

　　指标对比分析法是系统在某个条件下，对总体进行的对比，但组成统计总体的各个数量有时具有不同的特征，如两个系统中各个部件可靠度的平均值可能接近，但在两个系统的内部，个体之间的差异性可能有所不同。这种总体之内的差异，给统计分析提出了新的要求：统计分析不仅要对系统总体的数量特征和关系进行分析，还要针对总体的内部成员之间的差异进行分组分析。统计分组法的关键问题在于正确选择分组标值和划分各组界限。根据统计分析的目的要求，把所研究的总体按照一定的标准划分为若干个部分，加以整理，进行观察、分析，以揭示其内在的联系和规律性。

3. 时间序列及动态分析法

　　时间序列是将同一指标在时间上变化和发展的一系列数值，按时间先后顺序排列，就形成时间序列，又称动态序列。时间序列可分为绝对数时间序列、相对数时间序列、平均数时间序列。根据绝对数时间序列可以计算的速度指标有发展速度、增长速度、平均发展速度、平均增长速度。在统计分析中，如果只有孤立的一个时期的指标值是很难作出判断的。如果编制了时间序列，就可以进行动态分析，反映其发展水平和速度的变化规律。进行动态分析，要注意数列中各个指标具有的可比性。总体范围、指标计算方法、计算价格和计量单位，都应该前后一致。时间间隔一般也要一致，但也可以根据研究目的，采取不同的间隔期，如按历史时期分。

4. 指数分析法

　　指数是指反映社会经济现象变动情况的相对数，有广义和狭义之分。根据指数所研究的范围不同可以有个体指数、类指数与总指数之分。指数分析法即用指数进行因素分析。因素分析就是将研究对象分解为各个因素，把研究对象的总体看成是各因素变动共同的结果，通过对各个因素的分析，对研究对象总变动中各项因素的影响程度进行测定。因素分析按其所研究的对象的统计指标不同可分为对总量指标变动的因素分析、对平均指标变动的因素分析。

5.4　本章小结

系统分析是系统工程的重要程序之一,也是系统工程的核心组成部分。在航空航天领域,在系统工程实施过程中对系统分析的把握和贯彻已成为型号项目成功的重要因素。一方面,是以研究人员对系统所关心的方面达到整体最优为目标,对系统进行定性或定量的分析。另一方面,系统分析是为了实现并维持系统的整体功能,达到系统的总目标而采用科学的合理的分析方法,对系统的环境、费用、效益、组建方式等问题进行分析、设计和试验,从而找到一套适用于系统的处理步骤或程序,或提出改造系统的可行方案,或提出决策者关心的有关系统工程的改进措施和建议等。

系统分析一方面可以是认识和理解系统的定性分析过程,另一方面也可以是对系统进行评价和优化的量化分析过程。无论如何,系统分析的本质是基于系统思维并采用系统方法,来对系统进行认识、描述、评价和优化。因此,本章介绍了系统分析的主要内容,其实就是第 2 章中系统思维的运用。在具体分析过程中,要采用一些系统工程方法,比如通过可行性分析、主次因素等分析方法,来对系统的环境、目标、结构等方面进行全面的或有所侧重的分析,为人们提供一个全面的系统视角,为系统优化、系统评价等后续的系统工程过程服务。

关于系统工程与分析的内容,可以参看 Blanchard 和 Fabrycky 所著的《系统工程与分析》一书,该书比较全面地介绍了系统工程和分析的内容。

习　　题

1. 结合具体的案例,简述系统分析方法解决问题的思路和步骤。

2. 关于系统分析的定义以及系统分析在系统工程中包含的工作流程有 3 种说法,请说出这 3 种关于系统分析的定义及其特点。

3. 假设要制造一架飞机,请围绕其实施开展系统目标分析。

4. 简述系统可行性分析的 3 种主要分析内容和一般步骤。

5. 假设准备建立一个航空发动机制造总装中心,请围绕其进行系统可行性分析。

6. 2020 年初,新型冠状病毒感染的肺炎疫情相继在世界各地爆发。请围绕"新冠肺炎在世界各地迅速传播"这一结果,开展主次因素分析。

7. 调查有关 2011 年福岛核电站事故发生的原因,综合运用各种因果分析方法,对该事故发生的原因进行分析。

8. 针对习题图 5.1 所示的故障树,计算顶事件"电机过热"的发生概率。

9. 某设备有三种运行级别(L_1、L_2、L_3)和相应三种预防性维修方式(M_1、M_2、M_3),不同运行级别下相应的维修方式所预期节省的维修性费用(单位:千元)如习题表 5.1 所列。如果该设备运行级别发生的概率未知,应采取何种最佳维修方式?如果三种运行级别发生的概率分别为 $P_1=0.3$,$P_2=0.25$,$P_3=0.45$,又应采取何种最佳维修方式?

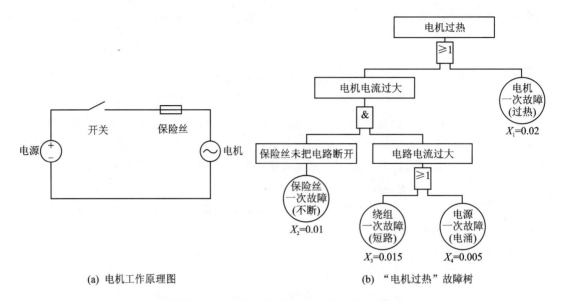

(a) 电机工作原理图　　　　　　　　(b) "电机过热"故障树

习题图 5.1　电机工作原理及"电机过热"故障树

习题表 5.1　预期节省的费用

千元

维修方式	运行级别		
	L_1	L_2	L_3
M_1	10	20	30
M_2	22	26	26
M_3	40	30	15

10. 查阅资料,请运用合适的统计分析方法,对未来 5 年我国的民用客机市场需求进行分析。

第6章 系统建模方法

在前面讲到系统分析时,我们发现系统分析的实质是在系统模型的基础上来比较系统方案的差异和优劣。也就是说,系统模型是系统分析的基础,前提是对系统问题有一定的认识和理解。随着系统复杂性的提升,对系统进行理解、分析和研究的难度加大,研究人员逐渐重视对现实系统的抽象和综合,而系统建模正是对系统进行抽象的过程。模型是相对于实体(现实问题或我们要研究的系统)而言的,实体是一切客观存在的事物及其运动形态的统称。模型是对实体的抽象,具体而言是对实体的特征要素、相关信息和变化规律的表征和抽象。模型可以是有形的,也可以是无形的;可以是具体的,也可以是抽象的。一般来讲,模型只是用于反映实体的主要本质(实体的主要构成要素、要素之间的联系、实体和环境之间的信息交换等),而不是其全部。在某种程度上,模型可以代替实体,通过对模型的研究,便于掌握实体的本质。模型的建立是科学和艺术的结合,建立模型不仅需要科学理论和工程技术知识,也需要实践经验和技巧,尤其是数学模型。

6.1 模型的概念

模型是对现实世界的描述和抽象。由于模型要描述现实世界,因此它必须反映实际;又因为它的抽象特征,模型又应高于实际。一个模型应同时兼顾现实性和易处理性:考虑到现实性,模型必须包含现实系统中的主要因素;考虑到易处理性,模型需要运用一些理想化的办法,即去掉一些外在的影响并对一些过程作合理的简化。只有这样,模型才能够便于研究人员对现实进行描述。

6.1.1 模型与建模

模型(model)是对系统的近似描述而并非系统本身,是对系统中需要进行研究的、特定的特征(即所关心的特征)的描述和抽象。任何系统都有多个层次和多种特征,因此完全能反映出系统的全部特征和运动规律的东西只能是系统本身而非模型。所以,系统模型只是对系统的一种近似描述,我们不可能得到一个与系统完全一样的模型。可以说,模型的本质是通过利用模型与实体或原型之间某方面的相似关系,用模型来代替实体或原型,从而通过对模型的研究得到关于实体或原型的某些信息。这种相似关系是指二者不论其自身结构如何不同,其某些属性是相似的。

建模(modeling)是根据不同研究目的对系统建立相应模型的过程,目的是对被模型化的系统进行分析、优化、仿真、预测,进一步作出某种决策或控制。模型只是了解和研究系统的手段和工具。所以,建模的目的不同,模型的形式也不同。即使同一系统的模型,由于建模的目的不同,其模型形式和参数也可以是不同的。对实际系统而言,模型只是根据一定研究目的对系统的抽象。因此,建模就是通过适当的简化,用合适的规则把系统描绘出来。就人们最想研究的系统特征而言,模型更优于系统,它能更深刻、集中地反映客观事物的主要特征和规律。

人类对系统的认识不是一次建立的,同时考虑到系统及其所处的环境都存在着一定的不确定性,因此为了提高模型自身的适应能力,需要根据系统和模型的偏差不断修正和完善模型,所以建模是一个反复建立的过程。

另外,如果要求模型越精确,则构造出的模型也就越复杂,也即是构造模型存在着精确性与复杂性的矛盾。过于简单的模型往往会不具有足够的系统特征而不足取;相反,如果建立一个过于精细和复杂的模型,则不但会使建模及后续研究工作量急剧增加,而且会因为对建模所需的数据提出不切合实际的要求而增加建模难度。此外,这样的模型通常不能反映系统内部的主要特征,且难以理解和分析。因此,模型应该在满足功能要求的前提下尽可能地简单,在精确性和复杂性之间达到平衡。

最后,模型是在确定系统目标、明确系统约束条件及研究环境等基础上建立的,所以在建模过程中需要认真研究影响系统的因素。通常将影响系统的因素分为以下几类:第一类是在模型中可以忽略不计的因素;第二类是对模型起作用但不属于模型描述范围的因素,这类因素为影响系统外部环境因素,在模型中可视为外生变量(exogenous variables),或者叫参数和输入变量(input variables),或者叫自变量(independent variables);第三类则是模型需要研究的因素,这类因素是描述模型行为的因素,叫内生变量(endogenous variables),或者叫输出变量(output variables),或者叫因变量(dependent variables)。另外,还可以根据输入变量是否可控,将变量划分为控制变量(决策变量)和干扰变量。在利用模型对系统进行研究时,通常通过改变控制变量来对系统进行分析和优化。

6.1.2　建模的原则

我们所面临的系统是各种各样的,对不同领域中的系统进行研究时,根据不同的研究目的需要建立的模型也是多种多样的,但是不管在什么应用领域建立什么样的模型,都必须遵循以下的原则:

- 现实性。建模的目的是抽象现实系统和改进现实系统,所以模型必须立足于现实系统进行抽象,否则建立模型是没有意义的。
- 准确性。一方面指模型中所使用的包含各种变量和数据的信息要准确,因为这些信息是求解模型和研究模型的依据;另一方面模型在一定程度上要能准确反映系统的本质规律。
- 简化性。模型的表达方式应明确和简单,变量的选择不能过于繁琐,模型的逻辑结构不宜过于复杂。对于复杂的实际系统,若建立的模型也很复杂,则会导致构造和求解模型的费用太大,甚至由于因素太多,模型难以控制和操纵,这也就失去了建模的意义。
- 实用性。模型必须能便于研究人员进行处理和计算,要努力使模型标准化、规范化;同时,可以尽量采用已有的模型,这样既可以节省时间和精力,又可以节约建模费用。
- 迭代性。人们对事物的认识总是一个由浅入深的迭代过程,建模也是一样。刚开始建模时可以先构建系统的初步模型,然后逐步对模型进行细化,最后达到一定的精确度。

总之,模型具有经济、方便、快速和可重复的特点,使得人们可以对实际系统某些不允许或难以进行试验的系统(如社会系统、经济系统或风险较高的系统)进行模拟和试验研究,快速显示它们在各种条件下的变化过程,并且可以经济、安全和重复进行。同时,模型的本质决定了它的应用局限性,模型不能代替对客观系统全部内容的研究,只有在和所研究的系统特征相配合时,模型的作用才能充分发挥。另外,由模型得到的研究结果必须再拿到现实中去检验。

6.1.3　模型的作用

建立模型的目的是根据系统研究目标,描述系统的主要构成要素、分析各个构成要素之间的联系、研究系统和环境之间的信息传递关系以及明确实现系统目标的约束条件等,即模型是为了系统分析所用。比如,在可靠性工程领域,为了分析系统故障,可以忽略系统其他方面,只关注系统的功能逻辑,通过研究系统组成单元之间的功能逻辑关系,从而建立系统可靠性的串联和并联模型,就可以用来分析不同的组成单元发生失效时系统的故障情况。

总之,模型在系统分析中的作用可概括为以下几点:

- 方便对系统的理解和认识。对于复杂系统而言,模型只是系统的抽象,通过对模型的学习,人们更容易掌握系统的主要构成和运行原理。所以,模型能够帮助人们认识和理解系统。而从另外一个角度讲,只有对系统进行充分的理解才能对系统进行正确的分析。
- 系统模型在整个系统分析过程中起到承上启下的作用。系统分析中系统目标的确立、历史信息的收集等都是为系统建模服务的,而系统建模的结果则为系统优化方案的构建以及方案选择提供了决策依据。
- 便于系统分析和验证。有些实体或原型很难通过直接试验进行相关特性和性质的测定,但所有系统都可以通过模型来对系统开展可靠和稳定的分析。
- 便于揭示系统的本质规律。建立系统模型后,通过模型参数的变化就可以显示系统的变化特点,从而便于研究人员研究系统的本质规律。

6.1.4　模型与试验

在设计或建造系统时,模型为获得真实的系统信息提供了一个方便、可行和经济的手段。在系统工程整个生命周期过程中,通常由于考虑到成本可能超过预算或工期超期,而使得研究人员无法对真实系统直接进行分析和评价。因此,在设计过程中需要运用模型或原型来进行相关试验以获取一定的信息,从而为设计过程提供相应的参考依据。具体的试验方法可以分为直接与间接试验,尤其是通过间接试验进行分析,我们也称之为仿真,在本书第9章会专门讲到系统仿真的方法。

1. 直接与间接试验

在直接试验中,对象、状态或事件、环境均受制于操作,其结果可以观察到。例如,一个飞机制造厂用这种方法可以进行设备重新布置,通过直接移动设备就可以观察到结果。这个过程可以重复,如移动第二次、第三次等,直到考虑到所有的逻辑备选方案。最终,其中一种设备布置方案被主观判断为最好,设备移动到了这个位置,试验完成。这种直接试验过程非常耗时,具有破坏性,而且昂贵。因此,可以用模型代替将要移动的设备进行仿真与间接试验。以飞机设计为例,直接试验是在飞机设计时将建造一个全尺寸的样机,以便在真实条件下测试飞行。虽然这是其中一个重要的步骤,但这一步往往造价昂贵,通常的步骤是为每一种计划的飞机配置建立一个原型样机,然后在风洞中进行测试。这就是间接试验或仿真的过程,它广泛用于直接试验经济上不可行的情况。

而在系统分析中,间接试验通过系统模型的构建及对系统变量的操作来进行研究。这使得在决策者的控制下,可以通过某些系统输入变量的变化来影响系统模型的输出结果。间接试验在不改变系统本身的情况下,使系统分析人员能够评价一个给定设计方案的可能结果。实际上,在系统分析和研究中,间接试验在不干扰决策人员控制的运作的前提下,为其提供了定量的信息。

2. 通过间接试验进行仿真

大多数设计与使用阶段的目标是优化有效性或性能度量。在极少数情况下,可以在系统研制过程中或系统形成之时,通过直接试验完成。此外,从给定系统的仿真模型中选择出一个最好的,并没有适用的理论支持,而是根据系统分析人员对系统本身的经验而定的。

系统工程中仿真的主要用途是在系统性能上探求备选系统的特性,而不是真的要生产和测试每一个备选系统。大多数所使用的模型适用于后面给出的模型分类,其中许多是数学模型。模型类型将取决于需要面对的问题。在某些情况下,简单的示意图是必要的,其他情况下数学或概率的表示也是必要的。在许多情况下,需要借助仿真或数字计算机对模型进行模拟仿真。关于仿真,我们在第 9 章中会专门讲到系统模型和仿真方法。

通常在大多数系统工程与分析中都需要用到多个模型。这些模型构成的层次结构可以从非常庞大的宏观结构扩展到细微的微观结构。在一个系统设计开始时,关于系统的知识是零碎的,随着进入到设计过程,知识会变得更加详细,因此建立的仿真模型也越来越详细。

6.2　模型的分类

前面我们讲到了模型的概念及其在系统工程中的作用,事实上,模型有很多种类,在系统工程中会有各种各样的模型分别起不同的作用。模型的分类方法也有很多种,这里按照模型的表现形式,将模型分为概念模型、物理模型、类比模型和数学模型。物理模型比较接近真实原型,类比模型的行为与原始的一样,数学模型用符号语言来表示正在研究的事物的原理。这几类模型已经被成功应用在系统工程与分析中。

6.2.1　概念模型

概念模型是通过人们的经验、知识和直觉形成的,这种模型往往最为抽象,它是在资料匮乏的情况下,凭空构想一些资料以建立初始模型,再逐渐扩展而成的。它们在形式上可以是思维的、字句的、语言的或描述的。当人们期望系统地描述或想象某一期望的系统时,就会用到这样的模型。

6.2.2　物理模型

物理模型主要是指系统分析人员为一定目的并根据相似原理构造的模型,它不仅可以显示原型的外形或某些特征,而且可以用来进行模拟实验,间接地研究原型的某些规律,如波浪水箱中的舰艇模型用来模拟波浪冲击下舰艇的航行性能,风洞中的飞机模型用来试验飞机在气流中的空气动力学特性;有些现象直接用原型研究非常困难,更可借助于这类模型,如地震模拟装置、核爆炸反应模拟设备等。构建物理模型应注意要验证原型与模型之间的相似关系,以确定模拟实验结果的可靠性。

另外,物理模型是所研究的系统的几何等价,或者是微缩模型、扩大模型,或者是相同规模的复制模型。这些模型都可以代表实际事物并用于演示。有一些物理模型会在仿真过程中使用到。航空工程师在风洞中会运用飞机模型来测试一种特定的尾翼设计;化学工程师会专门建立一个试验厂来测试一种新的化学过程,在全尺寸生产前要先确定作业难度;环境舱通常为需要测试的组件建立一个规定的工作条件。在飞机制造车间布局时使用的样板也是运用物理模型进行试验的一个例子:样板是机器设备按照比例模型的大小制作出的二维或三维的复制品,机器设备之间的距离关系也是等比例的,人们通过操作样板来得到最优化的车间布局。

在工程中,物理模型是与被建模对象几何特征相似,按照不同比例(或更大、或更小)描述实际的物体,常可得到实用上很有价值的结果,但也存在成本高、时间长、不灵活等缺点;优点是建立模型相对便宜,能够帮助工程人员更好、更快、更直接地理解实际系统。

6.2.3　类比模型

类比来源于希腊词语"analogia",意思是比例。这就解释了类比模型的概念,其重点就是相似度。从视觉的角度来看,类比通常是毫无意义的。类比模型在自然界中可以是物理性质的,例如电路可以被用来表示机械系统、液压系统甚至经济系统;类比计算机使用电子元件来模拟配电系统、化学过程和结构的动态加载过程。类比也可以用物理元素来表示,但是当类比过程比较抽象时,类比模型也可由符号表示。

类比模型可以描述一个局部的子系统,也可以几近完整地表示所研究的系统。与其他类型一样,这种模型也有其特定的不足之处。例如,在风洞中进行尾翼设计或许会在细节上完整,但在正在研究的性能上或许并不全面。风洞试验或许只能研究航空动力性能,但并不能研究组装件的结构、重量或者成本等特性。从这一点可以看出,类比模型更适合描述需要考虑的现实情况。

类比模型是一种针对现实世界中某一现象,即所谓"目标系统"进行抽象而成为更易于理解或分析的系统。所谓类比,即要比较模型和实际系统的作用相同,类比模型利用一组参数来表示实际系统的状态,类比的过程则是通过一个特定主体(目标系统)表示关于另一个特定主体(模拟或源系统)的信息的过程。一种简单的类比是基于两个系统之间的共享属性来完成的。类比模型也被称为"模拟"模型,因此寻求与目标系统共享属性的模拟系统作为表示世界的手段。构建比目标系统更小和/或更快的源系统通常是可行的,以便可以推断目标系统行为的先验知识。

6.2.4　数学模型

数学模型是指用字母、数字和各种数学符号来描述系统的模型,具体又可分为方程模型(如静态投入-产出模型)、概率统计模型(用已有数据按概率统计的方法建立的模型,如排队系统模型)、函数模型(如柯布-道格拉斯生产函数)和逻辑模型(用逻辑变量按逻辑运算法则建立的模型)等。

数学模型与其他模型一样,采用数学语言对系统进行说明与描述。尽管它的符号语言很难让人理解,但数学模型提供了高度的抽象与足够的精度。由于数学模型集成了逻辑,它可以依据既定的数学步骤来实施,几乎所有数学模型都是用来进行预测或控制的。在研究物理现象时,可以依靠制定的数学方法预测一些既定的成果,如波义尔定律、欧姆定律和牛顿运动定律等。数学模型可用于控制库存,如线性规划模型可以在一个多产品的过程中预测利润与产品不同生产数量间的联系。在质量控制方面,数学模型可以用于监控来自供应商的缺陷率,这种模型可以持续控制现实的状态。

数学模型在系统的研究应用上与传统物理模型的应用不同,主要有以下两方面。第一,由于所研究的系统通常涉及到社会与经济这两个因素,故这些模型必须用概率来解释随机现象。第二,用以解释现有的或计划中的作业而建立的数学模型会整合两类变量:一类是受决策者控制的变量,另一类是不直接受控制的变量。目标是选择可控变量的值,使一些有效的措施可以被优化。因此,这类模型对系统工程和系统分析大有裨益。后面会专门讲到数学模型的建立过程。

数学模型是现实中利用率最高的模型,这主要有以下几点原因:

- 数学模型是定量化的基础。在自然科学及工程技术领域,数量上精确与否直接关系到质量的优劣,其重要性自不待言;而社会科学领域中只凭主观和定性,主观或片面进行决策的后果更为严重。因此,定量化问题和决策质量的关系,已引起各方面的重视。
- 数学模型是科学试验的重要补充手段,是预测的重要工具。系统的活动,有的要耗费大量物资,花费很高代价才能取得成果;有的则很难做试验甚至不可能做试验。这时,只有依靠建立数学模型进行预测或模拟,才能经济方便地事先得知运行结果。
- 数学模型是现代管理科学的重要工具。世界上任何资源总是有限的,如何利用有限的资源取得最佳的经济效益,是组织和管理中最重要和最为人所关心的课题。数学模型在这方面有特殊的优越性,是其他类型的模型无法比拟的。

6.3　系统工程模型一般范式

系统工程是不断综合、分析和评价的过程,而系统工程中建模的目的则是为了对系统方案进行分析、评价和优化,以便做出决策。因此可以说,系统工程中的模型都是为了对系统进行决策和评价而建立的系统模型。在进行决策评价的过程中,往往需要建立系统评价模型,因此系统的决策评价模型可以说是对系统中各种因素和约束进行综合的一种系统模型。下面,通过 Blanchard 在《系统工程与分析》一书中给出的系统决策评价模型,来看看系统工程模型的一般范式。

系统决策评价模型的通用形式如下式所示,形式上是评价度量 E 的函数。E 是可控决策变量 X 与决策者无法直接控制的系统参数 Y 的函数,它用于在给出已知系统参数的情况下对决策变量进行分析,运用模型对决策变量进行数学化的间接试验以得出 E 的优化值。这一函数关系式如下:

$$E = f(X, Y) \tag{6.1}$$

以无约束情况下的库存评价函数为例,为某型号设备的备件库存管理确定一个最优采购量。这里,评价度量是成本,目标是选择一个采购量,考虑需求、采购成本以及库存成本以使总成本最小。采购量是决策者可以直接控制的变量,而需求、采购成本和库存成本则不直接受其控制。决策者运用优化函数对其可控的成本元素进行冲突权衡,从而得到一个优化值。

上述系统决策评价函数不仅可以用于系统使用阶段给定系统参数来对决策变量进行分析和优化,还可以扩展到设计阶段的方案决策中,包含从独立设计或决策的系统参数 Y_i 中识别

与分离出非独立设计或决策的系统参数 Y_d。此时,式(6.1)的函数形式可以定义为

$$E = f(X, Y_d, Y_i) \tag{6.2}$$

以该形式的决策评价函数为例,考虑设计并建立一个采购与库存系统,从多种资源中挑选可用的资源来满足项目需求。决策变量是采购等级和采购量。所考虑的每种资源,都存在一组与资源相关的参数,分别是单位成本、每次采购的成本、补货率和采购备货期。不可控的(与资源独立的)系统参数包括需求率、每个阶段的单位持有成本和缺货成本。优化目标是确定采购等级和采购量,并选择使整个系统成本最小的采购资源。

再来看另外一个例子,针对某维修设备单元的决策评价,考虑到维修设备单元的人力部署应满足需求,定义三种决策变量为:部署单元数量、提供的维修通道数量和单元退役时间。可控(非独立设计)系统参数包括可靠性、维修性、能源效率和设计周期。不可控(设计独立)系统参数包括能源成本、资金的时间价值和满足需求的操作单元不足时所需的惩罚资金。由于可控参数是非独立设计,目标是开发面对决策变量的设计方案,因此这样的设计方案会最大程度地减小系统总成本。

非独立参数设计方法有助于在系统设计方案中进行全面的生命周期评价,涉及到从优化空间(代表设计变量)中分离出系统设计空间(代表非独立设计参数)。术语定义如下:

- 非独立设计参数(Y_d)。其值受设计者控制,在开发过程中受专业学科的影响。非独立设计参数集的每一个实例都代表了一个不同的候选系统或设计方案,因为这些参数约束了设计空间。可靠性、可生产性、维修性、吞吐量等都属于非独立设计参数。
- 独立设计参数(Y_i)。其值不受设计者控制,但影响所有候选系统或设计方案的效率,可以显著地变更相关的"好"的地方或可取性。劳动力价格、原料成本、能源成本、通货膨胀和利益因素等都属于独立设计参数。
- 设计变量(X)。它用于定义设计优化空间。每个候选系统在与其他备选方案作比较之前,都应进行设计变量优化。这种方法可以保证备选方案的等价性。

式(6.1)和式(6.2)的使用时机和角色在系统分析与设计评价中各有不同。根据本书第4章中介绍的系统生命周期过程大致划分为设计和使用过程,如图 6.1 所示,在整个系统工程过程中,需要使用不同的系统模型来评价和度量。式(6.1)适用于已经优化过的使用过程,而式(6.2)则用于在非独立设计参数的基础上进行互斥设计方案的选择。设计决策与使用决策

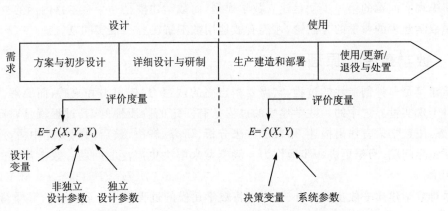

图 6.1　设计与使用过程中的系统评价模型

中的模型是对所研究的系统的一种抽象。如同所有抽象一样，模型有几种假设，包括系统使用属性的假设、人们行为的假设，以及环境特点的假设等。当模型运用于设计和使用阶段的决策中时，必须完全理解这些假设并对其进行评价。

6.4　系统工程中的数学模型

数学模型已经成为众多工程领域中最常用的模型。经济学家经常讨论一个国家的宏观经济数学模型或某一经济行为特定的数学模型；航空航天等企业的管理人员经常研究用于生产过程自动控制的数学模型；在企业管理、电力工程、环境与人口等领域，为了得到定量化的规律，也离不开数学模型；同样，在系统工程中数学模型的应用也比较频繁。那么，究竟什么是数学模型呢？

6.4.1　数学模型的概念

以解决某个现实问题为目的，从该问题中抽象、归结出来的数学问题就称为数学模型。较著名的数学模型定义是本德(E. A. Bender)给出的，他认为，数学模型是关于部分现实世界为一定目的而作的抽象、简化的数学结构。简而言之，可以认为数学模型是用数学术语对部分现实世界的描述。

在现实世界中经常会遇到这样的问题，需要揭示某些数量的关系、模式或空间形式，数学就是解决这种问题的工具。数量规律和空间形式往往隐藏在各种繁芜纷杂的现象背后，要用数学去解决现实问题必须去粗取精、去伪存真，从各种现象中抽象出数学问题来。既然数学模型是为解决现实问题而建立起来的，它必须反映现实，也就是反映现实问题的数量方面。然而既然是一种模型，它就不可能是现实问题的一种完全复制，它忽略了现实问题的许多与研究目的无关的因素，有时还忽略了一些次要的数量因素，作了必要的简化，从而它在本质上更加集中地反映现实问题的数量规律，使抽象所得的数学问题可以用适当的方法进行求解。

构造数学模型不是易事，建立一个好的数学模型通常需要经过多次反复，即通过对现实问题的深入研究，经简化、抽象，建立初步的数学模型，再通过各种检验和评价发现模型的不足之处，然后作出改进，得到新的模型，这样的过程通常要重复多次才能得到理想的模型。用数学工具去解决现实问题的第一步就是建立数学模型，而数学建模是一个有丰富内涵的复杂过程，必须掌握数学建模的科学的方法论，才能有效地用数学解决各类现实问题。

6.4.2　数学建模的原理

数学建模是一种创造性的过程，它需要相当高的观察力、想象力和灵感，而要解决的问题都是来自于现实世界之中的。数学建模的过程是有一定的阶段性的，其过程就是对问题进行分析、提炼，用数学语言作出描述，用数学方法分析、研究、解决，最后回到实际中去，应用于解决和解释实际问题，乃至更进一步地作为一般模型来解决更广泛的问题。数学建模的过程如图6.2所示。

根据对数学建模一般步骤的分析，可以将数学建模的过程分为表述、演绎、解释、验证几个阶段，并且通过这些阶段完成从现实对象到数学模型，再从数学模型回到现实对象的循环。

- 表述是将现实问题"翻译"成抽象的数学问题，用的主要方法是归纳法。

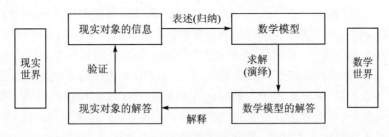

图 6.2　数学建模原理图

- 演绎是按照普遍原理考察特定对象，推导出结论。因为任何事物的本质都要通过现象来反映，必然要透过偶然来揭示必然，所以正确的归纳不是主观、盲目的，而是有客观基础的，但也往往是不精细的、主观性的，不易直接检验其正确性。演绎利用严格的逻辑推理，对解释现象、作出科学预见具有重要意义，但是它要以归纳的结论作为公理化形式的前提，只能在这个前提下保证其正确性。因此，归纳和演绎是辩证统一的过程：归纳是演绎的基础，演绎是归纳的指导。

- 解释是把数学模型的解答"翻译"回到现实对象，给出分析、预报、决策或者控制的结果。同时，作为这个过程的重要一环，这些结果需要用实际的信息加以验证。一方面，数学模型是将现象加以归纳、抽象的产物，它源于现实，又高于现实；另一方面，只有当数学建模的结果经受住现实对象的检验时，才可以用来指导实际，完成实践—理论—实践这一循环。

- 验证是用现实对象的信息检验得到的解答。

数学建模的发展虽然还存在很大的不足，但是也存在广阔的应用前景。在数学学科的教学上，大学的数学教学只重视讲授数学知识和方法，而忽略了培养训练从现实问题中建立数学模型的能力。于是，当人们面临当今世界如此众多的需要用数学解决的问题时就显得束手无策了。从 20 世纪 60 年代起，愈来愈多的数学教育工作者意识到这一问题，陆续开设了数学模型课程。现在，许多国家已将这门课程作为大学生学习应用数学的必修课程，还作为其他学科利用数学解决各自问题的大学课程。在科学研究上，为各类应用问题探索更为有效的数学模型或者在新的领域中建立数学模型，也愈来愈受到重视，这往往还能促进发展新的应用数学理论与方法。

而针对系统工程中的数学建模，从航空航天工程、集成电路、生产流水线、电力传输系统、电话网络系统到空间站的稳定性等都会遇到系统的控制问题，建立这些系统的数学模型是十分重要的。系统的数学模型往往是十分复杂的，描述系统的能力也在不断提高。现有系统的数学模型大致经历了从确定到随机、从连续到离散、从线性到非线性、从解析到仿真、从简单到复杂的演进过程，但是目前已有的这些数学模型仍有待于进一步改进和完善，新的数学方法用于建立新的系统数学模型也有待研究。

6.4.3　数学建模的方法与步骤

数学建模面临的实际问题是多种多样的，建模的目的不同、分析的方法不同、采用的数学工具不同，所得模型的类型也不同，我们不能指望归纳出若干条准则以及适用于一切实际问题的数学建模方法。下面的数学建模方法不是针对具体问题而是从方法论的意义上讲的。

一般来说,数学建模方法大体上可分为机理分析和测试分析两种。机理分析是根据对客观事物特性的认识,找出反映内部机理的数量规律,建立的模型常有明确的物理或现实意义。测试分析将研究对象看作一个"黑箱"系统(意思是它的内部机理看不清楚),通过对系统输入、输出数据的测量和统计分析,按照一定的准则找出与数据拟合得最好的模型。面对一个实际问题用哪一种方法建模,主要取决于人们对研究对象的了解程度和建模目的。如果掌握了一些内部机理的知识,模型也要求具有反映内在特征的物理意义,建模就应以机理分析为主。而如果对象的内部规律基本上不清楚,模型也不需要反映内部特性(例如仅用于对输出作预报),那么就可以用测试分析。

对于许多实际问题还常常将两种方法结合起来建模,即用机理分析建立模型的结构,用测试分析确定模型的参数。机理分析当然要针对具体问题来做,不可能有统一的方法,因而主要是通过实例研究来学习。测试分析有一套完整的数学方法,以动态系统为主的测试分析称为动态测试分析,它已经形成一门专门学科广泛用于不同领域的系统建模。我们这里所说的数学建模主要指机理分析。

综上所述,数学建模要经过哪些步骤并没有一定的模式,通常与问题的性质、建模的目的等有关。下面介绍的是用机理分析方法建模的一般过程。数学建模的步骤如图 6.3 所示,给出了从模型准备到模型应用的一般过程。事实上,这一数学建模过程,也完全遵循系统工程方法论,尤其是霍尔方法论中的逻辑维或者软系统方法论(具体可参见本书第 3 章)。由此可以看出,运用数学模型去分析和解决实际问题,其本质就是一个系统工程过程。

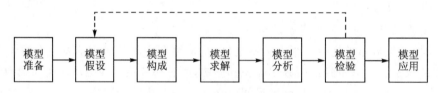

图 6.3　数学建模步骤示意图

1. 模型准备

了解问题的实际背景,明确建模的目的,收集必要的信息如现象、数据等,尽量弄清对象的主要特征,形成一个比较清晰的"问题",由此初步确定用哪一类模型,情况明确才能确保建模方法正确。在模型准备阶段要深入调查研究,全面向各种实际工作者请教,尽量收集和掌握第一手资料。

数学建模的问题,通常都是来自于各个领域的实际问题,没有固定的方法和标准的答案,因而既不可能明确给出该用什么方法,也不会给出恰到好处的条件,有些时候所给出的问题本身就是含糊不清的。因此,数学建模的第一步就应该是对问题所给的条件和数据进行分析,明确要解决的问题。或者,可以参考类似问题以往的解决方法和思路,从而得到借鉴来建立新的数学模型。通过对问题的分析,明确问题中所给出的信息、要完成的任务和所要做的工作、可能用到的知识和方法、问题的特点和限制条件、重点和难点、开展工作的程序和步骤等;同时,还要明确问题所给条件和数据在解决问题中的意义和作用,本质的和非本质的、必要的和非必要的因素等。可以在建模的过程中,适当地对已有的条件和数据进行必要的简化或修改,也可以适当地补充一些必要的条件和数据。

2. 模型假设

根据对象的特征和建模的目的,抓住问题的本质,忽略次要因素,作出必要的、合理的简化假设。这对于建模的成败是非常重要和困难的一步。假设作得不合理或太简单,会导致过于简单甚至错误的或无用的模型;假设作得过分详细,试图把复杂对象的众多因素都考虑进去,会使系统分析人员很难或无法继续下一步的工作,常常需要在合理与简化之间作出恰当的权衡。通常,作假设的依据,一是出于对问题内在规律的认识,二是来自对现象、数据的分析,以及二者的综合。想象力、洞察力、判断力以及经验,在模型假设中起着重要作用,直接决定了数学模型的好坏。

实际建模过程中,根据问题的实际意义,在明确建模问题的基础上对所研究的问题进行必要的、合理的简化,用准确简练的语言给出表述,即模型的假设,这是数学建模的重要一步。合理假设在数学建模中除了起着简化问题的作用外,还对模型的求解方法和使用范围起着限定作用。模型假设的合理性问题是评价一个模型优劣的重要条件之一,也是模型建立成功的关键所在,假设做得过于简单,或过于详细,都可能使得模型建立得不成功。为此,实际中要作出合适的假设,需要一定的经验和探索,有时候需要在建模的过程中对已作的假设进行不断的补充和修改。

3. 模型构成

根据所作的假设,用数学的语言、符号描述对象的内在规律,建立包含常量、变量等的数学模型,如优化模型、微分方程模型、差分方程模型等。这里除了需要一些相关学科的专门知识外,还常常需要较为丰富的应用数学方面的知识。要善于发挥想象力,注意使用类比法,分析对象与熟悉的其他对象的共性,借用已有的模型。建模时还应遵循的一个原则是:尽量采用简单的数学工具。因为所建立的数学模型总是希望更多的人了解和使用,而不是只有少数专家才能理解。

另外,在构建模型的同时,要明确建模的目的,因为对于同一个实际问题,出于不同的目的所建立的数学模型可能会有所不同。在通常情况下,建模的目的可以是描述或解释现实世界的现象;也可以是预报一个事件是否会发生,或未来的发展趋势;也可以是为了优化管理、决策或控制等。如果是为了描述或解释现实世界,则一般可采用机理分析的方法去研究事物的内在规律;如果是为预测或预报,则常常可以采用概率统计、优化理论或模拟计算等有关的建模方法;如果是为了优化管理、决策或控制等目的,则除了有效地利用上述方法之外,还需要合理地引入一些量化的评价指标以及评价方法。对于实际中的一个复杂的问题,往往是要综合运用多种不同方法和不同学科的知识来建立数学模型,才能很好地解决这个问题。在明确建模目的的基础上,在合理的假设之下,就可以完成建立模型的任务,这是数学建模工作建立模型结构时的一个最重要的环节。根据所给的条件和数据,建立起问题中相关变量或因素之间的数学规律,可以是数学表达式、图形和表格,或者是一个算法等,都是数学模型的表示形式,这些形式有时可以相互转换。

4. 模型求解

不同数学模型的求解方法一般是不同的,通常涉及不同数学分支的专门知识和方法,这就要求我们除了熟练地掌握一些数学知识和方法外,还应具备在必要时针对实际问题学习新知识的能力;同时,还应具备熟练的计算机操作能力,熟练掌握一门编程语言和一两个数学工具软件包的使用。不同的数学模型求解的难易程度是不同的,一般情况下,对较简单的问题,应力求普遍性;对较复杂的问题,可用从特殊到一般的求解思路来完成。可以采用解方程、画图形、优化方法、数值计算、统计分析等各种数学方法,特别是数学软件和计算机技术。

5. 模型分析

对求解结果进行数学上的分析,如结果的误差分析、统计分析、模型对数据的灵敏性分析、对假设的强健性分析等,对于所求出的解,必须要对解的实际意义进行分析,即模型的解在实际问题中说明了什么、效果怎样、模型的适用范围如何等。同时,还要进行必要的误差分析和灵敏度分析等。由于数学模型是在一定的假设下建立的,利用计算机的近似求解,其结果产生一定的误差也是必然的。通常意义下的误差主要来自于由模型的假设引起的误差、近似求解方法产生的误差、计算机产生的舍入误差和问题数据本身的误差。实际上,对这些误差很难准确地给出定量估计,往往是针对某些主要的参数做相应的灵敏度分析,即当一个参数有很小的扰动时,对结果的影响是否也很小,由此可以确定相应参数的误差允许范围。

6. 模型检验

把求解和分析结果翻译回到实际问题,与实际的现象、数据比较,检验模型的合理性和适用性。如果结果与实际不符,问题常常出在模型假设上,则应该修改、补充假设,重新建模,这一步对于判定模型是否真的有用非常关键,要以严肃认真的态度对待。有些模型要经过几次反复,不断完善,直到检验结果获得某种程度上的满意为止。

7. 模型应用

应用的方式与问题的性质、建模的目的及最终的结果有关,一般不属于本书讨论的范围。应当指出,并不是所有问题的建模都要经过这些步骤,有时各步骤之间的界限也不那么分明,建模时不要拘泥于形式上的按部就班,本章习题中对不同的问题应采取灵活的数学模型形式。

6.4.4 常见的数学模型

数学模型通常由关系与变量组成:关系可用算符描述,例如代数算符、函数、微分算符等;变量则是关注的可量化的系统参数的抽象形式;算符可以与变量相结合发挥作用,也可以不与变量结合。下面根据不同的分类原则,介绍几种常见的数学模型分类。

- 不同应用领域中的数学模型:可靠性模型、人口模型、交通模型、环境模型、生态模型、城镇规划模型、水资源模型、污染模型等。若范畴更大一些,则形成许多边缘学科,如生物数学、医学数学、地质数学、数量经济学、数学社会学等。
- 不同数学方法的数学模型:初等模型、线性模型、随机模型、几何模型、微分方程模型、统计回归模型、数学规划模型等。
- 不同表现特性的数学模型:取决于是否考虑随机因素的影响,可以分为确定性模型和随机性模型;取决于是否考虑时间因素引起的变化,可以分为静态模型和动态模型;取决于模型的基本关系,可以分为线性模型和非线性模型;根据模型中的变量(主要是时间变量)为离散还是连续,可以分为离散模型和连续模型。
- 不同建模目的的数学模型:描述模型、预报模型、优化模型、决策模型、控制模型等。
- 不同模型结构了解程度的数学模型:白箱模型、灰箱模型、黑箱模型。这是把研究对象比喻成一只箱子里的机关,要通过建模来揭示它的奥妙。白箱主要包括用力学、热学、电学等一些机理相当清楚的学科描述的现象以及相应的工程技术问题,这方面的模型大多已经基本确定,还需深入研究的主要是优化设计和控制等问题。灰箱主要指生态、气象、经济、交通等领域中机理尚不十分清楚的现象,在建立和改善模型方面都还不同程度地有许多工作要做。至于黑箱则主要指生命科学和社会科学等领域中一些机理(数量关系方面)很不清楚的现象。有些工程技术问题虽然主要基于物理、化学原理,但由于因素众多、关系复杂和观测困难等原因也常作为灰箱或黑箱模型处理。当然,白、灰、黑之间并没有明显的界限,而且随着科学技术的发展,箱子的"颜色"必然是逐渐由暗变亮的。

6.5　本章小结

建立模型是分析、研究系统的核心内容。系统模型化是对系统进行考察与研究,以便掌握其发展变化规律的最容易、最方便的方法。模型是源于现实系统,而又高于现实系统的以人类思维研究系统的外在表现形式。我们接触最多的是数学模型。利用建模方法解决实际问题,首先是用数学语言表述问题即构造模型,其次才是用数学工具求解构成的模型。在数学建模过程中,用数学语言表述问题,包括模型假设、模型构造等,除了要有广博的知识(包括数学知识和各种实际知识)和足够的经验之外,特别需要丰富的想象力和敏锐的洞察力。

事实上,在整个系统工程实施过程中,模型起着非常关键的作用,从理解用户需求,到对系统进行分析、设计和优化,系统工程师需要用到各式各样的模型。将系统化地运用模型来解决系统工程问题作为一种方法论来对整个系统工程进行研究,则形成了一种新的系统工程方法——基于模型的系统工程(MBSE)。国际系统工程学会(INCOSE)对其定义是:MBSE是建模方法的形式化应用,以使建模方法支持系统要求、设计、分析、验证和确认等活动,这些活动从概念性设计阶段开始,持续贯穿到设计开发以及后来的所有生命周期阶段。在 MBSE中使用的模型不限于数学模型,而是在需求、分析、设计、制造、试验等各个阶段系统化地运用各种模型。目前 MBSE 已经在系统工程的方法、技术和工具等方方面面发生了深刻变革。对于 MBSE,大家可以参看 INCOSE 的相关技术报告。

习　　题

1. 简述系统建模在系统分析中的作用,以及不同类型的系统模型的特点。

2. 结合具体的案例,说明建立数学模型的目的,以及怎样应用数学模型。

3. 在规定的条件和规定的时间内,产品完成规定功能的概率为 R(可靠度),产品的寿命单位总数与故障总次数之比为 MTBF(平均故障间隔时间),产品的故障总数与寿命单位之比为 λ(故障率),当产品寿命服从指数分布时,试给出可靠度 R 与 MTBF 和 λ 之间关系的数学模型。

4. 利用数学中随机事件与概率理论,建立可靠性串联模型和并联模型的数学模型。

5. 2015 年某国汽车产量为 600 万辆,当时的年增长率为 11%。用指数增长模型计算什么时候该国汽车产量达到 1 200 万辆。2020 年汽车产量为 1 800 万辆,年增长率为 2%,用指数增长模型预测什么时候产量会翻一番。你对用同样的模型得到的两个结果有什么看法?

6. 试根据习题表 6.1 中某国 2012—2020 年的汽车产量资料,分别建立指数增长模型及阻滞增长模型,并对以后的产量情况进行预测。

习题表 6.1 2012—2020 年的汽车产量

年　份	2012	2013	2014	2015	2016	2017	2018	2019	2020
汽车产量/万辆	5 399	6 066	6 450	6 648	6 922	7 326	7 052	6 179	7 770

7. 4 辆装甲车过桥,每次只能容 2 辆车经过,甲、乙、丙、丁 4 车,甲过桥最快需 1 分钟,乙需 2 分钟,丙需 5 分钟,丁最慢需 10 分钟,每次两两一同过桥,问:如何组合才能以最短的时间悉数过桥?

8. 一枚运载火箭需要 4 个主发动机中的 3 个正常工作,才可以保证火箭到达预定轨道。如果每个发动机的可靠度是 0.97,建立运载火箭发动机的可靠性模型,并计算运载火箭到达预定轨道的可靠度。

9. 某车间有 5 台机器,每台机器的连续运转时间服从负指数分布,平均连续运转时间为 15 分钟。有一个修理工,每次修理时间服从负指数分布,平均每次修理 12 分钟。采用排队模型对平均停工时间和平均等待修理时间进行建模和分析。

第7章　系统优化方法

系统工程的核心内涵之一就是要为实现系统的目标寻求最优或满意的解。对系统进行优化就是要在给定的约束条件下实现系统目标最优的过程。最优化的思想在我们的日常生活中常常有体现,就是所谓"把要做的事情尽量做好"。最优化的概念,体现的是人们在工程活动中从性能、经济或效益等角度对系统的一种考虑,即要在现有条件的限制下尽可能地以最低的消耗实现最大的效果。最优化便是将实现目标过程中的变量、目标、约束,用第6章中数学建模的方法进行表示,并通过有效的量化方法求解目标的最优解和最优解对应的资源配置。最优化的思想最早可追溯至公元前500年,包括微分、无约束优化理论和约束优化理论等,称为经典优化理论;在第二次世界大战前后又发展出了近代最优化方法,包括求解线性规划问题的单纯型法、非线性规划求解方法、动态规划等。在航空航天领域,系统优化方法更被广泛地应用到产品参数设计、可靠性分配和优化等工作中。本章将对优化问题的基本概念、几种常见的优化方法和近代优化方法进行介绍。

7.1　系统工程中的优化问题

优化问题贯穿了系统工程中的各个环节。以武器装备系统工程过程为例,在系统论证阶段,进行装备战术技术参数和使用要求的确定,确定保障资源的约束条件,对战备完好主导因素(费用/人力)进行分析,这些作为系统工程中优化问题的约束条件;在工程研制与定型阶段,从前面确定的约束条件出发,确定保障方案和相应的保障资源要求,保障资源的研制与获取,属于优化问题中的建立目标函数并求解的过程;在生产与部署阶段,系统工程活动提供保障资源和现场保障服务,做好向系统使用方过渡的准备工作,维修和后勤资源的规划,这些属于优化问题中的求解过程;使用、退役阶段,建立正常的使用与维修制度,保障资源的后续供应,使用与保障数据的收集,使用阶段保障计划的完善,保障资源的退役处理等,也同样面对多方案的选优问题。

7.1.1　系统工程的优化模型

参考第4章中对系统工程生命周期过程的论述,可以将系统工程的生命周期分为两大阶段:以系统的交付为界,交付之前为系统的方案、设计和制造阶段,交付以后为系统的使用、保障和退役阶段。交付之前,系统尚未定型,系统的设计参数可变,会影响系统的最终效益;交付以后,系统一旦定型,系统的设计参数随之确定,只能通过使用和保障参数影响系统的效益。在第6章我们介绍了系统工程中模型的一般范式,其目的是使用系统模型来对系统方案进行演绎,从而对系统进行评价和方案选择,而系统工程又是一门以研究如何使系统达到整体最优的方法性科学,系统优化的前提是对系统方案的优劣进行评价,因此,系统模型的作用就在于为系统评价和优化提供支持,在系统工程中建立模型的最终目的也是为了实现对系统的优化。系统工程中,系统模型的一般范式也是对系统进行优化的模型,可以按照设计、使用阶段分为

两类,用以下公式描述:

在设计阶段:

$$E = f(X, X_d, Y_i) \tag{7.1}$$

在使用阶段:

$$E = f(X, Y_i) \tag{7.2}$$

式中,E 为系统的评价测量值,是用于评估系统好坏的度量,一般情况下,根据系统具有多个不同的目标,可以有多个 E 及其对应的 f;X 为决策变量,包含系统构成和保障方案的一组决策变量,决定了最优化的方案;Y_d 为系统中依赖于设计的参数,即设计人员可控的参数,通常在设计过程中由一些特殊规律所决定,如可靠性、维修性要求等;Y_i 为系统中独立于设计的参数,即设计人员不可控的参数,但通常会影响备选方案的效能,如系统环境、材料成本、能源成本、通货膨胀率、利率等。上述两个式子表明,系统的效能取决于系统中的参数,选取什么样的参数,系统所处的经济、技术环境如何,决定了系统能达到的最终效果。随着系统生命周期的推进,可供调整和修改的系统参数越来越少,系统面临的不确定因素越来越多,系统的改进和提升成本逐渐提高。

7.1.2　优化问题的一般形式

通过以上系统工程中的优化模型,我们发现要对系统进行优化的前提是建立起系统的测量评估值和决策变量与系统参数之间的函数关系,这种关系通常在一定条件下成立,并在有限条件下达到最优。因此,尽管系统工程中优化问题具有各式各样的约束和目标,但系统工程中的优化问题一般由三个要素组成:决策变量、限制条件和目标准则。决策变量是系统中可以进行调整的参数,也是求解优化问题时要确定的值,决策变量可以只有一个,也可以有多个;限制条件是允许决策变量变动的范围,描述了优化问题在决策中的限制条件,优化问题中常常对部分决策变量或全部决策变量提出一定的约束;目标准则是将优化的目标用准确的函数表达出来,描述出要优化的系统评价指标,也就是系统工程优化模型中的评价测量值。在优化问题的构造过程中,根据目标的选择,可能出现多个目标函数,应该参考 7.3.3 小节中目标规划的方法将多个目标函数转换成一个由偏差及其优先因子构成的目标函数,依然按照单目标优化的方法进行处理。优化问题的一般表达形式如下:

$$\begin{cases} \min(\text{或 } \max)z = f(x) \\ \text{subject to:} \ ax \leqslant b \end{cases} \tag{7.3}$$

式中,z 是目标函数,也就是系统工程模型中的评价度量 E,是为了对系统从特定角度进行评价和优化的指标(如成本、重量、效能等);x 是决策变量组成的向量,也是对系统评价度量 E 有影响的且可以通过决策而直接确定的变量;通过求解优化问题,就可以调整决策变量的取值,从而使目标函数达到期望的最优;a 是系数矩阵,b 是常量矩阵,它们共同构成决策变量取值范围的约束关系,也称为解空间。

7.2　经典优化理论

传统的系统优化方法是以代数为基础的,适用于连续、确定的各类系统,我们称之为经典优化理论。本节将介绍经典优化理论中的基本概念。

7.2.1　微分、偏微分与梯度

微分是为了分析函数图像在某处(及某方向上)的变化率而产生的数学概念。函数在某点处的切线斜率即为函数在该处的微分。微分的定义是:设函数 $y=f(x)$ 在 x 的邻域内有定义,并且 x 和 $x+\Delta x$ 在此区间内,则函数从 x 到 $x+\Delta x$ 的增量 $\Delta y=f(x+\Delta x)-f(x)$ 可表示为 $\Delta y=A\Delta x+o(\Delta x)$,其中 A 是不依赖于 Δx 的常数,而 $o(\Delta x)$ 是 Δx 的高阶无穷小,那么称函数 $f(x)$ 在点 x 处是可微的,且 $A\Delta x$ 称作函数在点 x 相应于自变量增量 Δx 的微分,记作 $\mathrm{d}y$,即 $\mathrm{d}y = A\Delta x$。

对函数进行微分,不仅局限于一元函数,在多元函数中也可以对其中一个自变量进行微分,称为偏微分。多元函数的偏微分是函数在其他变量不变的情形下,对某一个变量的微分。在几何意义上,偏微分表示函数在多维空间中沿某个变量的正方向的变化率。

梯度则是与偏微分联系紧密的一个概念。函数的梯度是一个向量,表示函数在多维空间的某点处能取得最大变化率的方向,函数的导数沿着该方向取得最大值。利用多元函数梯度的求法,可以解决多元函数的极值、最值问题。

7.2.2　无约束优化理论

无约束优化是没有约束条件的优化问题。无约束优化方法求解的不仅是无约束优化问题,而且许多约束优化问题的解决,常常是先将其转化为无约束优化问题,再用无约束优化问题的解法求解原问题的最优解。因此无约束优化方法的研究给约束优化方法建立了明确的概念并提供了良好的基础。在系统工程领域,无约束优化方法和理论被广泛运用于投资、全生命周期成本问题、装备经济寿命问题、采购和库存问题等。无约束优化方法的理论研究开展得比较早,已经形成了许多成熟的方法。这里介绍无约束优化的解析法和迭代法。

1. 解析法

(1) 单变量的解析法

对于单变量函数,通常是采用求导的方法来对函数求最值进行优化。对于无约束单变量优化问题而言,函数取得最值的点即是优化问题的最优解。对于单变量函数 $f(x)$,对其进行优化需要求函数的所有驻点,并对每个驻点进行判断和比较。其基本步骤如下:

步骤 1:令 $\dfrac{\mathrm{d}f(x)}{\mathrm{d}x}=0$,求出函数的所有驻点;

步骤 2:将各个驻点代入 $\dfrac{\mathrm{d}^2f(x)}{\mathrm{d}x^2}$,若 $\dfrac{\mathrm{d}^2f(x)}{\mathrm{d}x^2}>0$ 则为极小值点,若 $\dfrac{\mathrm{d}^2f(x)}{\mathrm{d}x^2}<0$ 则为极大值点。

在步骤 2 中,若 $\dfrac{\mathrm{d}^2f(x)}{\mathrm{d}x^2}\Big|_{x=x^*}=0$,则继续求函数的高阶导,当出现第一个 $\dfrac{\mathrm{d}^nf(x)}{\mathrm{d}x^n}\Big|_{x=x^*}\neq 0$ 时:

① 如果 n 为奇数,则 x^* 为拐点;

② 如果 n 为偶数,则 x^* 为极点,当 $\dfrac{\mathrm{d}^nf(x)}{\mathrm{d}x^n}\Big|_{x=x^*}>0$ 时 x^* 为极小值点,当 $\dfrac{\mathrm{d}^nf(x)}{\mathrm{d}x^n}\Big|_{x=x^*}<0$ 时 x^* 为极大值点。

（2）多变量的解析法

对于多变量函数，由于其函数值受到多个变量的影响，因此其求解过程需要考虑函数随多个变量的变化率，即要对各个变量的偏导数进行考察。事实上，多变量函数求最值需要用到函数的二阶偏导。由德国数学家 Hesse 最早提出的海森矩阵提供了解无约束多变量优化问题的通用解析方法，其基本步骤如下：

步骤 1：函数 $f(x)(x=x_1,x_2,\cdots,x_n)$，令梯度 $\nabla f(x^*)=\left[\dfrac{\partial f(x)}{\partial x_1},\dfrac{\partial f(x)}{\partial x_2},\cdots,\right.$

$\left.\dfrac{\partial f(x)}{\partial x_n}\right]\Big|_{x=x^*}=\mathbf{0}$ 求得该组的驻点 x^*。对于同一个函数 $f(x)$，其驻点可能有多个。

步骤 2：将 x^* 代入海森矩阵

$$H(x^*)=\begin{bmatrix}\dfrac{\partial^2 f(x^*)}{\partial x_1^2} & \dfrac{\partial^2 f(x^*)}{\partial x_1\partial x_2} & \cdots & \dfrac{\partial^2 f(x*)}{\partial x_1\partial x_n}\\[2mm]\dfrac{\partial^2 f(x^*)}{\partial x_2\partial x_1} & \dfrac{\partial^2 f(x^*)}{\partial x_2^2} & \cdots & \dfrac{\partial^2 f(x^*)}{\partial x_2\partial x_n}\\[1mm]\vdots & \vdots & \ddots & \vdots\\[1mm]\dfrac{\partial^2 f(x^*)}{\partial x_n\partial x_1} & \dfrac{\partial^2 f(x^*)}{\partial x_n\partial x_2} & \cdots & \dfrac{\partial^2 f(x^*)}{\partial x_n^2}\end{bmatrix} \tag{7.4}$$

若 $H(x^*)$ 正定，则 x^* 为极小值点；若 $H(x^*)$ 负定，则 x^* 为极大值点；若 $H(x^*)$ 不定，则 x^* 不为极值点。

2. 迭代法

通过解析法可以直接求出目标函数的极值和极值点，这种方法适合于决策变量个数较少的优化问题。但是，在未知数的个数较多的情况下，求 n 元方程的解（特别是非线性情况）比较困难，而对于不可微函数，更谈不上使用微分解析的方法。在优化问题的实际应用中，使用更多的是迭代法。

迭代法解无约束优化问题的基本思想是：首先给出一个初始点 $X^{(0)}$，按照某种规则构造一个更符合目标准则的点 $X^{(1)}$，然后基于 $X^{(1)}$ 使用该规则再构造一个更好的点 $X^{(2)}$……，这样可以得到一个优化问题的解的序列 $\{X^{(k)}\}$。如果该序列有一个极限值 X^*，则称序列 $\{X(k)\}$ 收敛于 X^*：

$$\lim_{k\to\infty}\|X^{(k)}-X^*\|=0 \tag{7.5}$$

显然，此序列收敛于函数最优解。

若优化问题的目标准则是希望目标函数值尽可能小，则所产生的点的序列是使目标函数逐步减小的，则算法称为下降算法。常用的下降算法包括：线性搜索法、最速下降法、共轭梯度法、Newton 法及其改进、拟 Newton 法、非线性最小二乘拟合法。下面重点介绍其中应用最为广泛的最速下降法。

最速下降法又称梯度法，最早由数学家柯西提出。最速下降法是求解最优化问题的迭代法中最古老的一种，实际上其他的下降算法都是它的发展，因此，通常认为梯度算法是其他最优方法的基础。使用梯度法的前提是目标函数一阶连续可微。在此基础上，最速下降法的基本思想是：从当前点 x_k 出发，取函数 $f(x)$ 在点 x_k 处的梯度方向作为最优解的迭代方向。由

$f(x)$的 Taylor 展开式可知：

$$f(x^k) - f(x^k + tp^k) = -t \, \nabla f(x^k)^T p^k + o(\|tp^k\|) \tag{7.6}$$

略去式中 t 的高阶无穷小项不计，当 $p^k = -\nabla f(x^k)$ 时，函数值下降最快。于是，我们可以构造出最速下降法的迭代步骤。

求解无约束问题的最速下降法计算步骤如下：

步骤 1：选取初始点 x_0，给定终止误差 ε，即当两次迭代的函数值之间的差小于一定值时，令 $k=0$；

步骤 2：计算 $\nabla f(x^k)$，若 $\|\nabla f(x^k)\| < \varepsilon$，停止迭代，输出 x^k，否则进行步骤 3；

步骤 3：取 $p^k = -\nabla f(x^k)$；

步骤 4：进行一维搜索，求 t_k，使得

$$f(x^k + t_k p^k) = \min_{t \geq 0} f(x^k + tp^k)$$

令 $x^{k+1} = x^k + t^k p^k$，$k \leftarrow k+1$，转到步骤 2。

其中，最优步长 t_k 由下式给出：

$$f(x^{k+1}) = f[x^k - t_k \, \nabla f(x^k)] = \min_{t \geq 0} f[x^k - t \, \nabla f(x^k)]$$

通过以上计算步骤可知，最速下降法迭代终止时的自变量值，就是目标函数一个驻点的近似值。

7.2.3 约束优化理论

与无约束优化问题相对应，约束优化问题是有约束条件的优化问题，是在自变量满足一定约束条件的情况下使目标函数最大或最小化的问题。这些约束条件包括等式约束和不等式约束。

对约束优化问题的研究，主要起源于以下两点：① 大多数的实际问题是包含约束条件的，无约束优化往往不能代表大多数优化问题的实际情况；② 很多难以处理的问题需要添加一定的约束条件以简化求解过程。这使得约束优化问题非常具有理论挑战性。

约束优化问题的具体形式如下：

$$\begin{cases} \min z = f(x) \\ \text{s. t.} \begin{cases} \boldsymbol{a}_1 \boldsymbol{x} \leqslant \boldsymbol{b}_1 \\ \boldsymbol{a}_2 \boldsymbol{x} = \boldsymbol{b}_2 \end{cases} \end{cases} \tag{7.7}$$

式中，$\boldsymbol{x}$ 是解向量，$\boldsymbol{a}_1 \boldsymbol{x} \leqslant \boldsymbol{b}_1$ 是不等式约束，$\boldsymbol{a}_2 \boldsymbol{x} = \boldsymbol{b}_2$ 是等式约束。

约束优化问题的最优解有两种可能的情况：最优解出现在可行域的内部，或出现在可行域的边界（即约束边界上）。其中，当最优解出现在约束边界上时，又有可能会出现在两个约束构成的约束边界的交点上，这些约束是等式约束，或是不等式约束，导致求解的方法可能有所不同。约束优化问题一般采用迭代法的思想来进行求解，而根据约束条件的性质，约束优化问题的迭代算法可以用于线性约束问题和非线性约束问题，分别有不同的求解工具。对于线性约束优化问题，求解法包括可行方向法、有效集方法、二次规划和内点法；而非线性约束优化问题的解法则包括罚函数法、拉格朗日乘子法和有效集方法。下面重点介绍用于求解等式约束优化问题的拉格朗日乘子法和用于求解不等式约束优化问题的有效集方法。

1. 拉格朗日乘子法

拉格朗日乘子法用于解等式下约束的优化问题。设有如下的等式约束优化问题：

$$\begin{cases} \min f(\boldsymbol{x}) = \dfrac{1}{2}\boldsymbol{x}^r\boldsymbol{H}\boldsymbol{x} + c\boldsymbol{x} \\ \text{s. t. } \boldsymbol{A}\boldsymbol{x} = \boldsymbol{b}, \quad j \in J_i \end{cases} \tag{7.8}$$

用解条件极值问题的乘子法构造拉格朗日函数

$$L(\boldsymbol{x},\lambda) = \frac{1}{2}\boldsymbol{x}^r\boldsymbol{H}\boldsymbol{x} + c\boldsymbol{x} + \lambda(\boldsymbol{A}\boldsymbol{x} - \boldsymbol{b}), \quad \lambda \in \mathbf{R}^m \tag{7.9}$$

令 $L(\boldsymbol{x},\lambda)$ 对 $\boldsymbol{x}$ 和 λ 的导数为零,得方程组

$$\begin{cases} \boldsymbol{H}\boldsymbol{x} + \boldsymbol{c} + \boldsymbol{A}\lambda = \boldsymbol{0} \\ \boldsymbol{A}\boldsymbol{x} - \boldsymbol{b} = \boldsymbol{0} \end{cases} \tag{7.10}$$

可以解出 $\boldsymbol{x}$ 和 λ,$\boldsymbol{x}$ 即为最优解。

2. 有效集方法

有效集方法是一种求解具有不等式约束的二次规划问题的方法。其基本思想是,忽略约束中不起作用的部分,将剩余的对优化结果有作用的约束均以等式约束来处理,最终通过解一系列等式约束的二次规划来实现优化。

对于以下的不等式约束规划:

$$\begin{cases} \min f(\boldsymbol{x}) = \dfrac{1}{2}\boldsymbol{x}^r\boldsymbol{H}\boldsymbol{x} + c\boldsymbol{x} \\ \text{s. t. } \boldsymbol{A}\boldsymbol{x} \leqslant \boldsymbol{b}, \quad j \in J_i \end{cases} \tag{7.11}$$

若有 $\boldsymbol{x}^*$ 是此不等式约束规划的最优解,则 $\boldsymbol{x}^*$ 也是等式约束规划

$$\begin{cases} \min f(\boldsymbol{x}) = \dfrac{1}{2}\boldsymbol{x}^r\boldsymbol{H}\boldsymbol{x} + c\boldsymbol{x} \\ \text{s. t. } a_j\boldsymbol{x} = b_i, \quad j \in J_i \end{cases} \tag{7.12}$$

的最优解。其中 a_j 是 $\boldsymbol{A}$ 的第 j 行,J_i 为对结果有影响的约束的集合。若满足:① 此 $\boldsymbol{x}^*$ 是不等式约束规划的可行解;② 此 $\boldsymbol{x}^*$ 是等式约束规划的 KKT 点;③ 此 $\boldsymbol{x}^*$ 相应的乘子 $\lambda_i \geqslant 0$,则此 $\boldsymbol{x}^*$ 是不等式约束规划的最优解。

像许多数值算法一样,有效集方法仍是一种迭代法,基本步骤如下:

① 设当前迭代点为 x_k,该点的有效集记作 $j \in J_i$,为寻求 x_k 点的迭代方向 d,用乘子法求解

$$\begin{cases} \min f(\boldsymbol{x}) = \dfrac{1}{2}(x_i + d)^r H(x_i + d) + c(x_i + d) \\ \text{s. t. } a_j d = 0, \quad j \in J_i \end{cases} \tag{7.13}$$

得 d_i,(λ_i),$j \in J_i$,若 $d_i = 0$,则 x_i 是式(7.11)的最优解。要使得它为式(7.12)的最优解,需使其对应的乘子满足 $(\lambda_i)_i \geqslant 0$,$j \in J_i$。若成立,则 x_k 是 KKT 点,x_k 即为式(7.13)的最优解。

② 若 $d_i \neq 0$,取 $x_{i+1} = x_i + \alpha d_i$,在 x_{i+1} 为可行点的条件下确定 d_i 方向的步长 α,如果存在 $p \notin J_i$ 使 $a_0 x_{i+1} = b_0$,则 p 应加入有效集,$j_{i+1} = J_i \cup (p)$,继续进行。

③ 若存在 $q \in J_i$ 使 $(\lambda_i)_0 < 0$,则 $x^{(k)}$ 不是最优解,有效集应去掉 q,$j_{i+1} = J_i/(p)$,继续进行,直到满足①中符合最优解成立的条件。

7.3　几种常见的优化方法

在系统工程中,针对不同的具体应用问题,有很多常见的优化方法,它们构成了单独一门学科,即运筹学。运筹学与信息论、控制论一起构成了系统工程的学科基础。其中,运筹学包括了规划论、决策论、排队论、对策论、图论等。下面对运筹学中常用的优化方法,也就是规划论进行介绍。

7.3.1　线性规划

线性规划(Linear Programming,LP),是指约束和目标都是线性的优化问题。线性规划是研究较早的一种优化方法,发展出了成熟、通用的求解方法。线性规划问题的一般形式如下:

$$\begin{cases} \min z = c_1 x_1 + c_2 x_2 + \cdots + c_n x_n \\ \text{s.t.} \begin{cases} a_{11}x_1 + a_{12}x_2 + \cdots + a_{1n}x_n \leqslant (=)b_1 \\ a_{21}x_1 + a_{22}x_2 + \cdots + a_{2n}x_n \leqslant (=)b_2 \\ \quad\quad\quad\quad\quad\vdots \\ a_{m1}x_1 + a_{m2}x_2 + \cdots + a_{mn}x_n \leqslant (=)b_m \end{cases} \end{cases} \quad (7.14)$$

可以发现此线性规划问题包含 n 个决策变量、m 个线性约束条件。在实际解决线性规划问题时,通常要增加松弛变量和剩余变量,以得到线性规划问题的标准型:

$$\begin{cases} \min z = c_1 x_1 + c_2 x_2 + \cdots + c_n x_n \\ \text{s.t.} \begin{cases} a_{11}x_1 + a_{12}x_2 + \cdots + a_{1n}x_n = b_1 \\ a_{21}x_1 + a_{22}x_2 + \cdots + a_{2n}x_n = b_2 \\ \quad\quad\quad\quad\quad\vdots \\ a_{m1}x_1 + a_{m2}x_2 + \cdots + a_{mn}x_n = b_m \\ x_i, x_j, \cdots, x_k \geqslant 0 \end{cases} \end{cases} \quad (7.15)$$

标准型的转化方法是,当约束条件中为“$\leqslant$”时,加入一个松弛变量,把该约束转化为标准形式,同时要求引入的松弛变量大于 0;当约束条件中为“$\geqslant$”时,减去一个松弛变量,将约束转变为标准形式。为了使标准形式易于被计算机理解和处理,以及便于用线性代数的方法加以求解,标准形式还可以进一步表示为矩阵形式,即

$$\begin{cases} \min \boldsymbol{cX} \\ \text{s.t.}\ \boldsymbol{AX} = \boldsymbol{b} \end{cases} \quad (7.16)$$

式中,

$$\boldsymbol{A} = \begin{bmatrix} a_{11} & \cdots & a_{1n} \\ \vdots & \ddots & \vdots \\ a_{m1} & \cdots & a_{mn} \end{bmatrix}$$

$$\boldsymbol{X} = [x_1, \cdots, x_n]^{\mathrm{T}}$$

$$\boldsymbol{b} = [b_1, \cdots, b_n]^{\mathrm{T}}$$

例如,对如下的线性规划问题:

$$\begin{cases} \max z = 2x_1 + 3x_2 + 4x_3 \\ \text{s. t.} \begin{cases} x_1 + 3x_2 \leqslant 12 \\ x_1 - 2x_3 \geqslant 2 \\ x_2 + 3x_3 = 9 \\ x_1, x_2, x_3 \geqslant 0 \end{cases} \end{cases} \quad (7.17)$$

对于第一个"$\leqslant$"约束,引入松弛变量 x_4;对于第二个"$\geqslant$"约束,引入剩余变量 x_5,并增加约束 x_4、x_5 大于零,从而得到标准型:

$$\begin{cases} \min z = -2x_1 - 3x_2 - 4x_3 \\ \text{s. t.} \begin{cases} x_1 + 3x_2 + x_4 = 12 \\ x_1 - 2x_3 - x_5 = 2 \\ x_2 + 3x_3 = 9 \\ x_1, x_2, x_3, x_4, x_5 \geqslant 0 \end{cases} \end{cases} \quad (7.18)$$

式(7.18)也可以表示为矩阵形式:

$$\begin{cases} \min \boldsymbol{cX} \\ \text{s. t. } \boldsymbol{AX} = \boldsymbol{b} \end{cases} \quad (7.19)$$

式中,

$$\boldsymbol{c} = [-2, -3, -4]$$

$$\boldsymbol{A} = \begin{bmatrix} 1 & 3 & 0 & 1 & 0 \\ 1 & 0 & -2 & 0 & -1 \\ 0 & 1 & 3 & 0 & 0 \end{bmatrix}$$

$$\boldsymbol{b} = [12, 2, 9]^{\mathrm{T}}$$

通过上面的步骤,已经将线性规划转换成标准型,这是求解线性规划问题的第一步。在转换为标准型之后,将进入具体的求解过程。求解线性规划的方法有很多,包括图解法、单纯形法、对偶线性规划等。下面介绍图解法和单纯形法。

1. 图解法

图解法是求解线性规划最直观、最基础的方法,适用于具有两个决策变量的线性规划问题。图解法的步骤有三个:① 建立平面直角坐标系;② 将约束条件用图形表达出来,作出可行域;③ 图示目标函数并寻求最优解。下面通过一个例子来对图解法的步骤进行介绍。

例 7.1:用图解法求解线性规划。

$$\begin{cases} \min f(\boldsymbol{x}) = -x_1 - 2x_2 \\ \text{s. t.} \begin{cases} -x_1 + 2x_2 \leqslant 4 \\ 3x_1 + 2x_2 \leqslant 12 \\ x_1, x_2 \geqslant 0 \end{cases} \end{cases}$$

解:绘出可行域 D,绘出目标函数的等值线,如图 7.1 所示。确定目标函数的下降方向为 $-\nabla f(\boldsymbol{x}) = [1, 2]^{\mathrm{T}}$,其方向就是如图所示

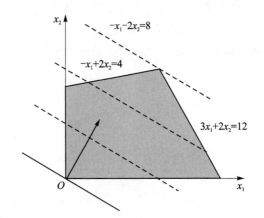

图 7.1　例 7.1 的可行域

的箭头所指的方向。

沿目标函数等值线的垂直方向移动等值线,直到达到可行域的边缘,得到等值线与可行域相交的点 M（2，3），此时该等值线的解析式为 $-x_1-2x_2=8$，得到目标函数的值 $f(x)=-8$。

2. 单纯形法

求解线性规划的另外一种常用方法是单纯形法。图解法具有清晰、直观的优点,但只能对具有两个决策变量的线性规划问题进行求解。求解多个决策变量的线性规划问题,需要采用单纯形法。

对于线性规划存在以下基本定理:若线性规划有有限个最优解,则必可在其可行域的顶点处取得。在前面的图解法中,这种思想已经有所体现。从这个定理出发,单纯形法的基本思想是,从线性规划可行域的某一个顶点出发,沿着使目标函数值最优的方向寻求下一个顶点,直到找到最优解为止。由于线性规划问题的顶点的个数是有限的,所以线性规划的最优解必定可以通过有限次的迭代而解出。因此,单纯形法的本质是一种迭代方法。

根据上述单纯形法的基本思路,下面给出求解线性规划的计算步骤。

步骤 1:求初始基本可行解,构造初始单纯形表。

对于线性规划,在其标准形式及矩阵形式的基础上,还可以根据其系数矩阵 A 把约束条件中的决策向量划分为两个部分,即 B 和 N,如下所示:

$$\begin{cases} \min f(x)=c_B^T x_B+c_N^T x_N \\ \text{s. t.} \begin{cases} Bx_B+Nx_N=b \\ x_B\geqslant 0, \quad x_N\geqslant 0 \end{cases} \end{cases} \tag{7.20}$$

式中,B 是可逆矩阵,可作为此线性规划的基(base)。根据线性规划的目标函数和约束条件中所提供的信息,可以构成以下的矩阵:

$$\begin{bmatrix} B^{-1}A & B^{-1}b \\ c_B^T B^{-1}A-c^T & c_B^T B^{-1}b \end{bmatrix} \tag{7.21}$$

式中,$x^0=\begin{bmatrix} B^{-1}b \\ 0 \end{bmatrix}$ 是式（7.21）的一个基本可行解;$c_B^T B^{-1}A-c^T$ 的分量是判别数（或检验数）;$c_B^T B^{-1}b=f(x^0)$ 是对应于基本可行解 x^0 的目标函数值。上述矩阵就称为线性规划问题的初始单纯形表。

特别地,如果基 $B=I$ 是单位矩阵,则初始单纯形表化为

$$\begin{bmatrix} A & b \\ c_I^T A-c^T & c_I^T b \end{bmatrix} \tag{7.22}$$

如果将 A 用 $[I,N]$ 表示,则上式又可变为

$$\begin{bmatrix} I & N & b \\ 0^T & \sigma_N & f_0 \end{bmatrix} \tag{7.23}$$

式中,

$$0^T=[0,\cdots,0]$$
$$\sigma_N^T=[\sigma_{m+1},\cdots,\sigma_n]$$
$$x^0=[b_1,b_2,\cdots,b_m,0,\cdots,0]^T$$
$$f_0=f(x^0=c_I^T b)$$

相应的初始单纯形表的形式见表 7.1。

表 7.1　单纯形法的初始单纯形表

	c_i		c_N	c_B	θ_i
c_B	基变量	b	x_N	x_B	
c_B	x_B	$B^{-1}b$	$B^{-1}N$	$B^{-1}B$	
	σ_j	$-c_B B^{-1}b$	$c_N-c_B B^{-1}N$	0	

表 7.1 或式(7.23)记录着以下信息：

① 等式约束 $Ax=b$ 的有关数据；

② 各列向量的判别数 $\sigma_j(j=1,2,\cdots,n)$；

③ 初始基本可行解 $x^0=[b_1,b_2,\cdots,b_m,0,\cdots,0]^T$；

④ 对应于 x^0 的目标函数值 f_0。

步骤 2：最优性检验。

如果初始单纯形表中所有判别数 $\sigma_j\leqslant0$，且基变量中不含人工变量，则表中的基本可行解即为最优解，迭代结束。当表中存在 $\sigma_j>0$ 时，如果有 $P_j\leqslant0$，则线性规划无最优解，计算结束；否则，转入下一步。

步骤 3：换基运算得到新的单纯形表。

在初始单纯形表上对线性规划做如下的换基运算，得到新的单纯形表：

$$\begin{cases} a'_{kj}=\dfrac{a_{kj}}{a_{kl}} & (j=1,2,\cdots,n) \\[2mm] a'_{ij}=a_{ij}-\dfrac{a_{kj}}{a_{kl}}a_{il} & (i=1,2,\cdots,m,i\neq k,j=1,2,\cdots,n) \\[2mm] b'_k=\dfrac{b_k}{a_{kl}} \\[2mm] b'_i=b_i-\dfrac{b_k}{a_{kl}}a_{il} & (i=1,2,\cdots,m,i\neq k) \end{cases} \tag{7.24}$$

① σ'_j 为换基运算后新单纯形表中 P_j 的判别数；

② f' 为新的基本可行解

$$x^1=[b'_1,\cdots,b'_{k-1},0,b'_{k+1},\cdots,b'_m,0,\cdots,0,b'_k,0,\cdots,0]^T$$

所对应的目标函数值。

步骤 4：重复步骤 2 和步骤 3，直到计算结束为止。

下面通过一个例子来介绍单纯形法的求解步骤。

例 7.2：求解线性规划。

$$\begin{cases} \max z=2x_1+3x_2-3x_3+2x_5 \\ \text{s. t.} \begin{cases} x_1+2x_2+x_3=8 \\ 4x_1+x_4=16 \\ 4x_2+x_5=12 \\ x_j\geqslant0 \quad (j=1,2,\cdots,5) \end{cases} \end{cases}$$

解：取松弛变量 x_3、x_4、x_5 为基变量，对应的单位矩阵为基，得到初始可行解 $x^{(0)}=$

$(0,0,8,16,12)$,因此,初始单纯形表如表 7.2 所列。

表 7.2　初始单纯形表

c_B	基变量	b	x_1	x_2	x_3	x_4	x_5	θ_i
	c_j		2	3	0	0	0	
0	x_3	8	1	2	1	0	0	4
0	x_4	16	4	0	0	1	0	—
0	x_5	12	0	4	0	0	1	3
	c_j-z_j		2	3	0	0	0	

由表 7.2 中的非基变量检验数:

$$\sigma_1=c_1-z_1=2-(0\times1+0\times4+0\times0)=2$$
$$\sigma_2=c_2-z_2=3-(0\times2+0\times0+0\times4)=3$$

可知,检验数大于 0,且有 P_1、P_2 正分量存在,则计算 θ。

由于 $\max(\sigma_1,\sigma_2)=3$,对应的 x_2 为换入变量,计算 $\theta=\min\left(\frac{b_i}{a_{i2}}\middle|a_{i2}>0\right)=\min\left(\frac{8}{2},-,\right.$
$\left.\frac{12}{4}\right)=3$,则其所在行对应的 x_5 为换出变量。以[4]为主元进行旋转运算,使 P_2 变换为 $(0,0,1)^T$,在 x_B 列中用 x_2 替换 x_5,且 c_B 列中用 c_2 替换 c_5,得到新的单纯形表,如表 7.3 所列。

表 7.3　新的单纯形表

c_B	基变量	b	x_1	x_2	x_3	x_4	x_5	θ_i
	c_j		2	3	0	0	0	
0	x_3	2	[1]	0	1	0	$-1/2$	2
0	x_4	16	4	0	0	1	0	4
3	x_2	3	0	1	0	0	1/4	—
	c_j-z_j		2	0	0	0	$-3/4$	

新的基可行解 $x^{(1)}=(0,3,2,16,0)$,目标函数值 $z=9$。由于 $c_1-z_1=2$,x_1 应为换入变量。重复上面的计算步骤两次,得到最终的单纯形表,如表 7.4 所列。

表 7.4　最终的单纯形表

c_B	基变量	b	x_1	x_2	x_3	x_4	x_5	θ_i
	c_j		2	3	0	0	0	
2	x_1	4	1	0	0	1/4	0	
0	x_5	4	0	0	-2	1/2	1	
3	x_2	2	0	1	1/2	$-1/8$	0	
	c_j-z_j		0	0	$-3/2$	$-1/8$	0	

可见所有的检验数都已经为负或者零,得到最优解 $x^* = x^{(3)} = (4, 2, 0, 0, 4)$,目标函数最优值为

$$z^* = 22$$

7.3.2 整数规划

与线性规划问题相比,有些线性规划问题的不同之处在于其部分或全部的决策变量被限定为整数,因此也被称为整数线性规划(Integer Linear Programming, ILP),简称整数规划。在现实生活中,整数规划的问题似乎更为常见,比如,当规划问题中的决策变量是飞机生产架数、起飞架次数、电路的通断、逻辑运算中的是与非等,均属于整数规划问题的范畴。对于整数规划,还存在着一些特殊形式,比如:如果决策变量要求只能取 0 或 1,此时的整数规划即为 0-1 整数规划,或者在分配 n 项任务给 n 个不同的人时,此类整数规划问题称为指派问题。对于 0-1 整数规划和指派问题有专门的算法进行求解。下面对基本的整数规划的主要求解方法进行介绍。

1. 整数规划的数学模型

整数规划的基本数学模型即是在线性规划的基础上增加了决策变量需为整数的条件。与整数规划的原问题相对的概念叫作松弛问题,即将决策变量为整数的条件删除,由余下的目标函数和约束条件构成的规划问题。显然,整数规划的松弛问题是线性规划问题,整数规划问题的形式如下:

$$\begin{cases} \min(\text{或 } \max) z = \sum_{j=1}^{n} c_j x_j \\ \text{s. t.} \begin{cases} \sum_{j=1}^{n} a_{ij} x_j = (\text{或} \geqslant, \leqslant) b_i & (i = 1, 2, \cdots, m) \\ x_j \geqslant 0 & (j = 1, 2, \cdots, n) \text{且部分或全部为整数} \end{cases} \end{cases} \tag{7.25}$$

其对应的松弛问题则为

$$\begin{cases} \min(\text{或 } \max) z = \sum_{j=1}^{n} c_j x_j \\ \text{s. t.} \begin{cases} \sum_{j=1}^{n} a_{ij} x_j = (\text{或} \geqslant, \leqslant) b_i & (i = 1, 2, \cdots, m) \\ x_j \geqslant 0 & (j = 1, 2, \cdots, n) \end{cases} \end{cases} \tag{7.26}$$

整数规划问题可以分为以下几种类型:

① 纯整数规划:全部决策变量都必须取整数的整数规划;

② 0-1 型整数规划:决策变量只能取 0 或 1 的整数规划;

③ 混合型整数规划:有且只有部分决策变量必须取整数值的整数规划。

整数规划及其松弛问题的解由于其限制条件的不同而有所不同,但其两者之间具有一定的联系。整数规划的松弛问题继承了整数规划的目标函数和约束条件,但由于其不考虑决策变量只能为整数,因此作为一个线性规划问题,其可行解的集合是一个凸集,其任意两个可行解的凸组合仍为可行解。整数规划的任意两个可行解的凸组合不一定满足整数约束条件,因而不一定为可行解。另外,整数规划问题的可行解一定是其对应的松弛问题的可行解,但松弛

问题的可行解不一定是原问题的可行解,因此整数规划问题最优解的目标函数值不会优于其对应的松弛问题最优解的目标函数值。

在很多情况下,整数规划对应的松弛问题的最优解不是整数。仅在极少数情况下,松弛问题的可行解可能恰好满足原问题的整数条件,成为整数规划的最优解,但通常不能用松弛问题的最优解作为整数规划的最优解。一种容易想到的思路是,为满足整数解的要求,似乎可以把从松弛问题解出的非整数解朝着约束允许的方向化为整数,从而获得整数规划的最优解。但是,这种方法是不可行的,下面的例子证明了这种方法存在的问题。

例 7.3:求解整数规划。

$$\begin{cases} \max z = x_1 + x_2 \\ \text{s. t.} \begin{cases} 14x_1 + 9x_2 \leqslant 51 \\ -6x_1 + 3x_2 \leqslant 1 \\ x_1, x_2 \geqslant 0 \text{ 且为整数} \end{cases} \end{cases} \xrightarrow{\text{对应的松弛问题}} \begin{cases} \max z = x_1 + x_2 \\ \text{s. t.} \begin{cases} 14x_1 + 9x_2 \leqslant 51 \\ -6x_1 + 3x_2 \leqslant 1 \\ x_1, x_2 \geqslant 0 \end{cases} \end{cases}$$

解:① 用图解法求出松弛问题的最优解:$x_1 = 3/2$,$x_2 = 10/3$,且有 $z = 29/6$。

② 求整数解(最优解):如果用舍入取整法可以得到 4 个点,即

$$A(1,3)、B(2,3)、C(1,4)、D(2,4)$$

但是,从图 7.2 中可以看出,它们都不是整数规划的可行解,更不是最优解。

③ 整数规划实际上是在其松弛问题的基础上增加整数约束的规划问题,因此其可行解一定在松弛问题的可行域上,且为整数点,所以整数规划问题的可行解集内只有有限个解,其中 $(2,2)$ 和 $(3,1)$ 两点的目标函数值最大,即 $z = 4$。

由这个例子可以看出,通过解整数规划问题的松弛问题的最优解并简单"化整"的方法来求解原整数规划问题,并不能保证得到原整数线性规划的最优解,甚至不是可行解。因此,我们可以总结出整数规划问题的解的以下几个主要特征:

① 最优点不一定在顶点处取得。

② 最优解不一定是松弛问题最优解的邻近整数解。

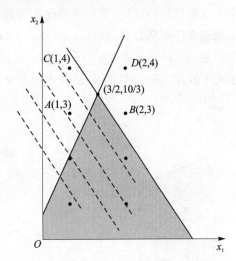

图 7.2 例 7.3 的可行域和解的情况

③ 整数可行解远多于定点数,不能采用枚举法。

④ 整数规划的可行解一定是其松弛问题的可行解,反之不一定。若松弛问题的最优解同时满足了原问题的整数约束条件,则它也是原整数规划的最优解。

求解整数规划问题的方法主要有分支定界法和割平面法。以下对应用最为广泛的分支定界法进行介绍。

2. 求解整数规划的分支定界法

分支定界法由两位学者 Ailsa Land 与 Alison Doig 于 1960 年提出,后来成为了一种针对

离散和组合优化问题以及数学优化的算法设计的范例。整数规划问题由于可行解的组合可能有很多组，通过枚举的求解方法比较困难，而分支定界法的策略是对可行域"分而治之"，将原问题的伴随规划问题的可行域以整数为界，分割成一些小的集合；然后在较小的集合上求解目标函数的最优值，并将结果集成在一起生成原问题的最优解。在求解较小集合对应的子问题时，又可以继续采用分而治之的策略进行分析，直到求出的最优解符合整数条件。

基于以上思想，分支定界法的基本原理是：整数优化问题是在一个解的搜索树上进行搜索而求得的，原问题可以看作这棵搜索树的根节点，从根节点出发判断每个得到的新解是否满足整数约束，而分支就是当根节点的解不满足整数要求时，将大的解的搜索范围分割成小的、具有整数边界的搜索范围问题。这个大问题可以看成是搜索树的父节点，而分割出来的小问题则为问题的子节点。分支的过程就是不断将解的范围缩小，增加子节点的个数的过程。在分割为子节点的过程中，必然会确定一个分割的边界，定界则是在分支的过程中检查两个子问题的解的上下界，如果其中一个子问题的解的上界比当前最优解更差，则这一个子问题之下不可能产生更优的解，因而将此子问题剔除。当所有子问题都不能产生一个更优的解时，最优解就产生了。

分支定界法包括两大步骤：

步骤 1：分支。利用连续的(线性规划)模型来求解非连续的(整数规划)问题：假设 x 是一个有取整约束的变量，而它的最优连续值 x^* 是非整数，那么下列区间 $[x^*]<x<[x^*]+1$ 不可能包含任何整数解，这里 $[x^*]$ 表示 x^* 的取整值。因此，x 的可行整数值必然满足以下两个条件之一：$x\leqslant[x^*]$ 或 $x\geqslant[x^*]+1$。把这两个约束条件分别加到原来的解空间上，便产生了两个互斥的子问题，这便是分支的含义。如图 7.3 所示为分支定界法的"分支"。

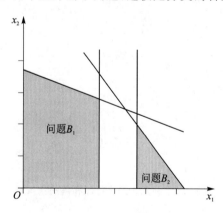

图 7.3 分支定界法的"分支"

步骤 2：定界。由于分支过程是通过增加约束条件来实现的，因此每一问题的子问题都不会有比其自身还大(目标函数求极大值)的最优目标值。因此定界可以分为定上界和定下界。定上界：当所有子问题的解均为非整数可行解时，应首先选择具有最大最优目标值的子问题来分枝；当得到第一个整数可行解时，相应目标值可作为该整数规划最优值的下界，舍掉所有最优值不大于该下界的子问题。定下界：按最优值的大小顺序对保留下来的子问题进行分枝，如果出现具有更大目标值的整数可行解，则将下界更新为此整数可行解的目标值并进一步剪枝。重复这一过程，最终保留下来的整数可行解即为整数规划的最优解。

下面通过一个具体的例子来说明分支定界法。

例 7.4：考虑整数规划问题 A。

$$\begin{cases} \max z = 40x_1 + 90x_2 \\ \text{s. t.} \begin{cases} 9x_1 + 7x_2 \leqslant 56 \\ 7x_1 + 20x_2 \leqslant 70 \\ x_1, x_2 \geqslant 0 \text{ 且为整数} \end{cases} \end{cases}$$

解：首先，问题 A 的松弛问题 B 的最优解为

$$x_1 = 4.81, \quad x_2 = 1.82, \quad z_0 = 356$$

不符合整数条件，则按 x_1 的解的情况将原问题分为两支：

问题 B_1：

$$\begin{cases} \max z = 40x_1 + 90x_2 \\ \text{s. t.} \begin{cases} 9x_1 + 7x_2 \leqslant 56 \\ 7x_1 + 20x_2 \leqslant 70 \\ x_1 \leqslant 4 \\ x_1, x_2 \geqslant 0 \text{ 且为整数} \end{cases} \end{cases}$$

问题 B_2：

$$\begin{cases} \max z = 40x_1 + 90x_2 \\ \text{s. t.} \begin{cases} 9x_1 + 7x_2 \leqslant 56 \\ 7x_1 + 20x_2 \leqslant 70 \\ x_1 \geqslant 5 \\ x_1, x_2 \geqslant 0 \text{ 且为整数} \end{cases} \end{cases}$$

解得问题 B_1 的最优解为 $x_1 = 4, x_2 = 2.10, z^1 = 349$，问题 B_2 的最优解为 $x_1 = 5, x_2 = 1.57, z_2 = 341$，可见 $z_1 > z_2$，将上界 $\bar{z}$ 改为 349，则必然存在最优整数解，其最优解的目标值 z^* 满足 $0 \leqslant z^* \leqslant 349$，继续对问题 B_1 和 B_2 进行分解。先分解上界更大的 B_1。按照 x_2 的取值将问题 B_1 分解为问题 B_3 和 B_4：

问题 B_3：

$$\begin{cases} \max z = 40x_1 + 90x_2 \\ \text{s. t.} \begin{cases} 9x_1 + 7x_2 \leqslant 56 \\ 7x_1 + 20x_2 \leqslant 70 \\ x_1 \leqslant 4 \\ x_2 \leqslant 2 \\ x_1, x_2 \geqslant 0 \text{ 且为整数} \end{cases} \end{cases}$$

问题 B_4：

$$\begin{cases} \max z = 40x_1 + 90x_2 \\ \text{s. t.} \begin{cases} 9x_1 + 7x_2 \leqslant 56 \\ 7x_1 + 20x_2 \leqslant 70 \\ x_1 \leqslant 4 \\ x_2 \geqslant 3 \\ x_1, x_2 \geqslant 0 \text{ 且为整数} \end{cases} \end{cases}$$

解得问题 B_3 的最优解为 $x_1 = 4, x_2 = 2, z_3 = 340$，问题 B_4 的最优解为 $x_1 = 1.42, x_2 = 3, z_4 = 327$。则新下界取为 340，大于 z_4，因此最优解不可能在问题 B_4 中，再分解问题 B_4 是没必要的。问题 B_2 的 $z_2 = 341$，所以原问题的最优解 z^* 可能在 $340 \leqslant z^* \leqslant 341$ 之间有整数解。继续依照 x_2 的取值对问题 B_2 进行分解，得到子问题 B_5 和 B_6：

问题 B_5：

$$\begin{cases} \max z = 40x_1 + 90x_2 \\ \text{s. t.} \begin{cases} 9x_1 + 7x_2 \leqslant 56 \\ 7x_1 + 20x_2 \leqslant 70 \\ x_1 \geqslant 5 \\ x_2 \leqslant 1 \\ x_1, x_2 \geqslant 0 \text{ 且为整数} \end{cases} \end{cases}$$

问题 B_6：

$$\begin{cases} \max z = 40x_1 + 90x_2 \\ \text{s. t.} \begin{cases} 9x_1 + 7x_2 \leqslant 56 \\ 7x_1 + 20x_2 \leqslant 70 \\ x_1 \geqslant 5 \\ x_2 \geqslant 2 \\ x_1, x_2 \geqslant 0 \text{ 且为整数} \end{cases} \end{cases}$$

发现问题 B_5 没有整数解，且 $z_5 = 308 < z_3$（已知的下界）；问题 B_6 无可行解。至此可以推断，问题 A 的最优解在问题 B_3 处取得，为 $x_1 = 4, x_2 = 2, z^* = z_3 = 340$。

上述的分支定界过程可用图形表示,如图 7.4 所示。

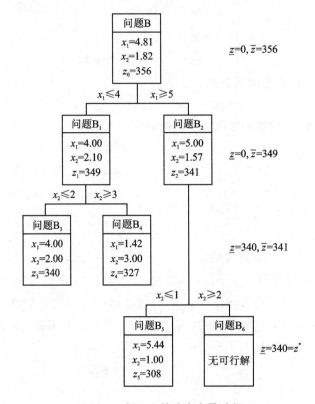

图 7.4　例 7.4 的分支定界过程

7.3.3　目标规划

多目标问题最早由本杰明·富兰克林于 1772 年提出。后来,库若尔、帕累托等著名数学家也首次从数学的角度提出多目标最优化问题。当今,多目标规划也受到了人们的普遍重视。

上一小节我们讨论了线性规划和整数规划,这些问题都只有一个优化目标。然而,在工程实践中,目标往往有多个,各个目标之间不会同时达到最优,有些目标之间可能相互矛盾。限于系统工程中的有限资源和其他各种约束,这些目标可能无法全部达到,但是我们的总目标就是要给出在这个目标下的最优结果——使它们尽可能地接近指定的目标(但允许某些目标达不到)。下面通过一个例子来介绍多目标规划问题的基本概念。

例 7.5：某厂生产两种起落架产品,有关数据如表 7.5 所列。

表 7.5　两种起落架产品有关数据

类　　别	产品 I	产品 II	拥有量/个
起落架组件 A	2	1	11
起落架组件 B	1	2	10
利润/元	8	10	

求获利最大的生产方案。

首先,按照单目标规划思路,数学模型为

$$\begin{cases} \max z = 8x_1 + 10x_2 \\ \text{s. t.} \begin{cases} 2x_1 + x_2 \leqslant 11 \\ x_1 + 2x_2 \leqslant 10 \\ x_j \geqslant 0 \quad (j = 1, 2) \end{cases} \end{cases}$$

容易得到最优解：$x_1{}^* = 4, x_2{}^* = 3, z^* = 62$ 元。

除了上述约束条件以外，还要考虑以下问题：

① 产品 Ⅱ 的产量不小于产品 Ⅰ；

② 超过计划供应的原材料，则需要提高采购价格，因而成本增加；

③ 尽可能利用组件 B 10 个，但不希望超过 10 个；

④ 尽可能达到并超过计划利润指标 56 元。

对于上面的规划问题，可能并不存在同时满足这些目标的解，但可以考虑尽量接近这些目标的解。目标规划要解决的，正是这一类具有多个目标，且目标具有一定的相互制约关系而无法同时达到最优的规划问题。

上例中涉及了目标规划的以下基本概念：

① 偏差：如果上述的多个目标不能全部达到，那么就会存在目标值和规划值之间的差值，这个差值我们称为偏差。由于目标可以是希望越大越好，也可以是希望越小越好，因此偏差可以是正的，也可以是负的。在目标规划中，用 d^+ 表示实际值超过目标值的部分，d^- 表示实际值未达到目标值的部分。例如：在上面的例子中，尽可能利用 10 个组件 B，则目标约束即为

$$x_1 + 2x_2 + d^- - d^+ = 10 \tag{7.27}$$

如果刚好用完 10 个组件 B，则刚好满足目标，但这里允许该等式不严格成立，可以剩余一点，也可以超过一点。假设此时剩余的组件 B 个数是 d^-，而同时 $x_1 + 2x$ 也可以超过 10，则可设超过部分为 d^+。

② 绝对约束和目标约束：绝对约束也称为硬约束，是目标规划中必须严格满足的约束，不允许存在不符合约束的偏差；其他可以不严格满足的约束则称为目标约束，此类允许一定偏差的约束，也称为软约束。

③ 优先因子与权系数：目标规划中的多个目标的重要程度往往不一致，可以按照目标之间的轻重缓急及重要程度赋予一定的优先级因子。第一级要达到的赋予 P_1，第二级为 P_2，其余依次为 P_k, P_{k+1}，并规定 $P_k \gg P_{k+1}$。权系数则是在具有优先因子相同的两个目标时，再进一步对目标赋予一定的权系数 ω_j。

④ 目标规划的目标函数：目标规划的目的是要对目标的偏离最小，因此其函数的基本形式应该是：

$$\min z = f(d^+, d^-)$$

对于 d^+ 和 d^-，有三种情况：

• 如果要求正负偏差都尽可能小，则有

$$\min z = f(d^+, d^-)$$

• 如果要求不超过目标值，即正偏差尽可能小，则有

$$\min z = f(d^+)$$

• 如果要求超过目标值，即负偏差尽可能小，则有

$$\min z = f(d^-)$$

一般的目标规划的数学模型为

$$\begin{cases} \min z = \sum_{l=1}^{L} P_l(w_{lk}^- d_k^- + w_{lk}^+ d_k^+) \\ \text{s. t.} \begin{cases} \sum_{j=1}^{n} c_{kj}x_j + d_k^- - d_k^+ = g_k, \quad k=1,\cdots,K \\ \sum_{j=1}^{n} a_{ij}x_j \leqslant (=, \geqslant)b_i \\ x_j \geqslant 0, d_k^-, d_k^+ \geqslant 0, \quad j=1,\cdots,n, \quad k=1,\cdots,K \end{cases} \end{cases} \tag{7.28}$$

下面以一个例子说明目标规划的一般形式。

例 7.6：某厂生产两种小型火箭产品，有关数据如表 7.6 所列。

表 7.6　两种小型火箭产品有关数据

类　别	I	II	拥有量
组件 A	2	1	11
组件 B	1	2	10
利润	8	10	

在生产中，希望达到以下目标：

① 产量 II 不低于产量 I；② 充分利用 10 个组件 B，但不加班；③ 总利润大于或等于 56 元，求最佳方案。

求获利最大的生产方案。

解：三个目标的优先因子分别设为 P_1、P_2、P_3，则数学模型如下：

$$\begin{cases} \min z = P_1 d_1^+ + P_2(d_2^+ + d_2^-)x_1 + P_3 d_3^- \\ \text{s. t.} \begin{cases} 2x_1 + x_2 \leqslant 11 \\ x_1 - x_2 + d_1^- - d_1^+ = 0 \\ x_1 + 2x_2 + d_2^- - d_2^+ = 10 \\ 8x_1 + 10x_2 + d_3^- - d_3^+ = 56 \\ x_1, x_2, d_i^-, d_i^+ \geqslant 0 \quad (i=1,2,3) \end{cases} \end{cases}$$

在多目标规划中，通过正负偏差变量的重要度和目标函数的优先因子来刻画每一个目标函数以及目标函数的正负偏差在目标规划中的重要程度。如上式中所示，仅包含偏差变量的目标 $\sum_{k=1}^{K}(w_{lk}^- d_k^- + w_{lk}^+ d_k^+)$ 称为偏差目标。P_l 表示决策者对整个目标的偏爱程度，对于更重要的目标函数，要赋予更大的优先因子，更大的优先因子代表在最终的目标函数中的比重越大。为了体现决策者对同一个目标的正向偏差和负向偏差的偏好性，在偏差目标中，w_{lk}^+ 是正偏差变量 d_k^+ 在该目标中的重要度，当 w_{lk}^+ 越大时，表示对应的目标从大于目标值的方向接近于目标值的重要性越高；同样地，当 w_{lk}^- 越小时，表示更希望对应的目标函数 $f_k(x)$ 从小于目标值的方向接近目标。到此，目标规划问题的形式与线性规划相同，因此实际上也是用线性规划的解法来进行求解的。

　　线性规划的图解法和单纯形法也适用于目标规划。图解法只适用于两个决策变量的目标规划数学模型,其求解过程简洁直接,目标规划的图解法,是按照优先级别,在依次满足的情况下,不断缩小可行域范围,以寻找最优解;而对于多个决策变量的目标规划,则采用单纯形法进行求解,将松弛变量和偏差变量都视为决策变量,将单纯形表中检验数按照优先级别排序,并依次判断检验数是否非负。单纯形法的步骤请参考 7.3.1 小节中的介绍。

7.3.4　非线性规划

　　线性规划的目标函数和约束条件都是线性函数,在实际问题的数学模型中,也包含大量目标函数或约束条件中为非线性的规划问题,这样的优化问题就称为非线性规划问题(或称为非线性优化问题)。自电子计算机发明后的半个多世纪以来,非线性优化理论与方法取得了快速的发展,在保障资源配置、飞行控制策略和飞行管理等领域得到了广泛应用,也产生了许多非线性规划的解法。其中,下降迭代算法是常用解法之一。下面介绍下降迭代算法的基本思想。

　　下降迭代算法也是一种下降算法,其基本思想与 7.2.2 小节的迭代法类似,其不同点在于要求产生的解的序列是逐渐减小的,每一步寻找的迭代方向是使目标函数减小的方向,因此得名下降迭代算法。我们考虑如下优化问题:

$$\min f(x)$$

　　首先给定目标函数 $f(x)$ 极小值点的一个初始估计点 $\boldsymbol{x}^0$(或称初始迭代点),然后根据一定规则产生一个序列 $\{\boldsymbol{x}^*\}$,这种规则通常称为迭代算法。如果这个迭代序列收敛,则其极限恰好是优化问题 $\min f(x)$ 的极小值点 $\boldsymbol{x}^*$,即

$$\lim_{k \to \infty} \boldsymbol{x}^k = \boldsymbol{x}^* \quad 或 \quad \lim \|\boldsymbol{x}^k - \boldsymbol{x}^*\| = 0 \qquad (7.29)$$

称该算法所产生的序列收敛于 $\boldsymbol{x}^*$。

　　在给定初始迭代点后,如果每一步都使目标函数值下降,即

$$f(\boldsymbol{x}^{k+1}) < f(\boldsymbol{x}^k)$$

则称此算法为下降算法。

　　而下降迭代算法的基本思想是:任选一个初始迭代点 $\boldsymbol{x}^0$,然后在点 $\boldsymbol{x}^0$ 处找下一个下降方向 $\boldsymbol{d}^0$,再沿 $\boldsymbol{d}^0$ 方向求解 $f(x)$ 的极小值点,即在射线

$$\boldsymbol{x} = \boldsymbol{x}^0 + \alpha \boldsymbol{d}^0$$

上适当确定一个新点 $\boldsymbol{x}^1 = \boldsymbol{x}^0 + \alpha \boldsymbol{d}^0$,使得

$$f(\boldsymbol{x}^1) = f(\boldsymbol{x}^0 + \alpha \boldsymbol{d}^0) < f(\boldsymbol{x}^0)$$

　　再判断 $\boldsymbol{x}^1$ 是否满足原来 $f(x)$ 的终止条件,或者是否为极小值点。若是,则停止迭代;否则,再以 $\boldsymbol{x}^1$ 为起点,寻找比 $\boldsymbol{x}^1$ 更好的点 $\boldsymbol{x}^2$……,如此继续,会产生一个优化问题的解的序列 $\{\boldsymbol{x}^k\}$,其满足

$$f(\boldsymbol{x}^0) > f(\boldsymbol{x}^1) > \cdots > f(\boldsymbol{x}^k) > f(\boldsymbol{x}^{k+1}) > \cdots$$

　　最终,当迭代至某一个解,满足终止条件时,迭代即可结束,此时的解就是原问题的最优解。

　　下降迭代算法可以用下列形式来概括:

$$f(\boldsymbol{x}^{k+1}) = f(\boldsymbol{x}^k + \alpha_k \boldsymbol{d}^k) < f(\boldsymbol{x}^k) \qquad (7.30)$$

式中,$\boldsymbol{d}^k$ 为点 $\boldsymbol{x}^k$ 处的一个下降方向,α_k 为从点 $\boldsymbol{x}^k$ 处至点 $\boldsymbol{x}^{k+1}$ 处的步长因子。

　　综上可得,求解优化问题的下降迭代算法的基本框架如下:

① 选定初始迭代点 $x^0 \in D, \varepsilon > 0$，置 $k=0$。

② 按照某种规则确定点 x^k 处的下降方向 d^k，使得 $\nabla^T f(x_k) d_k < 0$

③ 利用一维（线性）搜索方法确定 α_k，并令 $x^{k+1} = x^k + \alpha_k d^k$，使得

$$f(x^{k+1}) = f(x^k + \alpha_k d^k)$$

④ 判断 x^{k+1} 是否满足终止条件。若不满足，则令 $k=k+1$，转到②继续迭代；若满足终止条件，则把 x^{k+1} 和 $f(x^{k+1})$ 作为最优解，迭代结束。

7.3.5 动态规划

动态规划是美国学者 R. Bellman 于 1951 年提出的用于多个阶段的决策问题的一种方法，其主要思想是将一个大问题分解为由若干个小的子问题组成的序列，当解出所有子问题的解后，根据一定的优化准则，得出原问题的最优解。典型的动态规划问题包括最短路径问题、行程问题、资源分配问题、生产过程优化等问题。半个多世纪以来，动态规划的理论及应用等方面随着工业技术的需求而迅速发展，广泛应用在生产技术、军事、管理学等领域。

1. 动态规划的基本概念

要了解动态规划，首先介绍如下的几个概念：

① 阶段。不同于线性规划和其他的优化问题，动态规划问题的决策是分阶段进行的，因此要根据决策过程的具体情况，合理地分析决策过程，正确地将决策进行分段，以分步骤对决策问题进行分析和求解。一般是按照决策问题的时间和空间划分决策阶段，用字母 k 表示规划决策的第 k 步，也称为阶段变量。

② 状态。状态表示系统在某一时刻所处的自然状况或客观条件，该时刻通常是某个阶段的开头或结尾。用状态变量来描述系统所处的状态，而第 k 个阶段的状态变量 s_k 的所有可能的取值构成该阶段的状态集合 S_k。在动态规划中，我们规定状态应该满足：某个阶段的状态给定（即状态变量赋值）后，这个阶段以后过程的发展只与此刻的状态有关，而与系统在到达此时刻以前经过何种过程而达到此状态无关，这种性质在概率上称为后无效性。

③ 决策。决策是动态规划中系统状态从某个阶段转变为下一个阶段的原因。通常用决策变量来表示一个决策。用 $x_k(s_k)$ 表示第 k 阶段处于 s_k 状态时的决策变量，决策变量可以有多个取值，这些取值构成的集合称为决策集合，用 $D_k(s_k)$ 表示第 k 阶段处于 s_k 状态时的决策集合。

④ 状态转移方程。状态转移方程描述的是决策与两个彼此相邻的阶段之间状态如何转移的关系。状态转移方程与决策问题本身、阶段以及阶段的状态有关，其一般表达式为

$$s_{k+1} = T_k(s_k, x_k(s_k)) \tag{7.31}$$

式中，T_k 称为状态转移函数。

2. 动态规划的求解原理和步骤

动态规划可以看作是一个多阶段决策过程，它具有这样的特点：每个阶段都要进行决策，n 阶段决策过程的策略（或解）是由 n 个相继进行的阶段决策构成的决策序列，由于前一阶段的终止状态又是后一阶段的初始状态，因此，阶段 k 的最优策略（或解）不应该只是本阶段的最优，而必须是本阶段及其所有后续阶段的总体最优，即关于整个阶段 k 的后部过程的最优决策。

　　关于动态规划的特点,Bellman 针对具有无后效性的多段决策过程的特点,提出了著名的解决多段决策问题的最优性原理,也即是求解动态规划的 Bellman 定理:"作为整个过程的最优解具有这样的性质:无论初始状态和初始决策如何,对前面的策略(或解)所形成的状态而言,余下的诸决策必须构成最优解"。简而言之,最优性原理的含义是:最优解的任何一部分子策略(或解),也是相应初始状态的最优策略(或解),也即是每个最优策略(或解)只能由最优子策略(或解)构成。

　　利用 Bellman 定理,可以把多段决策问题的求解看成是一个连续的递推过程,由后向前或由前向后逐步推算。逆推即是把一个问题按阶段分解成许多相互联系的子问题,其中每个子问题均是一个比原问题简单得多的优化问题,并且每一个子问题的求解仅利用它的下一阶段子问题的优化结果,依次求解即可求得原问题的最优解。

　　基于以上求解思路,用逆推解法求解动态规划的基本步骤如下:

　　步骤 1:把所求的动态决策问题分成若干个决策的阶段,找出最优解的标准,并刻画动态决策问题的结构特性。

　　步骤 2:罗列动态决策问题在每个阶段时可能所处的各种状态,确定阶段、状态之间的转移方程,确定初始(边界)条件。

　　步骤 3:应用递推求解最优值。

　　步骤 4:根据计算最优值时所得到的信息,构造最优解。

　　常用逆推解法作为动态规划的递推算法。下面介绍逆推解法。

　　理解逆推解法,首先要了解一个动态决策问题的基本原理:最优决策中,包含最后一个决策阶段的策略的子序列必然是最优的。

状态转移方程:

$$s_{k+1} = T_k(s_k, x_k(s_k)) \tag{7.32}$$

递推方程为

$$\begin{cases} f_k(s_k) = \underset{s_k \in D_k(s_k)}{\operatorname{opt}} \{v_k(s_k, x_k) + f_{k+1}(s_{k+1})\} \\ f_{n+1}(s_{n+1}) = 0 \end{cases} \tag{7.33}$$

逆推解法的步骤如下:

　　步骤 1:令 $k = n$,设置初始边界条件 $f_{n+1}(s_{n+1}) = 0$。

　　步骤 2:计算 k 阶段的最优指标值和最优决策。

　　步骤 3:如果 $k = 1$,即到达了逆向决策过程的最后一个决策,此时停止计算,得到最优指标值 $f_1(s_1)$,利用状态转移方程 $s_{k+1} = T_k(s_k, x_k(s_k))$ 和每个阶段的最优决策确定最优策略。若 $k \neq 1$,令 $k = k-1$,转至步骤 2。

　　上面给出了

$$V_{k,n}(s_k, x_k, s_{k+1}, x_{k+1}, \cdots, s_n, x_n, s_{n+1}) = \sum_{i=k}^{n} v_i(s_i, x_i)$$

时的情况。如果有

$$V_{k,n}(s_k, x_k, s_{k+1}, x_{k+1}, \cdots, s_n, x_n, s_{n+1}) = \prod_{i=k}^{n} v_i(s_i, x_i)$$

则方法类似,但需要设置边界条件为 $f_{n+1}(s_{n+1}) = 1$。

3. 动态规划的举例

下面以最短路径规划问题为例,介绍动态规划的应用。

例 7.7:求从如图 7.5 所示的有向图中航路点 A 到航路点 E 之间的最短路径。其中,各点之间连线上的数字表示该段路径的距离。

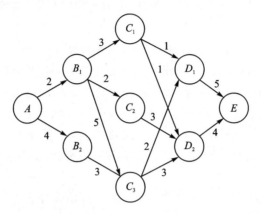

图 7.5　例 7.7 的路径网络图

解:将从点 A 到 E 之间的路径分为 4 个阶段,从 $A \rightarrow B_i \rightarrow C_i \rightarrow D_i \rightarrow E$。用状态变量 s_k 表示从第 k 阶段开始时所处的位置,$k=1,2,\cdots,5$,决策变量 x_k 表示第 k 阶段选择的下个节点。列出动态规划的各个要素如下:

状态转移方程:$s_{k+1}=T_k(s_k,x_k(s_k))$,具体状态转换如图中的有向边所示。

允许决策集合:$D_k(s_k)=\{x_k\,|\,$图中以 s_k 为尾的弧的头$\}$。

阶段指标函数:$v_k(s_k,x(s_k))$ 为图中顶点 s_k,s_{k+1} 之间的弧长 $d(s_k,s_{k+1})$。

最优指标函数 $f_k(s_k)$ 表示从第 k 阶段状态到终点 E 路径的最小值。

动态规划基本方程为

$$
\begin{cases}
f_k(s_k)=\min\limits_{s_k \in D_k(s_k)}\{d(s_k,x_k(s_k))+f_{k+1}(s_{k+1})\},\quad k=1,2,3,4 \\
f_5(s_5)=0
\end{cases}
\tag{7.34}
$$

当 $k=4$ 时,有两个状态 D_1、D_2,每个状态都有一种决策。

$$f_4(D_1)=\min\{d(D_1,E)+f_5(E)\}=5,\quad x_4(D_1)=E$$
$$f_4(D_2)=\min\{d(D_2,E)+f_5(E)\}=4,\quad x_4(D_2)=E$$

当 $k=3$ 时,有三个状态,其中状态 C_1 有两种决策,状态 C_2 有一种决策,状态 C_3 有三种决策。

$$
\begin{aligned}
f_3(C_1)&=\min\{d(C_1,D_1)+f_4(D_1),d(C_1,D_2)+f_4(D_2)\}\\
&=\min\{1+5,1+4\}=5,\quad x_3(C_1)=D_2\\
f_3(C_2)&=\min\{d(C_2,D_2)+f_4(D_2)\}\\
&=\min\{3+4\}=7,\quad x_3(C_2)=D_2\\
f_3(C_3)&=\min\{d(C_3,D_1)+f_4(D_1),d(C_3,D_2)+f_4(D_2)\}\\
&=\min\{2+5,3+4\}=7,\quad x_3(C_3)=D_1
\end{aligned}
$$

当 $k=2$ 时,有两个状态,状态 B_1 有三种决策,状态 B_2 有一种决策。

$$f_2(B_1) = \min\{d(B_1,C_1) + f_3(C_1), d(B_1,C_2) + f_3(C_2), d(B_1,C_3) + f_3(C_3)\}$$
$$= \min\{3+5, 2+7, 5+7\} = 8, \quad x_2(B_1) = C_1$$
$$f_2(B_2) = \min\{d(B_2,C_3) + f_3(C_3)\}$$
$$= \min\{3+7\} = 10, \quad x_2(B_2) = C_3$$

当 $k=1$ 时,有一个状态 A,它有两种决策。

$$f_1(A) = \min\{d(A,B_1) + f_2(B_1), d(A,B_2) + f_2(B_2)\}$$
$$= \min\{2+8, 4+10\} = 10, \quad x_1(A) = B_1$$

将求解过程回溯,得从 A 到 E 的最短路径长度为 10,路径为 $A \rightarrow B_1 \rightarrow C_1 \rightarrow D_2 \rightarrow E$。

7.4　现代优化方法

以上介绍的用于线性规划的单纯形法、用于非线性规划的梯度法、用于动态决策问题的逆推法等各类方法,均属于传统优化方法的范畴,其基本思想类似,都是构造一个初始可行解,然后进行最优性的检验和迭代,最终获得最优解。这些传统优化方法具有以下的局限性:

- 单点运算效率低下。传统优化方法每次迭代过程最多只能进行一次迭代,后续的迭代方向完全取决于前一次迭代的结果,因此不能适用于并行运算,大大限制了解决问题的计算速度和大规模优化问题的解算性能。
- 基于梯度的优化方法容易陷入局部最优解而不能得到全局最优解。由于梯度信息因点而异,是函数的一种局部性质,因此基于梯度信息的传统优化算法一旦进入某个局部低谷,就难以跳出低谷区域,限制了其全局搜索能力。
- 终止准则难以保证得到全局最优解。当解决的优化问题不为凸规划时,满足终止准则的解通常不是全局最优解。但在实际解决优化问题时,实际问题往往难以满足凸规划条件,因此传统优化方法对许多问题并不适用。
- 优化问题的某些前提条件限制了传统优化算法的应用。比如说,传统优化方法要求目标函数和约束条件连续可微,部分的传统优化算法甚至要求其具有高阶可微(如牛顿法)。但在实际生产中,优化问题会存在许多不连续、不可微、离散的决策变量,传统优化方法不能解决这类限制问题。

同时,传统的优化问题具有连续性的特点,主要以微积分为基础,且问题规模较小,而一些实际的现代优化问题则通常是:离散性问题——主要以组合优化(针对离散问题)理论为基础;不确定性问题——通常是随机性数学模型;半结构或非结构化的问题——需要计算机模拟或决策支持系统求解;大规模问题——需要并行计算加快求解速度和运用近似理论得到近似解。此时,传统的优化方法不适用于现代的优化问题。因此人们致力于开发一些新的算法来求解现代优化问题,如模拟退火法、神经网络法、遗传算法、支持向量机和深度学习算法等。这些算法都是从生物进化、人工智能、数学,以及物理、统计力学等领域中借鉴而来,多数基于一定的直观基础而非数学理论本身,因而称为启发式算法。下面介绍这些算法的基本思想。

(1) 模拟退火算法

受到制造技术中金属材料退火方法可以改变材料结构和性质的启发,模拟退火算法的基本思想是:在给定的一组初始控制参数下,随机地选择某一个可行解,进行"产生新解—判断—产生新解"的循环迭代过程,在迭代递减时产生一系列的马尔可夫链,通过优化问题的迭代终止条件,在足够逼近问题的最优解时停止迭代,以此求得组合优化问题的全局最优解。

（2）神经网络算法

神经网络算法模拟人脑中的思维结构,与人工智能的理论和应用密切相关。神经网络算法的基本思想是:将系统输入和输出的样本输入到网络中,根据输出结果与输入之间的关系、各组样本之间的区别和联系来调整网络结构和权值矩阵。一个人工神经网络由大量神经元广泛互联而成,各个神经元及其联系的权重组成了权值矩阵,通过大量的非线性运算并行作业来实现预测、模拟等功能,具有强大的并行处理效率。

（3）遗传算法

遗传算法是受达尔文进化学说和孟德尔遗传学说的启发而发展起来的一种算法,是一种建立在自然选择原理和遗传机制基础上的迭代式寻优算法,因其模拟生物进化过程,达到进化目的而得名为遗传算法。遗传算法与传统优化算法不同,它将优化问题中的可行域看成是一个映射的遗传空间。其基本思路是:首先产生随机的多个初始解,称为群体。群体中的每个个体（即可行解）看作是染色体。这些染色体会在迭代中不断地进化,称为遗传。个体之间通过交叉、变异和选择运算实现迭代。在每轮迭代后,根据个体的适应度大小顺序,较优的结果被留下,而不符合优化目标的结果被淘汰,以此完成解的进化。这样经过若干代之后,算法收敛于最好的解,通过一定的终止条件,可得到优化问题的最优解或次优解。

（4）支持向量机算法

支持向量机不同于其他机器学习算法,它采用的优化原则是使得结构风险最小化,来训练优化问题的结果。支持向量机是应用在分类分析中的监督式学习模型。给定一组训练样本,每个实例被归为两种类型。支持向量机模型将实例表示为空间中的点,这样映射就使得各个类别之间实例的区别具象化。然后,将新的实例也映射到训练得到的空间,并基于它们落在哪个分类来预测新实例所属的类别。支持向量机算法的优点是可以解决小样本、非线性、高维度和局部极小值等问题,并且相比于神经网络算法,更具有易于构造、学习性能强以及泛化能力强等特点。

（5）深度学习算法

深度学习算法是在神经网络基础上的一种新兴的机器学习算法,它源于人工神经网络的研究。不同于一般的神经网络算法,深度学习得到的是包含多个层级的深度网络结构,它通过组合多个底层特征而形成更加高层次的特征抽象,以发现数据的分布式特征。深度学习通过对原始信号进行逐层特征变换,将样本在原空间的特征表示变换到新的特征空间,自动地学习得到层次化的特征表示,从而更有利于分类或特征的可视化。

7.5　本章小结

本章主要介绍了各种传统优化问题的模型、概念和步骤,以及经典优化理论、方法和现代优化方法。优化方法代表了工程实践和系统工程中在有限条件下最大化系统效果的思想。通过合适的优化方法,可以找到工程问题的各种解决方案,可以在给定约束下把系统整体效能提升到最大。传统的优化方法关注优化问题的解析表达,以最简单的计算求出最优解,但由于其解析性、单点计算等局限性,对多数实际的系统工程问题不能完美适用,而以神经网络和深度学习为代表的现代优化方法,则给我们一种更灵活的解决问题的视角,为解决现代社会更复杂的系统工程问题提供指导。

　　优化是系统工程的目标,运筹学是系统工程学科的基础之一。为了让大家更好地理解系统工程中的优化问题及相应的优化方法,本章在有限的篇幅内重点介绍了几种常见的系统优化方法。事实上,这些内容都是运筹学中规划论的内容,也体现了运筹学作为系统工程的基础理论的作用。由于篇幅所限,这里只是简要介绍了各种规划方法的基本思路,大家在学习系统工程方法的过程中,还可以参看运筹学和优化理论的相关书籍,来更好地了解和掌握系统工程优化方法。

习　题

　　1. 根据以下问题建立数学模型:用长 8 m 的角钢切割试验件用料,每副试验件含长 1.5 m 的料 2 根,1.45 m 的料 6 根,1.3 m 的料 6 根,0.35 m 的料 12 根。现需 100 副试验件夹具。问:最少需要切割 8 m 长的角钢多少根?

　　2. 求函数 $f = x^2 + 2y^2 + 3z^2 - 3x - 2y$ 在点 $(1,1,2)$ 处的梯度,求出函数在哪些点处梯度为零。

　　3. 求函数 $f = x_1 + x_2 - 3x_1 x_2 + x_1 - 2x_2 + 1$ 的海森矩阵。

　　4. 设有甲、乙、丙三个仓库,存有某种航空维修耗材分别为 7 t、4 t 和 9 t。现在要把这些耗材分别送到 A、B、C、D 这四家大修厂,其需要量分别为 3 t、6 t、5 t 和 6 t,各仓库到各大修厂的每吨运费以及收发总量如习题表 7.1 所列。

习题表 7.1　航空维修耗材运输方案

类　别	A	B	C	D	收发量/t
甲	5	12	3	11	7
乙	1	9	2	7	4
丙	7	4	10	5	9
发量/t	3	6	5	6	20

　　① 现在要确定一个运输方案:从哪一个仓库运多少耗材到哪一个大修厂,使得各个大修厂都能得到需求的货物量,各个仓库都能发完存货。

　　② 建立上述规划问题的数学模型,求解总运输费用最低的运输方案。

　　5. 将以下线性规划化为标准形式并用图解法求解。

$$\begin{cases} \min f(x) = 2x_1 - x_2 \\ \text{s.t.} \begin{cases} -x_1 - x_2 \leqslant 1 \\ -x_1 + 2x_2 \leqslant 4 \\ x_2 \geqslant 0 \end{cases} \end{cases}$$

　　6. 已知某线性规划的约束条件为

$$\text{s.t.} \begin{cases} 2x_1 + x_2 - x_3 = 25 \\ x_1 + 3x_2 - x_4 = 30 \\ 4x_1 + 7x_2 - x_3 - 2x_4 - x_5 = 85 \\ x_j \geqslant 0, \quad j = 1,2,3,4,5 \end{cases}$$

判断下列各点是否是该线性规划可行集的顶点：

① $x_1 = [5, 15, 0, 20, 0]^T$；

② $x_2 = [9, 7, 0, 0, 8]^T$；

③ $x_3 = [15, 5, 10, 0, 0]^T$。

7. 用拉格朗日乘子法求解下列约束优化问题：

$$\begin{cases} \min f(x) = 2x_1^2 - x_2^2 + x_1 x_2 - x_1 - x_2 \\ \text{s. t. } x_1 + x_2 - 1 = 0 \end{cases}$$

8. 用单纯形法求解线性规划：

$$\begin{cases} \min f(x) = -x_1 + 3x_2 - 3x_3 \\ \text{s. t.} \begin{cases} 3x_1 + x_2 + 2x_3 + x_5 = 5 \\ x_1 + x_3 + 2x_5 + x_6 = 2 \\ x_1 + 2x_3 + x_4 + 2x_5 = 6 \\ x_j \geqslant 0, \quad j = 1, 2, \cdots, 6 \end{cases} \end{cases}$$

9. 用割平面法求解整数规划：

$$\begin{cases} \min f(x) = 5x_1 + x_2 \\ \text{s. t.} \begin{cases} 3x_1 + x_2 \geqslant 9 \\ x_1 + x_2 \geqslant 5 \\ x_1 + 8x_2 \geqslant 8 \\ x_1, x_2 \geqslant 0, \text{且为整数} \end{cases} \end{cases}$$

10. 用单纯形法求解下列目标规划问题：

$$\begin{cases} \min f = P_1(d_1^- + d_1^+) + P_2 d_2^- + P_3 d_3^+ \\ \text{s. t.} \begin{cases} x_1 + x_2 + d_1^- - d_1^+ = 10 \\ 3x_1 + 4x_2 + d_2^- - d_2^+ = 50 \\ 8x_1 + 10x_2 + d_3^- - d_3^+ = 25 \\ x_1, x_2 \geqslant 0, d_i^+, d_i^- \geqslant 0, \quad i = 1, 2, 3 \end{cases} \end{cases}$$

11. 某工厂生产 A、B 两种产品，每件产品 A 可获利 400 元，每件产品 B 可获利 900 元。每生产一件产品 A 和产品 B 分别需要消耗原材料各 4 kg 和 10 kg，消耗工人劳动量各 7 工时和 6 工时，消耗设备各 16 台时和 6 台时。已知现有原料数量为 400 kg，工人劳动量为 420 工时，设备 800 台时。如果原料不够可以补充，且产品 A、B 的产量计划指标分别是 40 台、50 台，要求确定恰当的生产方案，使其满足：

P_1：产品数量尽量不超过计划指标；

P_2：加班时间尽量达到最小；

P_3：利润尽量达到 51 万元；

P_4：尽量充分利用生产设备台时。

试建立其目标规划模型。

12. 考虑下列问题的下降迭代算法：

$$\min f(x) = 3x_4 - 4x_3 - 12x_2$$

① 用牛顿法迭代 3 次，取初始点 $x_0 = -1.2$；

② 用切割法迭代 3 次,取初始点 $x_2 = -1.2, x_2 = -0.8$。

13. 有 4 个工人班组甲、乙、丙、丁在飞机总装厂,要指派他们分别完成 4 项总装工序 A、B、C、D,每个班组执行各个工序所耗时间如习题表 7.2 所列。

习题表 7.2　各班组完成工序耗时

类　别	A	B	C	D
甲	15	18	21	24
乙	19	23	22	18
丙	26	17	16	29
丁	19	21	23	17

问：指派哪个班组去完成哪项工作,可使总的消耗时间最小？用动态规划方法求解。

14. 硬币找零问题。现存在一堆面值为 $v_1, v_2, \cdots, v_n$ 的硬币,问最少需要多少个硬币,才能找出总值为 c 的零钱？例如这一堆硬币面值分别为 $1, 2, 5, 21, 25$ 元,需要找出总值 c 为 63 元的零钱。试用动态规划方法求解。(提示：用 $M(j)$ 表示钱数为 j 时需要的最少硬币数。$M(j) = \min_i \{M(j - v_i)\} + 1$。)

15. 相对于传统优化方法,现代优化方法有哪些优势？神经网络算法和深度学习算法有什么区别？

第 8 章　系统预测方法

我们在第 2 章讲到系统特性时,已经知道系统具有动态性,而运用系统思维来对系统进行分析时,要求我们要在发展上充分预见系统的变化态势。其中使用到的系统工程方法就是系统预测。预测是对事物发展方向、进程、可能的结果进行推算,是一门广泛应用于社会、经济、科学、技术等方面的科学。系统预测是系统工程方法的重要组成部分,它把系统作为预测对象,分析系统发展变化的规律性,预测系统未来的变化趋势,并为系统规划设计、生产决策和使用维护提供科学的依据,它是随着科学技术的进步而发展起来的一种专门的系统工程方法。

8.1　系统预测概述

预测作为一种人们对世界进行认识和分析的活动,已经有很长的历史,从西方世界的占星术到东方文化中的奇门八卦,都是古人在有限的客观世界认识下对预测科学的探索。随着科学技术的发展,预测也逐渐成为一门学科,依靠多种方法和工具,在生产和生活中扮演了重要角色。我们把系统作为预测对象,通过了解系统发展变化的规律性,来预测系统未来,把这类方法称为系统预测。

8.1.1　系统预测的概念

预测是在调查研究的基础上对事物未来发展变化的规律进行研究的理论和方法的总称。在系统工程中,运用系统性的科学技术和手段对系统未来趋势进行分析,就是系统预测。系统预测是系统工程的重要内容,是系统规划设计和生产经营等活动中进行系统决策的基础。

系统预测的基本原理如下:

- 整体性原理。事物是由若干部分相互关联而成的有机整体,事物发展变化的过程也是一个有机整体,因此以整体性为特征的系统理论是预测的基本理论。
- 可知性原理。由于事物发展过程的统一性,即事物发展的过去、现在和将来是一个统一的整体,所以人类不但可以认识预测对象的过去和现在,而且也可以通过过去到现在的发展规律,推测将来的发展变化。
- 可能性原则。预测对象的发展有各种各样的可能性,预测是对预测对象发展的各种可能性的一种估计,如果认为预测是必然结果,则失去了预测的意义。
- 相似性原理。把预测对象与类似的已知事物的发展变化规律进行类比,可以利用已知事物的知识来对预测对象进行估计。
- 反馈原理。预测未来的目的是为了更好地指导当前,因此应用反馈原理不断地修正预测才会更好地指导当前工作,为决策提供依据。

基于以上基本原理,科学的系统预测是在广泛调查研究的基础上进行的,涉及预测方法选择、资料收集和数据整理、建立系统预测模型、利用模型预测和对系统预测结果进行分析等一系列工作。

8.1.2　系统预测的步骤

系统预测的本质是通过认识系统发展变化的规律,根据过去、现在、已知来估计和预测未来、未知。在这个过程中,我们需要利用过去、现在和已知的信息来建立一个可以反映系统变化规律的模型,并通过这个模型来对未来和未知进行推断,这与系统建模的实质不谋而合,因此系统预测的核心是基于模型来进行预测。系统预测的流程图如图 8.1 所示。

系统预测的一般步骤如下:

① 确定预测目标。该阶段的内容为确定预测对象、提出预测目的和目标、明确预测要求等。

② 收集与分析数据。该阶段根据预测目标和所选择预测方法的要求收集所需原始数据。

③ 选择预测方法。预测方法很多,需要根据预测的对象、目的和要求,考虑系统预测工作的具体情况,合理地选择效果较好的、既经济又方便的一种或几种预测方法。

④ 建立预测模型。建立预测模型是预测的关键工作,它取决于所选择的预测方法和所收集到的数据,建立预测模型的过程可分为建立模型和模型的检验分析两个阶段。

⑤ 模型有效性分析。模型有效性分析是指对模型的有效性进行评估,看是否符合问题分析的需要,模型有效则进行下一步,反之则需要重新进行预测方法的选择。

⑥ 利用模型预测。所建立的模型是在一定假设条件下得到的,因此也只适用于一定条件和一定预测期限。如果将其推广到更大范围,就要利用分析、类比、推理等方法来确定模型的适用性,只有在确认模型符合预测要求时,才可利用模型进行预测。

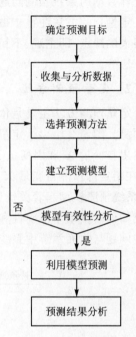

图 8.1　系统预测流程图

⑦ 预测结果分析。利用预测模型所得的预测结果并不一定与实际情况符合。需从两个方面进行分析:一方面要用多种预测方法预测同一事物,将预测结果进行对比分析、综合研究之后加以修正和改进;另一方面要应用反馈原理及时用实际数据修正模型,使预测模型更完善。

8.1.3　系统预测的分类

在系统工程中会经常遇到预测问题,系统预测问题的形式也多种多样。但是,通常只有在研究的问题满足所采用的预测技术的假设的前提条件下,系统预测结果才正确;而对应于不同的系统预测问题,系统预测技术的形式也多种多样。根据不同的分类原则对预测技术可以分类如下:

① 按预测技术的属性可分为:定性预测技术、定量预测技术。

② 按预测对象可分为:科学预测、社会预测、经济预测和市场预测等。

③ 按预测方式可分为:直观性预测、探索性预测、目标预测和反馈预测等。

④ 按预测时间可分为:短期预测、中期预测和长期预测。

为了具体对各种系统预测方法进行介绍,我们主要将系统预测方法分为定性预测方法和定量预测方法两类。

1. 定性预测方法

定性预测方法主要是人们根据对系统过去和现在的经验、判断和直觉进行预测,其中以人的逻辑判断为主,仅要求提供系统发展的方向、状态、趋势等定性的结果,该方法适用于缺乏历史统计数据的系统预测问题,其核心是依据个人经验、智慧和能力进行判断。

定性预测方法注重于事物发展在性质方面的预测,其优点是灵活、能动、节省;同时,其也有很大的缺点,即主观、不精确。定性预测适用于长期预测,常用方法包括主观概率法以及德尔菲法等。

2. 定量预测方法

定量预测方法主要是依据历史资料,建立合适的数学模型,分析研究其变化的规律从而作出预测。图8.2给出了定量预测方法的基本原理。通过对比历史数据和信息,采用数学方法归纳出自变量 X 和因变量 Y 之间的数学关系 F,并利用 $Y=F(X)$ 这一函数关系作为预测模型,在给定待预测自变量 X 的情况下来推断待预测因变量 Y 的结果。在定量预测的基本原理中,系统预测模型起着关键性作用。因此如何来建立预测模型、如何验证预测模型的有效性,以及如何衡量结果准确性和可信性等问题,是定量预测方法中需要关注解决的几个关键问题,这些问题与前面章节中系统建模方法中的问题一样。

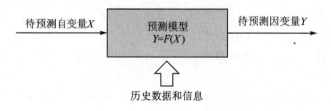

图 8.2 定量预测方法的基本原理

通过以上定量预测的基本原理可以看出,定量预测方法注重于事物发展在数量方面的分析,其优点是精确(重视对事物发展变化的程度作数量上的描述)、较客观(更多地依据历史统计资料);其缺点是机械、不易处理有较大波动的情况,更难以预测事物长期趋势的变化。定量预测主要包括因果预测法、趋势预测法以及马尔可夫预测法等方法。下面重点针对这几种方法进行介绍。

8.2 系统定性预测

定性预测法是一种直观的预测,它主要是根据预测人员的经验和判断能力进行预测。定性预测是应用最早的一种预测技术,其分支有很多,主要包括主观概率法、德尔菲专家调查法、头脑风暴法、交叉概率法等。这里主要介绍主观概率法和德尔菲专家调查法。

8.2.1 主观概率法

所谓主观概率是人们凭借经验或预感而估算出来的概率,是对经验结果所做主观判断的度量,即可能性大小的确定,它也是个人信念的度量,所以它与某种心理状态以不同程度的确信把握的信念紧密相关。"主观贝叶斯学派"认为,概率是人们对事物的一种信任程度,是对事物的不确定性的一种主观判断,是与个人的、心理的等因素相关的,它与客观概率是相对的,客观概率是根据事物发展的客观性统计出来的一种概率。

主观概率也必须符合概率论的基本定理:所确定的概率必须大于或等于 0,而小于或等于 1;经验判断所需全部事件中各个事件概率之和必须等于 1。确定主观概率的主要方法有:直接比较法、直方图法、相对似然率法、区间法、概率盘法、与给定函数形式相匹配法等。进行主观概率统计时可分三级与四级程度评价,其方法是一样的,而数值略有区别。如三级程度评价一般分 A、B、C 三等,四级程度评价则为 A、B、C、D 四等。

主观概率法的主要步骤如下:

① 准备相关资料;

② 编制主观概率调查表,根据预测对象的性质特点,将预测对象分为不同的等级,根据等级划分对预测对象进行评价,给出相应的概率;

③ 整理,统计计算每位预测者的期望值,根据数学模型对所有预测者的期望值进行综合分析,得出结果。

具体以某型飞机的备件储存量为例,采用主观概率法来对未来一定时间内的储存量进行定性预测。首先,根据相关该型飞机的部署和使用的历史数据,可以请相关专家给出储存量量级(充足,较充足,中等,较匮乏,匮乏,以及相对应的备件数量)及相应概率。比如专家 A 给出储存量 5 个量级的概率,可以求得该专家的备件存储量的期望值。假设在预测时一共选取了5 位专家,同样可以得到其他专家的期望值,从而进行算术平均可以得到该设备备件的期望。

8.2.2　德尔菲法

德尔菲法(Delphi 法)又称为专家意见法,本质上是依据系统化的程序,采用匿名发表意见的方式,建立在众多专家的专业知识、经验和主观判断能力基础上的反馈匿名函询法,特别适用于缺少信息资料和历史数据,而又较多地受到其他因素影响的分析与预测,其具体实施流程如图 8.3 所示。

(1) 确定预测目标

预测工作的组织者要明确预测目标,设计调查问卷,并收集整理有关预测问题的资料。

(2) 选聘专家

专家的权威程度要高,有独到的见解,有丰富的经验和较高的理论水平,人数要适宜。

(3) 征求专家意见

对每一专家独立征求意见,意见回收后,组织者应该将不同的意见进行整理,然后分发给各专家,再次征求意见。如此反复多次,一般 3～5 轮,直到各位专家的意见趋于统一,结束问卷调查。

(4) 预测结果分析

以专家的原始意见为基础,对专家意见统计分析,综合考虑

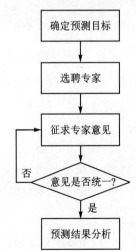

图 8.3　德尔菲法预测步骤

一致性和协调性因素,同时满足整体意见收敛性的要求,得出一份公认的预测结果,对预测结果进行处理时常用中位数法和主观概率法。

8.3　因果预测

因果预测是最为常见的定量系统预测方法,其实现系统预测的基础即是基于因变量与自变量存在一定的函数关系,也称为因果关系。因果预测是以若干系统变量(自变量和因变量)为分析对象,以样本数据为分析的基础,找出系统变量之间的某种因果关系,找到影响结果的一个或多个因素,建立起它们之间的数学模型,然后根据自变量的变化预测因变量的变化。在因果预测中因果关系模型中的因变量和自变量在时间上是同步的,因此这种方法不涉及时间量的变化,不适用于动态预测。

8.3.1　一元线性回归分析

1. 一元线性回归分析数学模型

在对自变量和因变量的因果关系进行拟合时,我们关注较多也是最简单、最常用的是考察变量间的线性相关关系。如果变量存在直线相关,则能够画出一条从散点群通过的直线。这条直线称为回归直线,该直线的数学解析式称为拟合回归方程,记为

$$\hat{y} = a + bx \tag{8.1}$$

式中,x 为观察值;$\hat{y}$ 为因变量的拟合值;a 为回归直线的截距;b 为回归直线的斜率。在拟合回归曲线时,应该使直线沿着观察值横、纵坐标配合出现的趋势走向通过散点群,从而使得 x 的观测值在回归直线上对应的纵坐标值——拟合值和与 x 的观测值配合出现的 y 的观测值之间的误差最小,设定一批观测数据(x_i, y_i),$i = 1, 2, 3, \cdots, n$。运用最小二乘法可以求得回归曲线的参数估计值:

$$b = \frac{\sum xy - n\bar{x} \cdot \bar{y}}{\sum x^2 - n\bar{x}^2} \tag{8.2}$$

$$a = \bar{y} - b\bar{x} \tag{8.3}$$

式中,$\bar{x}$ 为 x_i 的平均值,$\bar{y}$ 为 y_i 的平均值。

2. 回归分析中的偏差

在建立一个回归模型后,需要对其进行有效性分析,通常包括三个指标:总偏差、回归偏差以及剩余偏差。

(1) 总偏差(TSS)

TSS 称偏差平方和,又称总偏差,反映 n 个 y 值的分散程度。一个观测值序列的偏差可由各个观测值与观测均值之差的平方和来度量。所以 y 的总偏差为

$$S_{总} = \sum (y_i - \bar{y})^2 \tag{8.4}$$

(2) 回归偏差(RSS)

RSS 称回归平方和,又称解释偏差,反映 x 对 y 线性影响的大小。如果 y 与 x 之间存在数学上的线性关系,多数总偏差将由回归来解释。该偏差由估计值和观测值均值之差的平方

和来度量。所以回归偏差为

$$S_{回} = \sum (\hat{y}_i - \bar{y})^2 \tag{8.5}$$

（3）剩余偏差（ESS）

ESS 称残差平方和，又称未解释变差，由残差项造成，包括非线性影响和观察误差。不能归咎于回归的偏差均称为剩余偏差或残差。此偏差可定义为观测值与回归值（估计值）之差的平方和：

$$S_{测} = \sum (y_i - \hat{y}_i)^2 \tag{8.6}$$

总偏差、回归偏差、剩余偏差之间的关系为

$$S_{总} = S_{回} + S_{测} \tag{8.7}$$

3. 相关系数检验/拟合优度检验

在一元线性回归分析中，用于衡量两变量线性关系密切程度的数量指标叫相关系数，用 R 表示，计算公式如下：

$$R = \frac{\sum (y_i - \bar{y})(x_i - \bar{x})}{\sqrt{\sum (x_i - \bar{x})^2 \sum (y_i - \bar{y})^2}} = \sqrt{\frac{\mathrm{RSS}}{\mathrm{TSS}}} \tag{8.8}$$

一般来说，相关系数 R 在 ± 1 之间变化，反映了变量 y 与 x 之间线性相关的密切程度。$|R|$ 越接近 1，就说明 y 与 x 之间线性相关程度越密切。由上可见相关系数 R 在预测中是非常重要的度量指标，R 的有效性取决于 n，n 是观测值的数目。当 n 较小时，y 与 x 之间必须由高度相关预测才能有意义。

表 8.1 给出了不同观测值数目 n 所对应的 R 值。如果要用回归法产生带有任何置信度的预测，则必须达到表中的值，其中这些值通过取 95% 的置信度获得。

表 8.1　相关系数表

观测值数目 n	5	7	9	15	25	35	45	60	80
相关系数 R	0.58	0.52	0.48	0.39	0.31	0.27	0.23	0.20	0.18

4. 自变量显著性检验

在一元线性回归分析中，需要对回归系数进行显著性检验，以判定预测模型变量 x 和 y 之间的线性假设是否合理，因为用到参数 t，故称为 t 检验。回归常数 a 是否为 0 的意义不大，通常只检验 b 的显著性：

$$t_b = b/S_b = b \sqrt{\frac{\sum (x_i - \bar{x})^2}{\sum (y_i - y'_i)^2 / (n-2)}}$$

式中　S_b——参数 b 的标准差，$S_b = S_y / \sqrt{\sum (x_i - \bar{x})^2}$；

　　　n——样本个数；

　　　S_y——回归标准差，$S_y^2 = \sum (y_i - y'_i)^2 / (n-2)$；

$$t_b = b \sqrt{\sum (x_i - \bar{x})^2} / S_y$$

t_b 服从 t 分布，可以通过 t 分布表查得显著性水平为 α、自由度为 $n-2$ 的数值 $t_{a/2}(n-2)$。

与之比较,若 t_b 的绝对值大于 $t_{a/2}(n-2)$,则表明回归系数显著性不为 0,参数 t 检验通过,说明 x 和 y 之间的线性假设合理;反之,不合理。

5. 回归方程显著性检验

在一元线性回归模型中需要利用方差分析以检验预测模型的总体线性关系的显著性。

$$F = \frac{\sum (y'_i - \bar{y})^2}{\sum (y_i - y'_i)^2 / (n-2)}$$

统计量 F 服从 F 分布,可以通过 F 分布表,查找显著性水平 α ,自由度 $n_1 = 1, n_2 = n-2$ 的 F 值 $F_a(1, n-2)$。若 $F \geqslant F_a(1, n-2)$,则表明回归系数具有显著性,参数 F 检验通过,说明回归方程较好地反映了变量 x 和 y 之间的线性关系,预测模型可用;反之,检验不通过。

6. 点预测和区间预测

在一元线性回归模型中,可以利用点预测在给定自变量的未来值 x_0 后,利用回归模型求出因变量的回归估计值 y'_0,这也称点估计,即 $y'_0 = a + bx$。

而区间预测是指以一定的概率 $1-\alpha$ 预测的 y 在 y'_0 附近变动的范围。对预测值 y'_0,在小样本($n < 30$)统计下,$100(1-\alpha)\%$ 预测置信区间为 $y'_0 \pm t_{a/2}(n-2)s_0$,α 通常取 0.05。置信区间的宽度在样本数据平均值处最小,即精度最高,随着计算值远离均值点,置信区间将增大。为了估计任何具体预测的置信区间,必须先知道回归标准差 S_r。回归的标准差定义为实际观测值 y_i 与回归值 $\hat{y}_i$ 之差的平方均值的平方根。

$$S_r = \sqrt{\frac{\sum (y_i - \hat{y}_i)^2}{n-2}} \tag{8.9}$$

预测值的标准差由下式给出:

$$S_{\hat{y}_i} = S_r \sqrt{1 + \frac{1}{n} + \frac{(x_0 - \bar{x})^2}{\sum (x_i - \bar{x})^2}} \tag{8.10}$$

由上式可以看出,当观测值数目 n 相当大时,$1/n$ 趋向于 0;$x_0 - \bar{x}$ 表示预测值 y_0 对应的自变量 x_0 距预测模型样本数据平均值 $\bar{x}$ 的距离。

例 8.1:以某地区镀锌钢板需求量为例进行分析。2020 年某地区镀锌钢板消费量为 15.32 万吨,主要用于家电、轻工和汽车等行业,2011—2020 年当地镀锌钢板消费量及同期第二产业产值如表 8.2 所列。按照该地区"十四五"规划,"十四五"(2021—2025)期间地方第二产业增长速度预计为 12%。请用一元回归方法预测 2025 年当地镀锌钢板的需求量。

表 8.2 某地区镀锌钢板消费量与第二产业产值统计表

年份/年	2011	2012	2013	2015	2016	2017	2018	2019	2020	合计	平均
第二产业产值/亿元	1.003	1.119	1.26	1.527	1.681	1.886	1.9	2.028	2.274	16.128	1.612 8
镀锌钢板消费/万吨	3.45	3.5	4.2	7.1	7.5	8.5	11	13.45	15.32	79.42	7.942

解:步骤如下:

① 建立回归模型。

经分析,发现该地区镀锌钢板消费量与第二产业产值之间存在线性关系,将镀锌钢板设为因变量 y,以第二产业产值为自变量,建立一元回归模型 $y = a + bx$。

② 计算相关参数。

利用最小二乘法,计算出参数 $b=9.64, a=-7.61$。

③ 相关检验

$R_2=0.923, R=0.961$。当 $\alpha=0.05$ 时,自由度 $n-2=8$,查相关检验表得 $R_{0.05}=0.632$。

因 $R=0.961>0.632=R_{0.05}$,故在 $\alpha=0.05$ 的显著性检验水平上,检验通过,说明第二产业产值与镀锌钢板需求量线性相关。

④ t 检验。

回归系数 b 显著性检验:

$t_b=9.49$,在 $\alpha=0.05$ 时,自由度 $n-2=8$,查 t 检验表,得 $t(0.025,8)=2.306$。

因 $t_b=9.49>2.306=t(0.025,8)$,故在 $\alpha=0.05$ 的显著性检验水平上,t 检验通过,这说明第二产值与镀锌钢板消费量线性关系显著。

⑤ F 检验

$F_b=104.14$,在 $\alpha=0.05$ 时,自由度 $n_1=1, n_2=n-2=8$,查 F 检验表,得 $F(1,8)=5.32$。

因 $F_b=104.14>5.32=F(1,8)$,故在 $\alpha=0.05$ 的显著性检验水平上,F 检验通过,表明预测模型的整体可靠性较高。

⑥ 需求预测

根据地方规划,2025 年地区第二产业产值将达到

$$x_{(2025)}=(1+r)^5 x_{(2010)}=(1+12\%)^5 2.274 \text{亿元}=4.01 \text{亿元}$$

因此,2025 年当地镀锌钢板需求点预测为

$$y_{(2025)}=a+bx_{(2015)}=(-7.61+9.64\times4.01)\text{万吨}=31.06 \text{万吨}$$

区间预测:$s_0=2.684$,故在 $\alpha=0.05$ 的显著性检验水平,2025 年镀锌钢板需求量的置信区间为 $31.06\pm t(0.025,8)$,并且

$$s_0=31.06\pm2.306\times2.684=31.06\pm6.19$$

即在 $(24.87, 37.25)$ 的区间内。

8.3.2　多元线性回归分析

在实际生产生活中,许多事物的变化往往受两个或两个以上因素的影响,当有多个自变量 x_i 分别与因变量 y 存在一种线性关系时,则可考虑利用多元线性回归来进行分析。

1. 回归方程确定

设影响因变量 y 的自变量为 $x_1, x_2, \cdots, x_n$。给定一组观测数据 $(x_{k1}, x_{k2}, \cdots, x_{km}, y_k)$,$k=1,2,\cdots,n$,该组数据多元线性回归的数学模型可表达为

$$\hat{y}_0=b_0+b_1 x_1+b_2 x_2+\cdots+b_m x_m \tag{8.11}$$

式中,$\hat{y}_0$ 为多元线性回归的估计值,b_0 为待定常数,$b_i(i=1,2,\cdots,n)$ 为 $\hat{y}_0$ 对 $x_i(i=1,2,\cdots,n)$ 的回归系数。

根据最小二乘法,$b_0, b_1, \cdots, b_n$ 需要使全部观测值 y_k 与回归值 $\hat{y}_k$ 的偏差平方和 Q 最小,公式如下:

$$\min Q=\sum_{k=1}^{n}(y_k-\hat{y}_k)^2=\sum_{k=1}^{n}(y_k-b_0-b_1 x_{k_1}-\cdots-b_m x_{k_m}) \tag{8.12}$$

求偏导数：

$$\frac{\partial Q}{\partial b_i} = 0, \quad i = 0, 1, \cdots, n \tag{8.13}$$

得到如下方程组：

$$b_0 = \bar{y} - b_1 \bar{x}_1 - \cdots - b_m \bar{x}_m$$

$$\begin{cases} L_{11}b_1 + L_{12}b_2 + \cdots + L_{1m}b_m = L_{1y} \\ L_{21}b_1 + L_{22}b_2 + \cdots + L_{2m}b_m = L_{2y} \\ \qquad\qquad\qquad\vdots \\ L_{m1}b_1 + L_{m2}b_2 + \cdots + L_{mm}b_m = L_{my} \end{cases}$$

式中，

$$\bar{y} = \frac{1}{n} \sum y_k$$

$$\bar{x}_i = \frac{1}{n} \sum x_{k_i}$$

$$L_{ij} = L_{ji} = \sum (x_{kj} - \bar{x}_j)(x_{ki} - \bar{x}_i)$$

$$L_{iy} = \sum (x_{ki} - \bar{x}_i)(y_k - \bar{y})$$

$$i, j = 1, 2, \cdots, m$$

求解上述方程组即可得到 $b_1, \cdots, b_m$，进而求得 b_0。

2. 回归方程预测

若回归方程和系数都是显著的，就可以用该回归模型进行预测。给定一组变量 $(x_{01}, x_{02}, \cdots, x_{0m})$，由回归方程可得预测值为

$$\hat{y}_0 = b_0 + b_1 x_{01} + b_2 x_{02} + \cdots + b_m x_{0m} \tag{8.14}$$

观测值与估计值之间的均方差为

$$S_e = \left[\frac{\sum (y_k - \hat{y}_k)^2}{n - m - 1} \right]^{1/2} \left[1 + \frac{1}{n} \sum C_{ij}(x_{0i} - \bar{x}_i)(x_{0j} - \bar{x}_j) \right]^{1/2} \tag{8.15}$$

式中，C_{ij} 是上述方程组中系数 L_{ij} 组成矩阵的逆矩阵中的第 i 行第 j 列元素。

当 n 比较大，且 x_{0i} 分别接近于 $\bar{x}_i$ 时，可近似认为

$$(y - \hat{y}) \sim N(0, \hat{\sigma}^2)$$

则 S_e 可近似接近等于剩余标准差 $\hat{\sigma}$，即

$$S_e = \hat{\sigma} = \left[\frac{\sum (y_k - \hat{y}_k)^2}{n - m - 1} \right]^{1/2} \tag{8.16}$$

因此，y_0 的 $100(1-\alpha)\%$ 置信区间为 $\hat{y} - u_a\hat{\sigma} < y_0 < \hat{y} + u_a\hat{\sigma}$。

8.3.3 非线性回归分析

在实际问题中，有时因变量和自变量之间的关系并非线性，而是非线性的，此时需要拟合的是一条曲线，在统计上称为非线性回归，曲线的形式也因实际统计数据的不同而有所区别。非线性回归按照自变量的个数可分为一元非线性回归和多元非线性回归。但是对于非线性回

归函数,直接拟合非线性的回归函数较为困难,而因为计算复杂而线性回归的理论和方法已发展完备,所以一般通过将非线性回归函数转化为线性函数的方式进行参数估计,从而进行相关预测问题的研究。

下面介绍一些常用的非线性函数转化为线性函数的方法。掌握了将非线性函数转化为线性函数的方法,在非线性回归分析时,先用前面讲到的线性回归方法来处理因变量和自变量的关系,然后再利用非线性函数和线性函数的对应关系就可以实现非线性回归分析。

(1) 指数型

$$y = dc^x$$

对上式两边取对数,得

$$\log y = \log d + x \log c$$

令 $y' = \log y, b = \log c, a = \log d$,则 $y = dc^x$ 可写成

$$y' = a + bx$$

(2) 双曲线型

$$y = a + \frac{b}{x}$$

令 $x' = 1/x$,则上式可化为

$$y = a + bx'$$

(3) 幂函数型

$$y = ax^b$$

两边取对数,令 $y' = \ln y, a' = \ln a, x' = \ln x$,则上式可化为

$$y' = a' + bx'$$

(4) 三角函数型

$$y = a + b \sin x$$

令 $x' = \sin x$,则上式可化为

$$y = a + bx'$$

(5) 一元多项式

$$y = b_0 + b_1 x + b_2 x^2 + \cdots + b_m x^m$$

令 $x_1 = x, x_2 = x^2, \cdots, x_m = x^m$,则上式可化为

$$y = b_0 + b_1 x_1 + b_2 x_2 + \cdots + b_m x_m$$

8.3.4　其他因果预测方法

除了上述的三种因果分析方法外,还有诸如状态空间预测法、计量经济学预测法、灰色预测法等。状态空间预测法通常使用构建状态空间模型进行预测,状态空间模型是动态时域模型,以隐含着的时间为自变量;计量经济学预测法是将经济分析与数学方法相结合的一种预测方法,计量经济学模型是用于描述经济现象受有关其他主要经济变量影响的数量分析方程,它广泛应用于宏观经济分析与微观经济分析、预测及政策评价。下面主要介绍灰色预测法。

1. 灰色预测法简述

灰色预测理论是华中科技大学邓聚龙教授在 20 世纪 80 年代创立的,在国内外有很大的反响。灰色预测是灰色系统理论的重要组成部分,它利用连续的灰色微分模型,对系统的发展

变化进行全面的观察,并进行预测。

(1) 灰色预测的基本思想

控制论学者艾什比将内部信息缺乏的客体称为"黑箱",所以人们习惯用颜色的深浅来描述信息的多少。"黑"表示信息缺乏,"白"表示信息完全,"灰"表示信息的多少介于"黑"和"白"之间,即部分信息知晓,部分信息未知。一般地,把部分信息已知、部分信息未知的系统称为灰色系统。严格来说,灰色系统是绝对的。基于灰色系统理论的预测,称为灰色预测。

灰色预测通过鉴别系统因素之间发展趋势的相对程度,即进行关联分析,对原始数据进行生成处理来寻找系统变动的规律,生成有较强规律性的数据序列,然后建立相应的微分方程模型来寻找事物的未来发展规律。

(2) 灰色预测的类型

灰色预测按其应用的对象不同可分为以下 4 种类型:

- 数列预测。用观察到的反映预测对象特征的时间序列来构造灰色预测模型,预测未来某一时刻的特征量,或达到某一特征量的时间,这类预测是对系统行为特征值大小的发展变化所进行的预测,称为系统行为数据列的变化预测,简称数列预测。
- 灾变预测。对系统行为的特征值超过某个阈值(界限值)的异常值将在何时再出现的预测,称为灾变预测,所以灾变预测就是对异常值出现时刻的预测。
- 拓扑预测。将原始数据作曲线,在曲线上按定值寻找该定值发生的所有时点,并以该定值为框架构成时点数列,然后建立模型预测该定值所发生的时点,即为拓扑预测。这类预测是对一段时间内系统行为特征数据波形的预测。
- 系统预测。系统预测是指对同一系统多种行为变量的预测。通过对系统行为特征指标建立一组相互关联的灰色预测模型,预测系统中众多变量间的相互协调关系的变化。

2. 灰色预测模型

数学模型定量可以表达系统因素之间的数学关系,在灰色理论中建立微分方程模型来描述因素(变量)之间的关系从而建立模型,该模型称为 GM 模型(Gray Model)。

GM 模型机理如下:

① 一般系统理论只能建立差分模型,不能建立微分模型。差分模型是一种递推模型,只能按阶段分析系统的发展,只能用于短期分析。而灰色理论基于关联度收敛原理、生成数、灰导数、灰微分方程等观点和方法建立了微分方程模型。

② 灰色理论将一切随机变量看作是在一定范围内变化的灰色量,将堆积过程看作是在一定范围内变化的、与时间有关的灰色过程。利用数据生成的方法将杂乱无章的原始数据整理成规律性较强的生成数列再作研究。

③ 灰色理论通过模型计算值与实际值之差(残差)建立 GM(1,1)模型,作为提高模型精度的主要途径。此外,灰色理论模型在考虑残差 GM(1,1)模型的补充和修正后经常会成为差分微分型模型。

④ 对高阶系统建模,灰色理论是通过 GM(1,1)模型群来解决的,也可以通过多级多次残差 GM 模型的补充修正来解决。

⑤ 灰色理论建模,一般都采用三种检验方式,即残差大小检验、后验差检验和关联度检验。残差大小检验是按点检验,是算术检验;后验差检验是按照残差的概率分布进行检验,属

于统计检验;关联度检验是根据模型曲线与行为数据曲线的几何相似程度进行检验,属于几何检验。

⑥ GM 模型是生成数据模型,因此通过生成数据的 GM 模型所得到的预测值,必须作逆生成处理后才能使用。

灰色预测建模的动态微分方程模型的一般式为

$$\sum_{i=0}^{n} a_i \frac{\mathrm{d}^{n-i} x_1^{(1)}}{\mathrm{d} t^{n-i}} = \sum_{i=1}^{h-1} b_i x_{i+1}^{(1)} \tag{8.17}$$

记为 GM(n,h),其中 n 为微分方程的阶数,h 为变量的个数。常用的灰色模型有 GM$(1,1)$、GM$(2,1)$、GM$(0,2)$、GM$(1,2)$、GM$(2,2)$、GM$(1,h)$。

GM$(1,1)$的动态模型为

$$\frac{\mathrm{d} x^{(1)}}{\mathrm{d} t} + a x^{(1)} = b \tag{8.18}$$

响应函数为

$$\hat{x}^{(1)}(t) = \left[\hat{x}^{(1)}(0) - \frac{b}{a} \right] \mathrm{e}^{-at} + \frac{b}{a} \tag{8.19}$$

GM$(2,1)$的模型为

$$\frac{\mathrm{d}^2 x^{(1)}}{\mathrm{d} t^2} + a_1 \frac{\mathrm{d} x^{(1)}}{\mathrm{d} t} + a_2 x^{(1)} = a_3 \tag{8.20}$$

设上述方程的特征根为 λ_1、λ_2,则有

① 当 $\lambda_1 = \lambda_2$ 时,动态方程是单调的,时间响应函数为

$$\hat{x}^{(1)}(t) = (c_1 + c_2 t) \mathrm{e}^{\lambda_1 t} + \frac{a_3}{a_2} \tag{8.21}$$

② 当 $\lambda_1 \neq \lambda_2$ 时,响应函数为

$$\hat{x}^{(1)}(t) = c_1 \mathrm{e}^{\lambda_1 t} + c_2 \mathrm{e}^{\lambda_2 t} + \frac{a_3}{a_2} \tag{8.22}$$

③ λ_1、λ_2 为共轭复数 $\alpha \pm \beta_i$ 时,响应函数为

$$\hat{x}^{(1)}(t) = \mathrm{e}^{\lambda_1 t} \left[c_1 \cos(\lambda_2 t) + c_2 \sin(\lambda_2 t) \right] + \frac{a_3}{a_2} \tag{8.23}$$

GM$(0,2)$的动态模型为

$$\hat{x}^{(1)}(t) = a_1 + a_2 \hat{x}_2^{(1)}(t) \tag{8.24}$$

GM$(1,2)$的动态模型为

$$\frac{\mathrm{d} x_1^{(1)}}{\mathrm{d} t} + a_1 x_1^{(1)} = a_2 x_2^{(1)} \tag{8.25}$$

响应函数为

$$\hat{x}_1^{(1)}(t) = \left[x_1^{(1)}(0) - \frac{a_2}{a_1} x_2^{(1)}(t) \right] \mathrm{e}^{-a_1 t} + \frac{a_2}{a_1} x_2^{(1)}(t) \tag{8.26}$$

GM$(2,2)$的动态模型为

$$\frac{\mathrm{d}^2 x_1^{(1)}}{\mathrm{d} t^2} + a_1 \frac{\mathrm{d} x_1^{(1)}}{\mathrm{d} t} + a_2 x_1^{(1)} = a_3 x_2^{(1)} \tag{8.27}$$

响应函数和 GM$(2,1)$的类似,只需要将 $x_2^{(1)}$ 看作灰色常量即可。

上述不同模型能表述许多不同的函数关系。但模型得出的是一阶累加量，建模运算后需要做逆生成：

$$x^{(0)}(k) = x^{(1)}(k) - x^{(1)}(k-1) \tag{8.28}$$

基于以上模型，运用灰色预测模型进行系统预测的一般步骤如下：

① 根据系统数据构造累加生成序列 X；

② 计算系数值；

③ 得出时间响应预测函数；

④ 进行灰色关联度检验，当关联度满足分辨率的检验准则时通过检验；

⑤ 进行后验差检验和残差检验，基于此对原预测函数进行修正。

8.4　趋势预测

趋势预测法又称趋势分析法，它是定量系统预测中一种重要的方法，这种方法在应用中不断发展完善，逐步形成了系统预测方法中一种有广泛应用价值的预测方法。趋势预测的基本原理是：从过去的时间顺序排列的数据中找出事物随时间发展的变化规律，并推理出演化趋势，其主要优点是考虑时间序列发展趋势，使预测结果能更好地符合随时间变化的实际情况。趋势预测常用的方法有平滑预测法和趋势外推法，其中平滑预测包括移动平均法和指数平滑法。

8.4.1　移动平均法

移动平均法属于运用平滑预测模型来进行预测的方法，主要是将不规则的历史数据加以平滑，即消除短期偶然因素的干扰，以便于分析事件发展的趋势。

1. 一次移动平均法

一次移动平均法的基本操作是：

① 确定项数 N，依次计算出历史数据系列中 N 项实际平均值 M_t；

② 在第 t 期进行第 $t+T$ 期的预测，就把第 t 期的计算值 M_t 直接作为第 $t+T$ 期的预测值 y_{t+T}，公式为

$$y_{t+T} = M_t = \frac{1}{N}(x_t + x_{t-1} + \cdots + x_{t-N+1}) \tag{8.29}$$

式中，N 为移动平均数所取数据的项数；x_t 为第 t 期的历史数据。

显然，该方法操作十分简单，但也存在一些固有的缺点：它要求保留大量的历史数据，且采用等权值处理，未考虑数据距今时间长短对预测结果的影响，其假设是系统运动规律的惯性原理。

例 8.2：某型设备在外场使用过程中，由于故障需要进行维修，为了对故障进行及时维修以保证设备能正常稳定地工作，需要提供相应的设备备件。在 2018 年 1—12 月该设备的备件需求量如表 8.3 所列，可以用一次移动平均法预测 2019 年 1 月该设备的备件需求量。

表 8.3　2018 年 1—12 月设备的备件需求量

时　间	2018.1	2018.2	2018.3	2018.4	2018.5	2018.6	2018.7	2018.8	2018.9	2018.10	2018.11	2018.12	合　计
时序 t	1	2	3	4	5	6	7	8	9	10	11	12	
实际需求/台	53	46	48	35	48	50	38	34	38	64	45	42	541

解： 选择 $n=12$，即可以运用一次移动平均法对 2019 年 1 月（第 13 个周期）的备件需求量做出预测：

$$F_{13} = \frac{53+46+48+35+48+50+38+34+38+64+45+42}{12} = 45$$

2. 二次移动平均法

二次移动平均模型为

$$y_{t+T} = a_t + b_t T \tag{8.30}$$

式中，a_t 和 b_t 为平滑系数，计算公式如下：

$$a_t = 2M_t^{(1)} - M_t^{(2)}$$

$$b_t = \frac{2}{N-1}\left[M_t^{(1)} - M_t^{(2)}\right]$$

式中，$M_t^{(1)}$ 为一次移动平均值，$M_t^{(2)}$ 为二次移动平均值。

$$M_t^{(2)} = \frac{1}{N}\left[M_t^{(1)} + M_{t-1}^{(1)} + \cdots + M_{t-N+1}^{(1)}\right]$$

显然，二次移动平均模型中的参数都是随时间变化的。

8.4.2　指数平滑法

指数平滑法是在移动平均法的基础上发展起来的，是一种特殊的加权移动平均法，其原理是任一期的指数平滑值都是本期实际观察值与前一期指数平滑值的加权平均，其优点主要是克服了移动平均法需要储存大量数据以及对所使用的历史数据的作用等同看待的缺陷。

1. 一次指数平滑预测模型

一次指数平滑预测模型和预测值公式为

$$\hat{y}_{t+T} = s_t^{(1)} = \alpha x_t + (1-\alpha)s_{t-1}^{(1)} \tag{8.31}$$

式中　$s_t^{(1)}$——第 t 期的一次指数平滑值（预测值）；

x_t——第 t 期的时间序列的实际数据；

α——平滑系数，通常取值 0~1；

$\hat{y}_{t+T}$——第 $t+T$ 期的预测值。

上式还可以转化为

$$s_t^{(1)} = \alpha x_t + \alpha(1-\alpha)x_{t-1} + \alpha(1-\alpha)^2 x_{t-2} + \cdots + \alpha(1-\alpha)^t s_0^{(1)} \tag{8.32}$$

从式（8.32）中可看出，在计算 $s_t^{(1)}$ 时，所有资料数据 x_t 都利用到了；而且，各个 x_t 在 $s_t^{(1)}$ 中的影响是根据时间变化的，近期的数据所对应的权数较大，时间越久远的数据，所对应的权数越小。

在一次指数平滑模型中有两个关键问题，其一是平滑系数确定问题。平滑系数 α 取值越大，近期的数据对预测结果的影响越大。预测理论和经验表明，当 α 取值较大时，预测结果受到随机因素干扰的程度也较大,因此在预测时既要重视近期信息,又要注意 α 取值大时随机因素影响大的问题。平滑系数 α 存在两种极端情况:$\alpha=1$,取本期观测值;$\alpha=0$,取本期预测值。一般情况下,观测值呈较稳定的水平发展,α 取值为 $0.1\sim0.3$;观测值波动较大,α 取值为 $0.3\sim0.5$;观测值波动很大,α 取值为 $0.5\sim0.8$。

在一次指数平滑模型中还有另外一个重要问题,即初始值 $s_0^{(1)}$ 的确定。当时间序列的观测数据在 20 个以上时,初始值对预测结果影响较小,可用第一期的观测值代替,即 $s_0^{(1)}=x_1$;当观测数据小于 20 个时,可取前 $3\sim5$ 个观测值的平均值代替,比如 $s_0^{(1)}=(x_1+x_2+x_3)/3$。

2. 二次指数平滑预测模型

二次指数平滑预测模型为

$$s_t^{(2)}=\alpha s_t^{(1)}+(1-\alpha)s_{t-1}^{(2)} \tag{8.33}$$

二次指数平滑法预测值公式为

$$\hat{y}_{t+T}=a_t+b_t T \tag{8.34}$$

式中　a_t、b_t——二次指数平滑系数,二者估计值分别为

$$a_t=2s_t^{(1)}-s_t^{(2)}$$

$$b_t=\frac{\alpha}{1-\alpha}(s_t^{(1)}-s_t^{(2)})$$

式中　$s_t^{(1)}$——一次指数平滑值;

$\qquad s_t^{(2)}$——二次指数平滑值。

3. 三次指数平滑预测模型

三次指数平滑预测模型为

$$s_t^{(3)}=\alpha s_t^{(2)}+(1-\alpha)s_{t-1}^{3} \tag{8.35}$$

三次指数平滑法预测值公式为

$$\hat{y}_{t+T}=a_t+b_t T+c_t T^2 \tag{8.36}$$

式中,a_t、b_t、c_t 为三次指数平滑系数,三者估计值分别为

$$a_t=3s_t^{(1)}-3s_t^{(2)}+s_t^{(3)}$$

$$b_t=\frac{1}{2(1-\alpha)}\left[(6-5\alpha)s_t^{(1)}-2(5-4\alpha)s_t^{(2)}+(4-3\alpha)s_t^{(3)}\right]$$

$$c_t=\frac{\alpha^2}{2(1-\alpha)}\left[s_t^{(1)}-2s_t^{(2)}+s_t^{(3)}\right]$$

式中　$s_t^{(1)}$——一次指数平滑值;

$\qquad s_t^{(2)}$——二次指数平滑值;

$\qquad s_t^{(3)}$——三次指数平滑值。

三次指数平滑预测模型几乎可以适用于各类实际问题,二次指数平滑预测模型可以看成是三次指数平滑预测模型的特例,即 $c_t=0$。

4. 指数平滑法的一般步骤

运用指数平滑法来进行系统预测的步骤大致分为三步:

① 初始值的确定,即第一期的预测值。一般原数列的项数较多(大于 15 项)时,可以选用第一期的观察值或选用比第一期前一期的观察值作为初始值。当原数列的项数较少(小于

15 项)时,可以选取最初几期(一般为前三期)的平均数作为初始值。

②　指数平滑方法的选用,一般可根据原数列散点图呈现的趋势来确定。如呈现直线趋势,则选用二次指数平滑法;如呈现抛物线趋势,则选用三次指数平滑法。或者,当时间序列的数据经二次指数平滑处理后,仍有曲率时,选用三次指数平滑法。

③　平滑系数 α 的确定。一般来说,如果数据波动较大,α 值应取大一些,可以增加近期数据对预测结果的影响。如果数据波动平稳,α 值应取小一些。

例 8.3: 以某设备销售额预测为例,某设备生产厂 2018 年第一、二、三季度设备的销售额分别为 140 万元、200 万元和 180 万元,试用一次指数平滑法预测该厂第四季度的产品销售额,其计算公式为

$$F_4 = \alpha \times A_3 + (1-\alpha)F_3$$

解: 不妨取平滑系数 $\alpha=0.2$,A_3 为第三季度的实际值,为 180 万元;关键是第三季度的预测值 F_3,令第二期的预测值 F_2 等于前一期的实际值 A_1,利用公式计算出 F_3,即

$$F_2 = A_1 = 140 \text{ 万元}$$

$$F_3 = \alpha \times A_2 + (1-\alpha)F_2 = (0.2 \times 200 + 0.8 \times 140) \text{ 万元} = 152 \text{ 万元}$$

故 $F_4 = (0.2 \times 180 + 0.8 \times 152)$ 万元 $= 157.6$ 万元。

8.4.3　趋势外推法

趋势外推法又称为趋势延伸法,它是根据预测变量的历史时间序列揭示出的变动趋势来外推将来的情况以确定预测值的一种预测方法。趋势外推法通常用于预测对象的发展规律是呈渐进式的变化,而不是跳跃式的变化,并且能够找到一个合适的函数曲线反映预测对象变化的趋势。

1. 基本假设及理论

趋势外推的基本假设是未来是过去和现在连续发展的结果,也即是系统的动态发展具有一定的惯性。当预测对象依时间变化呈现某种上升或下降趋势,没有明显的时间波动,且能找到一个合适的函数曲线反映这种变化趋势时,就可以用趋势外推法进行预测。

趋势外推法的基本理论是:决定事物过去发展的因素,在很大程度上也决定该事物未来的发展,其变化不会太大;事物发展过程一般都是渐进式的变化,而不是跳跃式的变化。掌握事物的发展规律,依据这种规律推导,就可以预测出事物的未来趋势和状态。

2. 常用的趋势拟合曲线

在实际应用中,最常用的有多项式函数、指数函数、生长曲线函数以及包络线曲线等。通过组合变形,可以产生许多趋势拟合曲线,因此需要根据具体问题选择不同的拟合曲线。

(1)　一元线性模型

$$\hat{y} = a + bt \tag{8.37}$$

一元线性模型上的纵坐标呈现出一次差分(逐期增长量)大致相等的特点,其参数估计方法与回归模型及平滑法的参数估计方法相同。

(2)　二次抛物线模型

$$\hat{y}_t = a + bt + ct^2 \tag{8.38}$$

二次抛物线模型曲线上的纵坐标呈现出二次差分(二级增长量)大致相等的特点,参数估

计方法与回归分析的参数估计方法相同。

（3）三次抛物线模型

$$\hat{y}_t = a + bt + ct^2 + dt^3 \tag{8.39}$$

曲线上的纵坐标呈现出三次差（三级增长量）相等的特点，所以三次抛物线适用于三级增长量大体相等的预测目标，可用最小平方法进行参数估计。

（4）指数曲线模型

$$\hat{y}_t = ab^t \tag{8.40}$$

曲线上点的纵坐标呈现出逐期环比系数相等，即环比速度为一常数的特点，因此它适用于时序环比速度大体相等的预测目标。

为了对模型进行参数估计，对模型等式两边取对数，得

$$\lg \hat{y}_t = \lg a + t\lg b \tag{8.41}$$

此时其参数估计同线性方程一样。

（5）修正指数曲线模型

$$\hat{y}_t = k + ab^t \tag{8.42}$$

修正指数曲线用于描述这样一类现象：初期增长迅速，随后增长率逐渐降低，最终则以 K 为增长极限。

（6）龚伯茨曲线模型

$$\hat{y}_t = ka^{b^t} \tag{8.43}$$

曲线初期增长缓慢，以后逐渐加快，当达到一定程度后，增长率又逐渐下降，最后接近一条水平线。该曲线的两端都有渐近线，其上渐近线为 $y=K$，下渐近线为 $y=0$。该曲线多用于新产品的研制、发展、成熟和衰退分析，工业生产的增长、产品的生命周期、一定时期内人口增长等现象也适合该曲线。

（7）Logistic 曲线模型

$$\hat{y}_t = \frac{1}{k + ab^t} \tag{8.44}$$

该模型可用于描述耐用消费品的普及过程，以及技术的发展过程等。

在使用以上预测模型时，评判模型拟合优度的好坏一般使用标准误差作为指标，其公式如下：

$$SE = \sqrt{\frac{\sum (\hat{y} - \bar{y})^2}{n}} \tag{8.45}$$

3. 趋势外推法的一般步骤

应用趋势外推法进行预测，主要包括以下 6 个步骤：

① 选择预测参数；

② 收集必要的数据；

③ 拟合曲线；

④ 趋势外推；

⑤ 预测说明；

⑥ 研究预测结果在制定规划和决策中的应用。

例 8.4：以某机械制造厂年利润预测为例,某机械制造厂 2008—2018 年利润额数据资料及相应时间变量编号如表 8.4 所列,试预测 2019 年利润为多少。

表 8.4　某机械制造厂 2008—2018 年利润额数据

年份/年	2008	2009	2010	2011	2012	2013	2014	2015	2016	2017	2018
编号	-5	-4	-3	-2	-1	0	1	2	3	4	5
利润/万元	200	300	350	400	500	630	700	750	850	950	1 020

解：根据对案例的增长值分析,选用一元线性模型进行预测。所以有

$$\hat{y}=a+bt$$

对于本案例,则有

$$b=82.7,\quad a=604.5$$

$$\hat{y}_{2019}=(604.5+82.7\times6)\text{万元}=1\ 100.7\text{万元}$$

8.5　马尔可夫预测

马尔可夫预测法是以俄国数学家马尔可夫的名字命名的一种特殊的预测方法,其实质是一种预测事件发生的概率的方法,马尔可夫预测讲述了有关随机变量、随机函数与随机过程的概念。在马尔可夫链中,最核心的部分就是状态转移,如果过程由一个特定的状态变化到另一个特定的状态,就说明实现了状态转移。当过程在时刻 t_0 所处的状态为已知时,过程在时刻 t ($t>t_0$)所处的状态与过程在 t_0 时刻之前的状态无关。t 处在某一状态完全是随机的。根据系统稳定性假设,即无论系统处于何种状态,在经过足够多的状态转移之后,均达到一个稳态。因此,欲求长期转移概率矩阵,即进行长期状态预测,只要求出稳态概率矩阵即可。

8.5.1　状态转移概率矩阵及其基本性质

状态转移是一种随机现象,那么为了对转移过程进行定量描述,需要引入状态转移概率。

状态转移概率：由状态 i 转移到状态 j 的概率,记为 P_{ij}。

为方便状态转移概率的表达,现给出 n 个状态的转移概率矩阵：

$$\boldsymbol{P}=\begin{bmatrix} p_{11} & p_{12} & \cdots & p_{1n} \\ p_{21} & p_{22} & \cdots & p_{2n} \\ \vdots & \vdots & & \vdots \\ p_{n1} & p_{n2} & \cdots & p_{nn} \end{bmatrix}$$

式中, $\boldsymbol{P}_{ij}\geq0,i,j=1,2,\cdots,n,\sum_{j=1}^{n}\boldsymbol{P}_{ij}=1$,第 i 行向量 $\boldsymbol{P}_{i1},_{i2},\cdots,\boldsymbol{P}_{in}$ 称为概率向量。

概率矩阵有如下两个性质：

① 若 $\boldsymbol{u}=(u_1,\cdots,u_n)$ 是一个 n 维向量, $\boldsymbol{P}=[P_{ij}]_{n\times n}$ 为 n 阶概率矩阵,则 $\boldsymbol{u}\times\boldsymbol{P}$ 也是一个 n 维概率矩阵。

② 若 $\boldsymbol{A}=[a_{ij}]_{n\times n},\boldsymbol{B}=[b_{ij}]_{n\times n}$ 都是 n 阶概率矩阵,则 $\boldsymbol{A}\times\boldsymbol{B}$ 也为 n 维概率矩阵。

8.5.2　k 步状态转移概率矩阵

马尔可夫链是一个离散的随机状态时间序列,序列中的每个状态都可认为是过程的一个

阶段。第 k 个阶段状态发生的概率可根据第 $k-1$ 个阶段状态发生的概率来确定。因此,可以根据概率论中条件概率的运算法则,由第 $k-1$ 阶段状态概率推算第 k 阶段的状态概率,然后根据第 k 阶段的状态概率推算第 $k+1$ 阶段的状态概率。以此类推,这样的过程称为马尔可夫链分析。因此,马尔可夫链分析的关键在于确定从第 i 个状态,中间经过 k 个阶段(k 步转移)后,到达第 j 个状态的概率为 p_{ij}^k。转移矩阵可表示为

$$\boldsymbol{P} = \begin{bmatrix} p_{11}^k & p_{12}^k & \cdots & p_{1n}^k \\ p_{21}^k & p_{22}^k & \cdots & p_{2n}^k \\ \vdots & \vdots & & \vdots \\ p_{n1}^k & p_{n2}^k & \cdots & p_{nn}^k \end{bmatrix}$$

8.5.3　推导稳定状态概率向量

在已知初始条件下,对系统进行预测就是求稳态概率矩阵,即是求固定概率向量。

马尔可夫 k 步转移概率矩阵有一个重要特性,即当转移步数达到足够多时,转移概率逐步趋于稳定。现以下面的计算为例进行说明,其中 $\boldsymbol{P}^1$ 为初始及一步状态转移矩阵,则有

$$\boldsymbol{P}^1 = \begin{bmatrix} 0.8 & 0.2 \\ 0.6 & 0.4 \end{bmatrix}, \quad \boldsymbol{P}^2 = (\boldsymbol{P}^1)^2 = \begin{bmatrix} 0.8 & 0.2 \\ 0.6 & 0.4 \end{bmatrix} \begin{bmatrix} 0.8 & 0.2 \\ 0.6 & 0.4 \end{bmatrix} = \begin{bmatrix} 0.76 & 0.24 \\ 0.72 & 0.28 \end{bmatrix}$$

$$\boldsymbol{P}^3 = (\boldsymbol{P}^1)^3 = \begin{bmatrix} 0.752 & 0.248 \\ 0.744 & 0.256 \end{bmatrix}$$

$$\boldsymbol{P}^4 = (\boldsymbol{P}^1)^4 = \begin{bmatrix} 0.704 & 0.249\ 6 \\ 0.748\ 8 & 0.251\ 2 \end{bmatrix}, \quad \boldsymbol{P}^5 = (\boldsymbol{P}^1)^5 = \begin{bmatrix} 0.750\ 08 & 0.249\ 92 \\ 0.749\ 76 & 0.250\ 24 \end{bmatrix}$$

经过 4 步转移后概率大致趋于稳定。由此可见,稳定状态转移矩阵的概率向量相同。通常把这样的概率向量称为稳定状态概率向量。上面的结果表明,不管初始结果如何,经过若干阶段后,各状态发生的概率均趋于稳定,由此可以计算出最终的预测结果。

8.6　本章小结

系统预测方法是对系统动态发展过程进行推断和估计的方法,有利于我们充分认识系统的动态性。本章介绍了系统预测的基本原理,并将系统预测分为系统定性预测和系统定量预测,重点针对系统定量预测的各类方法进行介绍,主要包括因果预测法、趋势预测法和马尔可夫预测法。

因果预测法主要包括回归分析模型,趋势预测法主要为平滑预测模型。在众多系统预测模型中,回归分析模型既可以用于因果关系的分析,也可以用于时间序列的分析。平滑预测模型只适用于时间序列。对于时间序列,平滑预测模型比回归分析模型更实用、更简单。回归方法在分析时间序列时,对每一个数据点都予以相同的重视,而平滑预测模型则可以根据数据点在时间上的远近给予不同的权值。除了上述两种预测方法外,还介绍了马尔可夫预测法。马尔可夫过程的重要特性就是无后效性,该方法是一种既实用又较为方便的预测方法,在经济和工程等领域发挥着很重要的作用。

另外,通过对因果预测、趋势预测和马尔可夫预测的介绍,可以看出:定量系统预测的基

础是通过已知的信息和数据建立系统模型,并基于系统模型来对未知进行推断。因此,从根本上来说,系统预测是系统建模方法在系统动态性分析中的应用。从这个角度来讲,为了提高系统预测的准确性,我们要不断提高系统模型的精确性,才能做出更为准确的预测,来给系统决策提供支持。

习 题

1. 简述系统预测的基本概念和基本步骤。
2. 简述因果预测法和趋势预测法的异同。
3. 简述指数平滑预测方法的特点及其适用特点。
4. 某型设备的价格与需求量的信息如习题表 8.1 所列。

习题表 8.1 设备价格与需求量信息

价格/(元·件$^{-1}$)	1	2	3	4	6	7
需求量/件	80	75	74	74	72	70

① 确定价格与需求量的线性回归模型。
② 当置信度为 95%、估计价格为 5 元/件时,求需求量的预测区间。

5. 假设某国在 2012—2017 年间某型号战斗机的生产量如习题表 8.2 所列,请运用灰色预测法预测 2018 年、2019 年的战斗机产量。

习题表 8.2 战斗机年生产量信息

年份/年	2012	2013	2014	2015	2016	2017
架数/架	81	86	88	90	101	110

6. 某国 2010—2017 年间某型号武器生产量如习题表 8.3 所列。请用一次指数平滑法预测 2018 年该型号武器的生产数量,其中 $\alpha = 0.2$。

习题表 8.3 武器年生产量信息

年份/年	2010	2011	2012	2013	2014	2015	2016	2017
数量/个	50	51	48	53	55	57	57	60

7. 设某产品连续 8 个季度以来的销售额如习题表 8.4 所列。

习题表 8.4 产品年销售额信息

季度 t	1	2	3	4	5	6	7	8
销售额 y/亿元	1.2	1.4	1.5	1.7	1.8	2.1	2.1	2.0

现拟合二次抛物线模型:

$$y = a + bt + ct^2$$

① 估计参数 a、b、c。
② 求第 9、10 季度的零售额。

8. 由 4 辆坦克组成的坦克群受到攻击。坦克群可能的状态是 S_1、S_2、S_3、S_4、S_5,分别代表所有坦克完好、1辆坦克被毁、2辆坦克被毁、3辆坦克被毁、4辆坦克被击毁。状态图如习题图8.1所示。试求第三次射击后,坦克群的状态概率。

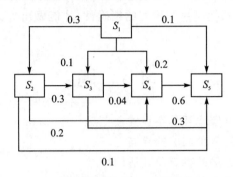

习题图 8.1 坦克群状态图

9. 有 n 组观测值 (x_i, y_i),$i=1,2,\cdots,n$,用最小二乘法将 y 回归到 x 上得 $y=\hat{a}_0+\hat{a}_1x$,将 x 回归到 y 上得 $x=\hat{\beta}_0+\hat{\beta}_1y$,问:两条直线是否一致?在什么条件下一致?

10. 某机械制造厂商 2009—2017 年销售额如习题表 8.5 所列,请用二次移动平均法预测 2018 年和 2019 年的销售额。($n=4$)

习题表 8.5 产品年销售额信息

年度/年	2009	2010	2011	2012	2013	2014	2015	2016	2017
销售额/万元	400	480	493	510	521	510	530	550	580

第9章 系统仿真方法

在开展系统工程的过程中,经常需要对系统开展间接实验,系统仿真则是一种非常有效的间接实验方式,其目的是通过间接实验来对系统进行分析和评价。系统仿真是一种对系统问题进行求解的分析技术,特别是当系统无法通过建立数学模型进行求解时,仿真方法则会显得尤为有效。对于一些难以构建物理模型和数学模型的对象系统,可通过仿真模型来对待求解问题进行预测、分析和评价。在进行系统仿真时,可以根据系统分析的目的在分析系统各要素的性质及其相互关系的基础上,建立能描述系统结构或行为过程且具有一定逻辑关系或数量关系的仿真模型,据此进行试验或定量分析,以获得正确决策所需的各种信息。

9.1 系统仿真概述

系统仿真归根结底是一种系统分析方法,在系统分析过程中需要建立仿真模型,把一个复杂系统转化成模型,通过模型来对系统的性质和行为进行模拟,以便于系统分析。通过系统仿真,能启发新的思想或产生新的策略,还能暴露出原系统中隐藏的一些问题,以便及时解决。

9.1.1 仿真与系统仿真

在系统工程方法中,数学建模方法是一种重要的描述系统的方法。现有的数学工具已经可以成功地描述并且解决一系列的简单问题,比如运筹学中的线性规划可用于解决资源配置问题等。但是对于复杂系统,很难建立其数学模型,这时就需要通过系统仿真的方法来解决。由于"仿真"是从英文"Simulation"译过来的,所以"仿真"有时也被称为"模拟"。

系统仿真通过建立和运行仿真模型,来模拟实际系统的运行状态,从而了解系统的行为或评估系统运用的各种策略。系统仿真是对实际系统的一种模仿活动,是对实际系统的一种抽象而本质的描述。这种描述是与系统模型紧密联系在一起的,基于模型并通过对仿真运行过程的观察和统计,能得到仿真对象系统的仿真输出参数和基本特性,并以此估计和推断实际系统的真实参数和性能。

9.1.2 系统仿真的特点

系统仿真的实质是一个实验过程,这是一种利用模型来进行的人为的间接试验手段,它和现实系统实验的差别在于,仿真实验不是依据实际环境,而是依据作为实际系统映像的系统模型以及相应的"人造"环境而进行的。仿真可以比较真实地描述系统的运行、演变及其发展过程;同时,它还是系统地收集和积累信息的过程,尤其是对一些复杂的随机问题,应用仿真技术是提供所需信息的唯一令人满意的方法。

系统仿真作为一种研究系统行为的系统分析方法,具有如下特点:

① 优化设计。现代大型系统的规模和复杂性,要求在建立系统之前能够分析和预测系统的性能和参数,以便使所设计的系统达到最优指标。

② 经济性。对于一个大型的系统,直接实验往往成本十分昂贵或风险巨大。采用仿真实验这种间接实验的方法可以缩减成本并降低风险。系统仿真是一种高效的实验手段,它为一些复杂系统创造了一种"柔性"计算实验环境,人们可以在短时间内获得对系统运动规律及未来特性的认识。

③ 灵活性。系统仿真实验是一种计算机上的软实验,通过仿真软件即可开展仿真实验。系统仿真的输出结果是在仿真过程中由仿真软件自动给出的。一次仿真结果只是对系统行为的一次抽样,因此一项仿真研究往往是由多次独立的重复仿真实验组成的,所得到的结果也只是对真实系统进行的具有一定样本量的仿真实验的随机样本。

④ 可预测性。对于经济、社会、生物等非工程系统,直接实验几乎是不可能的,而仿真则可用于预测系统的特性和外部作用的影响,从而研究控制的策略。

另外,在处理一些复杂系统的问题时,系统仿真面向实际过程和系统问题,将不确定性作为系统随机变量来处理,建立系统内部结构关系模型,通过计算机仿真实验求解,避免了处理复杂数学模型的困难。系统仿真为分析和决策人员提供了一种有效的实验环境,他们的设想和方案可以通过直接调整模型中的参数或结构来实现,并通过模型的仿真运行得到其"实施"结果。

9.1.3　仿真与仿真模型

系统仿真有三个基本要素,它们分别是系统、模型和仿真。其中,系统是研究的对象,模型是对系统的抽象,仿真是对模型的实验。系统仿真三要素之间的关系如图 9.1 所示。

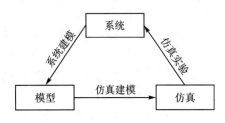

图 9.1　系统仿真的三个要素

要开展系统仿真,首先要通过系统建模建立所研究系统的模型,然后还要通过仿真建模将系统模型转化为可运行的仿真模型并对系统模型进行仿真,最后通过仿真实验到对系统进行模拟并分析。从上面系统仿真三要素之间的关系可以看到,系统仿真的核心是模型。在系统仿真中有三种类型的模型,根据系统仿真时采用的模型不同,可以将系统仿真分为三种形式:

① 物理模型:对应的系统仿真称为实物仿真或物理仿真。物理模型是按照真实系统的物理性质构造系统的物理模型,在物理模型上进行实验的过程称为物理仿真。利用物理模型进行仿真的优点是直观、形象;缺点是模型改变困难,实验限制多,投资较大。

② 数学模型:对应的系统仿真称为计算机仿真或数学仿真。对实际系统进行抽象,并将其特性用数学关系加以描述便可得到数学模型。对数学模型进行实验的过程称为数学仿真,亦称为计算机仿真,其优点是方便、灵活、经济,缺点是受限于系统建模技术,即系统数学模型不易建立。

③ 数学-物理模型:对应的系统仿真称半实物仿真或数学-物理仿真,即将数学模型与物理模型甚至实物联合起来进行实验。对系统中比较简单的部分或对其规律比较清楚的部分建立数学模型,并在计算机上加以实现;对比较复杂的部分或对规律尚不十分清楚的系统,其数学模型的建立比较困难,则采用物理模型或实物,在仿真时将两者连接起来完成整个系统的实验。

9.1.4　系统仿真的分类

除了以上根据系统仿真中采取的仿真模型类型来对系统仿真形式进行划分外，还可以根据不同的分类标准，来对系统仿真做如下分类。

(1) 确定性仿真和随机仿真

此分类主要根据仿真模型的输出结果类型来划分不同的仿真。确定性仿真是指系统在某一时刻的状态完全由系统之前的状态所决定，即其输出由输入决定。随机仿真中相同的输入经过系统转移后会得到不同的输出结果，这些结果虽然不确定，但服从一定的概率分布。

(2) 连续系统仿真与离散系统仿真

根据系统状态的变化与时间的关系，还可以将系统仿真划分为连续系统仿真与离散系统仿真。连续系统仿真是指系统状态随时间呈连续性变化，离散系统仿真是指系统状态随时间呈间断性变化。但这两类仿真的时间可以是连续的或是间断的。

(3) 欠实时仿真、实时仿真和超实时仿真

根据仿真时钟与实际时钟的快慢比较还可以将系统仿真分为欠实时仿真、实时仿真和超实时仿真。欠实时仿真的仿真时钟比实际时钟慢，实时仿真的仿真时钟与实际时钟一致，超实时仿真的仿真时钟比实际时钟快。

以上仿真的分类只是从不同的角度对仿真的不同描述，在不同的研究领域中，会对系统仿真采取不同的方式进行分类以便于研究其共同点，针对不同侧重的研究也会有不同的分类。本章后续部分将研究几种较为常见和重要的系统仿真方法。

9.1.5　系统仿真的过程

在开展系统仿真过程、需要构建系统仿真模型前，核心工作是建立仿真的逻辑结构模型，其本质即是系统模型，即分析系统要素的构成、子系统的组成，并考察系统要素间以及子系统间的动态特性。基于系统的逻辑结构模型，便可构建系统仿真的实验模型。另外，系统仿真并不是一蹴而就的，而是一个迭代过程，它需要逐步修正，从而逼近我们想要达到的仿真结果。

一般来讲，系统仿真遵循以下一般过程，其流程如图 9.2 所示。

① 建模与形式化。确定系统模型的边界，对模型进行形式化处理。

② 仿真建模。将系统模型转化为可执行、可模拟、可观测的仿真模型。

③ 执行设计。如果是计算机仿真，则需要将仿真模型用计算机能执行的程序来描述，程序中要包括仿真实验的要求，要考虑仿真算法的稳定性、计算精度和计算速度。如果是实物仿真，则需

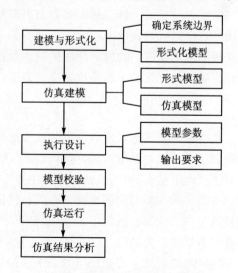

图 9.2　系统仿真的一般步骤

要选择合适的实物模型来执行仿真。无论是怎样的仿真，都需要明确仿真运行参数、控制参数、输出要求。

④ 模型校验。模型调试,检验所选仿真算法的合理性,检验模型计算的正确性。

⑤ 仿真运行。对模型进行仿真实验。

⑥ 仿真结果分析。对系统性能进行评价,一方面要对仿真结果的可用性进行分析,另一方面还要对仿真模型的可信性进行分析,只有可信的模型才能作为仿真的基础。

至此,我们已经对系统仿真有了一个基本的介绍,介绍了系统仿真的一些特点、系统仿真的模型与分类以及系统仿真最基本的过程。然而,在进行具体的仿真过程中仅仅知道这些基本概念是远远不够的,还需要结合具体的情况选择合适的仿真方式。蒙特卡罗仿真和离散事件系统仿真在系统仿真中有着广泛的应用,后续的章节将着重对这两种仿真进行介绍。此外,包括系统动力学和多 Agent 仿真在内的仿真技术也在当下得到越来越广泛的应用,本章也将对其进行简单的介绍。

9.2　蒙特卡罗仿真

蒙特卡罗(Monte Carlo)仿真方法也称为统计模拟(Statistical Simulation)方法,有时也称为随机抽样(Random Sampling)技术或统计实验(Statistical Testing)方法,属于试验数学的一个分支。蒙特卡罗仿真起源于早期的用频率近似概率的数学思想,它利用随机数学进行统计试验,以求得的统计特征值(如均值、概率等)作为待解问题的数值解,也就是一种利用随机数进行数值模拟的方法。这一方法源于美国在第二次世界大战中研制原子弹的"曼哈顿计划",该计划主持人之一的数学家冯·诺依曼把他和乌拉姆所从事与研制原子弹有关的秘密工作——对裂变物质的种子随机扩散进行直接模拟,并以摩纳哥的世界闻名赌城蒙特卡罗作为秘密代号来称呼。

9.2.1　蒙特卡罗仿真的基本原理

蒙特卡罗法是一种适用于对静态离散系统进行仿真试验的方法。这种方法的基本思路是运用一连串随机数表示一项随机事件的概率分配,再利用任意取得的随机数从该项概率分配中获得随机变量值。蒙特卡罗法的基本原理是:做独立重复实验,当实验次数充分多时,某一事件出现的频率近似于该事件发生的概率,也即伯努利大数定理,如下式所示:

$$\rho \approx \frac{v}{N} \quad (N \text{ 充分大}) \tag{9.1}$$

利用这一方法不仅能估计事件发生的概率,还可以估计系统的一些性能参数,更重要的是它提供了一种实验思考方法,这也成为了系统仿真的重要基础。蒙特卡罗法以概率统计理论为其主要理论基础,以随机抽样为其主要手段,主要用于解决以下两类问题。

一类是所求解的问题本身具有内在的随机性,借助计算机的运算能力可以直接模拟这种随机的过程。例如在核物理研究中,分析中子在反应堆中的传输过程。中子与原子核作用受到量子力学规律的制约,人们只能知道它们相互作用发生的概率,却无法准确获得中子与原子核作用时的位置以及裂变产生的新中子的行进速率和方向。科学家依据其概率进行随机抽样得到裂变位置、速度和方向,这样模拟大量中子的行为后,经过统计就能获得中子传输的范围,将其作为反应堆设计的依据。

另一类所求解的问题可以转化为某种随机分布的特征数,比如随机事件出现的概率,或者随机变量的期望值。通过随机抽样的方法,以随机事件出现的频率估计其概率,或者以抽样的数字特征估算随机变量的数字特征,并将其作为问题的解。这种方法多用于求解复杂的多维积分问题。

对于蒙特卡罗方法所解决的第二类问题,最常见的场景就是用于求不规则图形的面积。假设需要计算一个不规则图形的面积,那么图形的不规则程度和积分这种分析性计算的复杂程度是成正比的。设想在平面内有一边长为 1 的正方形,在其内部有一个不规则的封闭图形,试问:现在如何求出该图形的面积? 运用蒙特卡罗方法可以这样进行求解:向正方形内随机投掷 N 个点,如果有 n 个点落入该不规则封闭图形内,那么该不规则图形的面积为 n/N。

图 9.3 给出两个求不规则图形面积的例子。

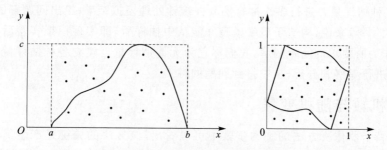

图 9.3　蒙特卡罗仿真方法求面积问题

对于第一个面积问题,可以利用积分的原理来求解:

$$\int_a^b f(x)\,\mathrm{d}x = \frac{n}{N}(b-a)c \tag{9.2}$$

对于第二个面积问题,也可以类似地给出面积的公式:

$$s = \frac{n}{N} \tag{9.3}$$

式中,N 为总的仿真次数,n 为落在形状内部的次数。

9.2.2　蒙特卡罗仿真的基本步骤

蒙特卡罗法的主要理论基础是概率统计理论,主要手段是随机抽样、统计试验。蒙特卡罗法的基本思想是:为了求解问题,首先建立一个概率模型或随机过程,使它的参数或数字特征等于问题的解,然后通过对模型或过程的观察或抽样试验来计算这些参数或数字特征,最后给出所求解的近似值,其中解的精确度用估计值的标准误差来表示。

蒙特卡罗法求解实际问题的基本步骤如下:

① 构造或描述概率过程。构造简单而又便于实现的概率统计模型,使所求的解恰好是所求问题的概率分布或数学期望。对于本身就具有随机性质的问题,如粒子输运问题,主要是正确描述和模拟这个概率过程;对于本来不是随机性质的确定性问题,比如计算定积分,就必须事先构造一个人为的概率过程,它的某些参量正好是所要求问题的解,即要将不具有随机性质的问题转化为随机性质的问题。

② 实现从已知概率分布抽样。构造了概率模型以后,还需要给出模型中各种不同分布随机变量的抽样方法。由于各种概率模型都可以看作是由各种各样的概率分布构成的,因此产生已知概率分布的随机变量,就成为实现蒙特卡罗方法模拟实验的基本手段,这也是蒙特卡罗

方法被称为随机抽样的原因。最简单、最基本、最重要的一个概率分布是区间[0,1]上的均匀分布。随机数就是具有这种均匀分布的随机变量,随机数序列就是一个具有这种分布的相互独立的随机变数序列。产生随机数的问题,就是从这个分布的抽样问题。在计算机上,可以用物理方法产生随机数,但价格昂贵,不能重复,使用不便。另一种方法是用数学递推公式产生,这样产生的序列,与真正的随机数序列不同,所以称为伪随机数或伪随机数序列。经过多种统计检验表明,它与真正的随机数或随机数序列具有相似的性质,因此可把它作为真正的随机数来使用。根据已知分布进行随机抽样有多种方法,与从区间[0,1]上均匀分布抽样不同,这些方法都是借助于随机序列来实现的,它们都是以产生随机数为前提的。由此可见,随机数是实现蒙特卡罗模拟的基本工具。

③ 建立各种估计量。进行多次抽样实验并统计处理模拟结果,给出问题解的统计估计值和精度估计值。一般来说,构造了概率模型并能从中抽样后,即实现模拟实验后,就要确定一个随机变量,作为所要求的问题的解,我们称它为无偏估计量。建立各种估计量,相当于对模拟实验的结果进行考察和分析,从中得到问题的解。

9.2.3　随机数与随机变量

从上面蒙特卡罗仿真方法的基本步骤中可以看出,该方法的关键是产生优良的随机数。在计算机仿真过程中,我们都是用确定的算法来产生随机数,这样产生的序列不是真正意义上的随机数,只是能够模仿随机数的性质,因此用计算机仿真时我们使用的都是伪随机数。在系统仿真时,我们需要服从各种概率分布的随机数,而大多数概率分布随机数的产生均基于均匀分布 $U(0,1)$ 的随机数。

1. 随机数的产生

随机数的生成方法总的来说主要包括以下三种:

① 物理方法。一种是放射性物质的随机蜕变,一种是电子管回路的热噪声(例如:将热噪声源装在计算机外部,按其噪声电压大小表示不同的随机数),这种产生方法的随机性最好,但产生过程复杂,而且会增加成本。如果采集的物理数据因为受到一些未知的影响而产生一定的规律性,则会大大降低生成的随机数的质量。

② 随机数表法。随机数表在 1955 年由美国兰德公司编制,表中包含随机数 100 万个。随机数表中的随机数具有均匀的随机性,没有周期性,使用时可以任意取一段,或者按照一定规律取用。一般来说,随机数表法得到的随机数也有着一定的规律,但在一般情况下可认为能够满足条件。

③ 数学方法。由递推公式在计算机内产生,也即第 $i+1$ 个随机数是由第 i 个随机数按一定公式推算出来的,因此它并不是真正意义上的随机数。如果要能够利用,则需要包括一些特点:较好的随机和均匀性、周期长和重复性差、算法过程不退化和算法可再现、速度快等。用程序自动产生均匀分布的随机数是随机系统仿真中常用的方法。虽然是伪随机数,但是它已经能够有效地模拟随机数的均匀分布性和独立性的理想特性,因此可以满足系统仿真的需要。

利用数学方法产生随机数的方法很多,其中有代表性的主要有以下两种。

(1) 线性同余法

线性同余法是由莱默(Lehmer)在 1951 年提出的。它是目前在离散系统仿真中应用最广泛的伪随机数产生方法。线性同余法可按照以下的递归关系式产生随机数:

$$x_i = (ax_{i-1} + c) \bmod(m) \tag{9.4}$$

式中，x_i 为第 i 个随机数，a 为乘子，c 为增量，m 为充分大的模数，x_0 为随机种子，它们均为非负整数。若 $a=1$，则称为加同余法或混合同余法；若 $c=0$，则称为乘同余法。

通过上述公式可以看到，常数 a、c、m 的选择将影响所产生的随机数列的循环周期。显然，由式(9.4)得到的随机数 x_i 满足 $0 \leqslant x_i \leqslant m-1, i=0,1,2,\cdots$。为了得到区间 $[0,1]$ 上所需的随机数 r_i，可以令 $r_i = x_i/m$。例如，取 $x_0=27, a=17, c=43, m=100$，则可以得到 $0 \sim 99$ 的一组随机数。根据式(9.4)，可以得到相应的 $0 \sim 1$ 的一组随机数：

$$x_0 = 27$$
$$x_1 = (17 \times 27 + 43) \bmod(100) = 2, \quad r_1 = 2/100 = 0.02$$
$$x_2 = (17 \times 2 + 43) \bmod(100) = 77, \quad r_2 = 77/100 = 0.77$$
$$\vdots$$

以此类推

(2) 中值平方法

这种方法由诺依曼(Neumann)及梅特罗波利斯(Metropolis)于 20 世纪 40 年代中期提出。该方法的主要思路是，首先给出一种初始数，称为种子。然后对该数的平方取中间的位数，在数中放置小数点将其转化为小于 1 的数，这样就得到一个随机数。中间位数再平方，可按同样方法产生第二个随机数……以此类推。例如初始种子取 5 497，可得到一系列随机数：

$$x_0 = 5\ 497$$
$$x_1^2 = (5\ 497)^2 = 30\ 217\ 009, \quad x_1 = 2\ 170, \quad r_1 = 0.217\ 0$$
$$x_2^2 = (2\ 170)^2 = 4\ 708\ 900, \quad x_2 = 7\ 089, \quad r_2 = 0.708\ 9$$
$$\vdots$$

以此类推

中值平方法会出现退化现象，即会出现反复产生同一数值或退化为零的现象。由于种子的选取无法保证伪随机数有较对称的循环周期，因此在实际应用中较难操作。目前，大部分计算机高级语言及仿真语言或软件都提供了产生随机数的方法，用户可以根据需要调用。需要提醒的是，即使随机数通过检验，也应当有一定的警惕性，必要时需要自行开发随机数发生器。

2. 随机变量的产生

常用的产生随机变量的方法有逆变换法(Inverse Transform Method)、接受-拒绝法(Acceptance - Rejection Method)和查表法等。这里仅介绍如何采用逆变换法产生随机变量。逆变换法是最常用且最直观的方法，它以概率积分变换定理为基础。

设随机变量的分布函数为 $F(x)$。为了得到随机变量的抽样值，先产生区间 $[0,1]$ 上均匀分布的独立随机变量 μ，由反分布函数 $F^{-1}(x)$ 得到的值即为所需的随机变量 x，即

$$x = F^{-1}(\mu) \tag{9.5}$$

逆变换法中随机变量 x 与均匀分布的独立随机变量 μ 之间的关系如图 9.4 所示。

这里介绍用逆变换法来生成最常用的几种

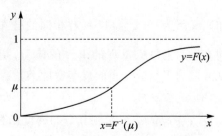

图 9.4　逆变换法产生随机变量示意图

分布的随机变量。

(1) 均匀分布

首先来看区间 $[0,1]$ 上均匀分布的随机数是如何生成的。设 R 为 $[0,1]$ 上服从均匀分布的随机变量,其分布密度函数与累积分布函数分别为

$$f(x)=\begin{cases}1, & 0\leqslant x\leqslant 1\\0, & 其他\end{cases} \tag{9.6}$$

$$F(x)=\begin{cases}0, & x<0\\x, & 0\leqslant x\leqslant 1\\1, & x>1\end{cases} \tag{9.7}$$

则 R 的样本值即为以等概率取自 $[0,1]$ 上均匀分布的随机数。

再来看一下区间 $[a,b]$ 上均匀分布的随机数。

设 $X\sim U(a,b)$,则其分布密度函数和累积分布函数分别为

$$f(x)=\begin{cases}\dfrac{1}{b-a}, & a\leqslant x\leqslant b\\0, & 其他\end{cases} \tag{9.8}$$

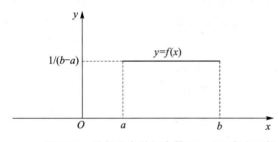

图 9.5　均匀分布随机变量 $U(a,b)$ 密度函数

$$F(x)=\begin{cases}a, & x<a\\x, & a\leqslant x\leqslant b\\1, & x>b\end{cases} \tag{9.9}$$

其逆函数 $F^{-1}(y)=a+(b-a)y$,$0\leqslant y\leqslant 1$。只需先生成 $U(0,1)$ 随机数,则 $a+(b-a)U$ 是来自 $U(a,b)$ 的随机数。随机变量 $U(a,b)$ 的密度函数如图 9.5 所示。

(2) 指数分布

设 $X\sim\exp(\lambda)$ 服从指数分布,则 X 的概率密度函数和累积分布函数为

$$p(x)=\begin{cases}\lambda e^{-\lambda x}, & x\geqslant 0\\0, & x<0\end{cases} \tag{9.10}$$

$$F(x)=1-e^{-\lambda x} \tag{9.11}$$

通过计算 $F^{-1}(y)=-\dfrac{1}{\lambda}\ln(1-y)$,则 $X=-\dfrac{1}{\lambda}\ln(1-U)$ 服从指数分布(其中 U 服从均匀分布);又因为 $1-U$ 和 U 具有相同的分布,所以也可以取 $X=-\dfrac{1}{\lambda}\ln(U)$。指数分布适用于构建在时间上随机重现的事件的模型,指数分布的均值为 $1/\lambda$,指数分布的方差为 $(1/\lambda)^2$。图 9.6 展示了指数分布的概率密度函数。

(3) 正态分布

设 $X\sim Nor(\mu,\sigma^2)$,则其分布密度函数和累积分布函数分别为

$$p(x)=\frac{1}{\sqrt{2\pi}\sigma}e^{-\frac{(x-\mu)^2}{2\sigma^2}}, \quad -\infty<x<\infty \tag{9.12}$$

$$F(x) = \frac{1}{\sqrt{2\pi}\sigma} \int_{-\infty}^{x} e^{-\frac{(t-\mu)^2}{2\sigma^2}} \, dt, \quad -\infty < x < \infty \tag{9.13}$$

正态分布的均值是 μ（位置参数），正态分布的方差是 σ^2（尺度参数），由于正态分布为完全确定型分布，具有广泛的用途，故在所有仿真软件中均有生成正态分布的函数。图 9.7 展示了正态分布的概率密度函数。

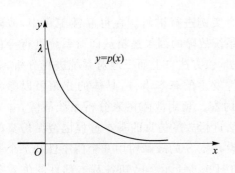

图 9.6　指数分布随机变量
exp(λ)概率密度函数

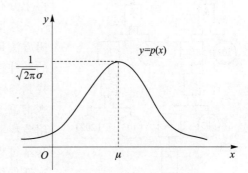

图 9.7　正态分布随机变量
Nor(μ,σ^2)概率密度函数

（4）离散分布

设 $X \sim F(X)$ 为取值 $c_1, c_2, \cdots, c_n$ 的离散随机变量，且 $P(X=c_i)=p_i$。

令 $q_0 = 0$, $q_i = \sum_{j+1}^{i} p_j$，则有 $F(c_i) = q_i$。生成离散分布的随机数的步骤为：生成 $(0,1)$ 内均匀分布的随机数 U；寻找 k 满足 $q_{k-1} < U \leqslant q_k$, $1 \leqslant k \leqslant n$；令 $X = c_k$，显然 $P(X=c_k) = P(q_{k-1} < U \leqslant q_k)$。这样就可以得到 X 的分布函数 $F(x)$。均匀离散分布的概率密度函数和分布函数如下：

$$p(x) = \frac{1}{n}, \quad x = 1, 2, \cdots, n \tag{9.14}$$

$$F(x) = \begin{cases} 0, & x < 1 \\ \dfrac{1}{n}, & 1 \leqslant x < 2 \\ \dfrac{2}{n}, & 2 \leqslant x < 3 \\ \vdots \\ \dfrac{n-1}{n}, & n-1 \leqslant x < n \\ 1, & n \leqslant x \end{cases} \tag{9.15}$$

9.2.4　蒙特卡罗仿真的应用实例

蒙特卡罗方法有着广泛的用途，尤其是在工程上由于各种测量与操作条件的限制，往往很难对一些问题进行精确的计算，而且对于一些问题甚至不能从数学上得到解析解，这时候采用蒙特卡罗仿真则显得尤为方便。比如，在可靠性工程领域常常需要求解系统的可靠度，由于元

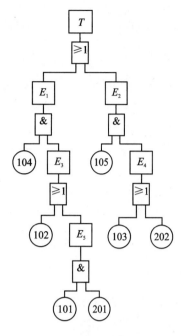

图 9.8　系统 S 的故障树

器件的寿命往往服从指数分布、正态分布、威布尔分布和正态对数分布,这就使得从数学上求解变得困难。对于某些系统而言,常规的解析分析法已经不能完全解决系统可靠性的有关问题,当其中包括寿命为非指数分布或系统规模较大时,用可靠性仿真求解系统的可靠性就显得十分有效。

这里以一个实例进行讲解。在可靠性工程中,故障树方法是表达系统故障的因果逻辑从而对系统进行分析的一种常见方法,该方法自上而下地对系统进行分析,寻找到导致顶事件发生的基本事件,具体的介绍可以参考本书第 5 章的内容。利用故障树来分析系统故障,并采用蒙特卡罗方法进行故障仿真的基本过程也遵循仿真的基本过程。假设系统 S 的故障树由 6 个门事件和 7 个基本部件组成,如图 9.8 所示。已知各基本部件的失效分布函数为 $F_i(t)$,其分布类型与特征参数如表 9.1 所列。表中,λ 为指数分布的参数;μ 为高斯分布的数学期望;σ 为高斯分布的标准差。

表 9.1　系统 S 各基本部件失效分布类型及参数

基本部件	失效密度函数 $f_i(t)$ 类型	$F_i(t)$ 分布函数
Z_1(101)	指数分布 $f_1(t)$	$1/\lambda = 2\ 500$ h
Z_2(201)	高斯分布 $f_2(t)$	$\mu = 1\ 000$ h,$\sigma = 130$ h
Z_3(102)	指数分布 $f_3(t)$	$1/\lambda = 2\ 500$ h
Z_4(103)	指数分布 $f_4(t)$	$1/\lambda = 2\ 500$ h
Z_5(202)	高斯分布 $f_5(t)$	$\mu = 1\ 000$ h,$\sigma = 130$ h
Z_6(104)	指数分布 $f_6(t)$	$1/\lambda = 2\ 500$ h
Z_7(105)	指数分布 $f_7(t)$	$1/\lambda = 2\ 500$ h

根据该系统故障树表示的系统可靠性故障逻辑,利用故障树仿真法原理,可以得到该故障树可靠性仿真的算法框图和详细步骤,如图 9.9 所示。

故障树可靠性仿真的基本步骤如下:

① 系统规定的最大工作时间为 $T_{\max}$,仿真推进步长为 Δt,记 Δt_r 为第 r 个时间间隔。

② 规定仿真运行总次数为 N_s,仿真次数的序号为 N,故 $N = 1,2,\cdots,N_s$。

③ 该系统的故障树有 7 个底事件,它们是系统 S 中 7 个基本部件底失效事件,对于第 i 个基本部件,其失效分布函数 $f_i(t)$ 为已知。

④ 故障树可得结构函数 $\varphi[X(t)]$,X 是系统状态,$\varphi = 1$ 时系统失效。

⑤ 在第 N 次仿真运行中,第 i 个基本部件 Z_i 的失效时间 t_iN 根据 Z_i 的失效分析分布函数 $f_i(t)$ 抽样产生,因而在第 N 次仿真中,7 个基本部件的失效时间抽样值为 $t_1N,\cdots,t_7N$。

⑥ 在每次仿真运行中,将 t_iN 按抽样时间由小到大排序,用 TTF_i 表示,即有

$$TTF_1 < \cdots < TTF_7$$

⑦ 在每次仿真运行时,按故障逻辑树关系,利用结构函数来判断系统顶事件发生的时间 t_kN。具体过程是:按 TTF_i 由小到大的顺序将与之相应的基本部件 Z_i 置于失效状态,通过结构函数来判断系统是否失效,如果系统未失效则继续运行,直到某部件的失效而引起整个系统的失效,则这一次仿真结束。此时 $\varphi(t)=1$,且 $t=t_k=TTF_k$。

⑧ 当一次仿真运行结束时,求出系统失效 t_k,即判断失效时间 t_k 落在哪个时间区间内。

⑨ 重复上述步骤⑤～⑧,直到仿真运行 N_s 次。

⑩ 统计落入各个 Δt_r 中的失效数为 Δm_r 次。

⑪ 求系统的可靠性指标。

蒙特卡罗方法要求的仿真次数要足够多,以保证精度,通常可采用试算的方法,即逐步增加仿真运行次数,并观察其输出结果的变化,要求其数值波动的总趋势是稳定收敛。如果仿真次数由 1 000 次增加到 10 000 次,其仿真运行结构都很接近,则说明已达到了稳态。当给出精度要求时,可以通过估计值来比较。仿真运行中,通常在仿真时要根据系统可能发生的失效时间来估计 T_{max} 值的影响,并人为先设定一个最大仿真时间进行运行。若仿真中统计出落在这一值之后的失效次数较多,则应加大此数值,直到仿真过程中系统失效时间绝大部分在这一值之前为止。由于 T_{max} 值取得太大会造成过多的仿真运行,而太小又影响统计的精度,因此要取得恰当。

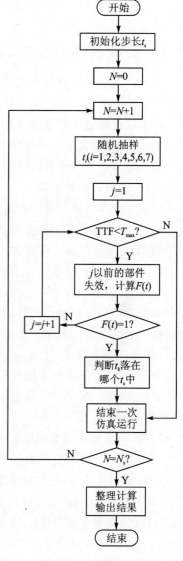

图 9.9 故障树可靠性仿真的算法框图

一般来说,随机数都应是经过检验的,因此其均匀性、独立性都应符合随机性要求。实际系统仿真表明,由于随机数发生器的初值选取不同,其结果还会有差异,但是如果仿真运行次数足够多,不同初值其结果相差并不大。蒙特卡罗法仿真普遍适用于多种系统,方便易行,充分显示出蒙特卡罗仿真法处理可靠性问题的巨大优越性。

9.3 离散事件系统仿真

在系统工程实施过程中,面对的往往是离散事件系统。离散事件系统常常是多种随机因素共同作用的结果,因此在仿真过程中必须要考虑并处理大量的随机因素。在仿真模型中,这些随机因素通过随机数和随机变量来表示。随机数和随机变量也相应体现出了事件系统的离

散性。离散事件仿真的主要应用领域包括制造、交通运输、工程项目、军事、航空航天、金融、社会服务等。

9.3.1　离散事件系统仿真的基本概念

离散事件系统仿真也称为离散系统仿真,其系统仿真时间常为均匀间隔计时。一般来说,离散事件系统一般有固有的随机性,这一点不同于连续系统,类似于白噪声的随机性。离散事件系统状态仅在离散时间点上变化,且离散时间点一般不确定。离散事件系统仿真通常是面向事件的仿真,该仿真会反映系统各部分相互作用的一些事件,其模型主要反映事件状态,仿真结果是产生处理这些事件的时间历程。离散事件系统研究的理论基础包括经典的概率及数理统计理论、随机过程理论等。

离散事件系统仿真主要包括实体、事件、活动和进程等基本概念。随机服务系统(或排队系统)是一种最为常见的离散事件系统。下面以它为例,来对这些概念进行说明。

① 实体。在离散事件系统仿真中,存在着两类实体:永久实体和临时实体。永久实体是永久驻留在系统中的,是系统处于活动状态的必要条件,如在随机服务系统(或排队系统)中维修基地的维修人员。临时实体则仅会在系统中存在一段时间,临时实体会按一定规律到达,例如送到维修基地的部组件。另外,在离散事件系统仿真中,还要把实体产生的规则定义出来,也就是要明确其关系。关系会随着临时实体按照一定规律不断产生,在永久实体的作用下通过系统,最后离开系统。

② 事件。在离散事件系统仿真中,事件是指引起系统状态发生变化的行为。离散事件系统本质是由事件驱动的,如待维修部组件到达这一事件会使得维修人员的状态由"空闲"变成"忙碌",或使维修等待队列的长度加 1。事件的发生一般与某一类实体相联系,其被放在事件表中加以管理,事件表通常记录事件的类型、发生条件、时间及相关实体的有关属性。

③ 活动。在离散事件系统仿真中,导致系统状态变化的一个过程为活动。活动表示两个可区分事件之间的过程,标志着系统状态的转移,如待维修部组件到达事件与顾客开始接受服务事件之间为一个活动,使维修人员的状态保持或变为"忙碌"并使得队列的长度减 1。

④ 进程。在离散事件系统仿真中,系统的子集或子系统会包含若干个事件及活动,称其为进程。进程描述了其所包含事件及活动间的逻辑关系和时序关系,如在排队系统中,某一待维修部组件在系统中的全部活动为一个进程。其中活动、事件和进程之间的关系如图 9.10 所示。

图 9.10　活动、事件和进程之间的关系

9.3.2　离散系统仿真的一般步骤

离散事件系统仿真一般遵循的步骤包括系统建模、确定仿真算法、建立仿真模型、仿真程序设计及运行、仿真结果分析,其流程如图 9.11 所示。

① 系统建模。一般用流程图描述,反映临时实体在系统内部历经的过程、永久实体对临时实体的作用及相互间的逻辑关系,其关键是确定随机变量的模型。

② 确定仿真算法。产生随机变量并确定仿真建模策略。仿真算法主要包括事件调度法、活动扫描法、进程交互法、三阶段法和图形仿真法等。事件调度法能够建立起面向事件的仿真模型,活动扫描法则是面向活动进行建模,进程交互法面向进程建模,而三阶段法则结合了活动扫描与事件调度,图形仿真法则是利用 Petri 网等方法。

③ 建立仿真模型。定义状态变量,定义系统事件及有关属性、活动及进程,设计仿真钟的推进方法等。

④ 仿真程序设计及运行。使用仿真语言或高级语言,能长期运行或多次运行。

⑤ 仿真结果分析。统计结果、进行可信度分析等。

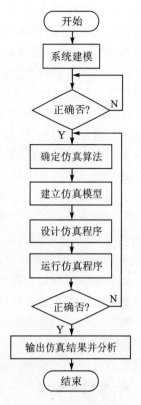

图 9.11　离散事件系统
仿真一般步骤

9.3.3　离散系统仿真中的关键问题

1. 离散系统的仿真策略

如何建立仿真模型中各实体之间的逻辑联系、推进仿真时钟是离散事件系统仿真的关键。一般而言,离散系统的仿真策略有事件调度法、活动扫描法和进程交互法三种。

① 事件调度法。该方法通过事件的产生和处理,直接对事件进行调度。其基本思想是用事件的观点来分析真实系统,通过定义事件及每个事件发生时系统状态的变化,按时间顺序确定并执行每个事件发生时有关的逻辑关系。用事件调度法建立仿真模型时,所有事件连同其发生时间均需放在事件表中。模型中有一个时间控制模块,不断地从事件表中选择具有最早发生时间的事件,推进仿真时钟到该事件发生时间,并调用与该事件类型相应的事件处理模块,处理完后再返回时间控制模块。如此重复执行,直到满足仿真终止条件。

② 活动扫描法。采取系统仿真时钟、实体仿真时钟或条件处理模块,对满足条件的活动通过调用相应的活动子例程进行处理。实质上,事件调度法是一种预定事件发生时间的方法。但有时候事件除了与时间有关外,还需满足另外某些条件才能发生。因此,由于这类系统的活动持续时间的不确定性,导致活动的开始与结束时间变得无法预定。

③ 进程交互法。该方法采用进程来描述系统。应用该方法需要将模型中能主动产生活动的实体历经系统时所发生的事件与活动按时间顺序进行组合,形成进程表。根据所有能主动产生活动的实体编排出来的进程表就能够预测所有事件的发生,从而对离散系统进行仿真。这一方法能够很好地描述所有的事件,但需要对能主动产生活动的实体进行详尽的分析。

2. 仿真时钟的推进

仿真时钟是离散事件系统仿真不可缺少的组成部分,是仿真的时间控制部件。离散事件系统仿真中仿真时钟的推进方法是系统仿真的基础。离散事件动态系统的状态本来就只在离散时间点上发生变化,因而不需要进行离散化处理。离散事件系统虽然一般不以时间推动,但事件间有时序关系,仿真中仍必须有控制时间的部件。由于引起状态变化的事件发生时间的随机性,仿真时钟的推进步长是随机的两个相邻发生的事件之间的系统状态,因而仿真时钟需要跨过不会发生任何变化的"不活动"周期,从而使得仿真时钟的推进呈现跳跃性,推进速度呈现随机性。离散系统仿真的仿真时钟推进方法有事件法和时间间隔法两种。

① 事件法:又称面向事件的仿真时钟或事件调度法。它按照下一最早发生事件的发生时间来推进仿真时钟,仿真以不等距的时间间隔向前推进。具体而言,该方法是在处理完当前事件所引起的系统变化后,从未来将发生的各类事件中挑选最早发生的任何一类事件,将仿真时钟推进到该事件发生时刻,再进行以上重复处理直到仿真运行满足某终止条件。

② 时间间隔法:又称面向时间间隔的仿真时钟或固定增量推进法。采用该方法之前需确定某一时间单位 T 作为仿真时钟推进的固定时间增量。仿真从开始即按时间单位 T 等距跳跃推进,每次推进都需要扫描所有的活动,检查该时间区间内是否有事件发生。如果没有事件发生,则仿真时钟继续推进;如果有事件发生,则记录这个时间区间,得到有关事件的时间参数。如果该段时间内有若干事件同时发生,则除了记录该事件的时间参数外,还需事先规定这种情况下对各类事件处理的优先序列。

时间间隔法的缺点是时间增量 T 难以确定。如果 T 过大,则引入较大误差;如果 T 过小,则由于每步都要检查是否有事件发生,会导致执行时间大大增加。因此,除了具有较强的周期性事件的系统外,大部分离散事件系统的仿真都采用面向事件的仿真时钟推进方法。

3. 统计计数器

因固有的随机性,某一次仿真运行得到的状态变化过程只不过是随机过程的一次取样,离散事件系统的仿真结果只有在统计意义下才有参考价值。因此,在仿真模型中,需要有一个统计计数部件,以便统计系统中的有关变量,该部件称为统计计数器,如排队系统中的等待时间、队列长度等。

9.3.4　离散系统仿真的应用实例

排队是日常生活和工程中经常遇到的现象。一般来说,当某个时刻要求服务的数目超过服务机构的容量时,就会出现排队现象。在排队现象中,服务对象可以是人或物,也可以是信息。在排队系统中,由于对象到达的时刻与接受服务的时间是随着不同时机与条件而变化的,因此排队系统中系统状态也是随机的。

对于排队系统,队列越长就意味着时间浪费越多,但盲目增加服务设备就会增加投资与管理成本。所以管理人员必须考虑如何在这两者之间取得平衡、降低成本。排队问题实质是一个平衡等待时间和服务台空闲时间的问题,也就是说如何确定一个排队系统,能使实体和服务台两者都有利。排队论就是解决上述问题的一门学科,又称随机服务理论,因为实体达到和接受服务的时间常常是某种概率分布的随机变量。

单服务台系统是排队论里最简单的形式,在该类系统中有且只有一个服务台。下面我们来看一个单服务台的排队系统的例子。维修保障是武器装备在生命周期内所必须要经历的环节。及时有效的维修保障有利于装备发挥出预期的战斗力,因此必须要充分验证其维修保障能力。一般武器装备均由不同等级的组件备件组成,可方便地拆卸与送修。现在有一个维修车间,每一时刻能够维修一个送修的装备组件,因此可以用单服务台系统来仿真装备送修的过程。下面将阐述这类系统的仿真。

1. 事件类型

单服务台结构的排队系统有两类原发事件,即实体到达和离开,每一个原发事件又带有一个后续事件,所以共有 4 类事件,如表 9.2 所列。

表 9.2　排队系统的事件类型

事件类型	性　质	事件描述	后续事件
1	原发	实体到达系统	3
2	原发	服务结束,实体离开	4
3	后续	实体接受服务	—
4	后续	服务台寻找实体	—

2. 事件处理子程序框图

每一类事件都有一个事件处理程序,在单位服务台的排队系统中 4 类事件的子程序框图如图 9.12 所示。

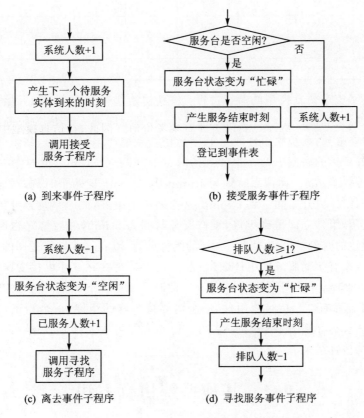

(a) 到来事件子程序　　　(b) 接受服务事件子程序

(c) 离去事件子程序　　　(d) 寻找服务事件子程序

图 9.12　排列系统仿真中 4 类事件的子程序框图

3. 仿真过程

在这样的场景下,只有一个服务台,服务参数为 $M/M/1$,服务对象为送达待维修的部组件,故障率即送修率,可以理解为待服务对象到达的频率,因此 $\lambda=\mu=0.1$,排队规则为先到先服务,仿真时间以分钟为单位,仿真时间为 180 min。表 9.3 中第一列和第二列组成一个事件表,表示原发事件(到达和离开)发生的特定时刻,仿真时钟按事件表中特定时刻从 0~180 min。

表 9.3 排队问题仿真表

(1)仿真时钟	(2)事件类型	(3)顾客	(4)下一个到来的时刻	(5)队长	(6)等待时间	(7)服务开始时间	(8)服务时间	(9)离去时间	(10)服务台状态
0	1	1	6	0	0	0	10	10	1
6	1	2	25	1	4	10	6	16	1
10	2	1	—	0	—	—	—	10	1
16	2	2	—	0	—	—	—	16	0
25	1	3	27	0	0	25	5	30	1
27	1	4	28	1	3	30	20	50	1
28	1	5	30	2	22	50	18	68	1
⋮	⋮	⋮	⋮	⋮	⋮	⋮	⋮	⋮	⋮
178	2	30	0	0	—	—	—	—	1
179	2	31	0	0	—	—	—	—	0
180	1	—	—	—	—	—	—	—	1

表 9.3 描述了整个仿真模型的运行过程:仿真初始状态为维修车间开始工作,从 0 时刻开始,第一个组件到达为第一个事件,为 1 类事件,其到达时刻为 0,因为服务台空闲,所以该组件立即得到维修服务,系统中组件数为 1;然后仿真系统产生下一个送修组件到达车间的时刻,即第一个组件到达的时刻+两个组件到达时刻的间隔,为 6 min,此时第一个组件还没修好,其需要排队等待 4 min。在仿真时刻为 10 min 与 16 min 这两个时刻,对应的事件类型为 2,即组件被修好,组件离开车间。到 25 min,又送来一个组件,此时系统累计出现的组件数为 3,此时服务台空闲,组件立即得到维修,维修服务时间为 5 min,然后修好送回。此时系统产生下一个组件到达的时刻 27 min,27 min 到的组件前有 30 min 才修好送回的组件,所以系统此时的队长(排队没有接受服务的组件数目)为 1,需要等待 3 min 才可接受服务,然后其较为复杂,维修时间为 20 min,离开时间为 50 min。此时系统产生下一组件送修的时刻为 28 min,28 min 到的组件前面有 2 个待维修组件,一个为等待维修的组件,一个为正在接受维修的组件,所以此时的队长为 2,该组件需要等待 22~50 min 才可接受维修服务。以此类推,仿真时间到 180 min 时,仿真结束。

9.4 其他系统仿真方法

在 9.2 节和 9.3 节中详细介绍了蒙特卡罗方法与离散系统仿真方法,除了这两种方法以外还有诸如系统动力学和多 Agent 系统仿真方法等系统仿真方法。系统动力学方法通过建立系统动力学模型、利用 DYNAMO(Dynamic Model)仿真语言在计算机上实现对现实系统的仿真实验,从而研究系统结构、功能和行为之间的动态关系。多 Agent 系统仿真方法则是另一种研究复杂系统的有效方法,该方法运用了分布式人工智能和人工生命的相关理论,现在已经广泛应用于经济、军事、社会和工业生产等多个领域,为系统的仿真提供有效的指导。目前,已经有多种商业软件能够实现系统动力学仿真和多 Agent 系统仿真,也在很多领域得到了广泛和成熟的应用。本节将介绍系统动力学仿真和多 Agent 系统仿真方法。

9.4.1　系统动力学仿真

系统力学(System Dynamics,SD)是美国麻省理工学院福雷斯特教授于 1956 年提出的用以研究系统动态行为的一种计算机仿真技术。系统动力学方法是一种分析、综合推理的实验研究方法。系统动力学方法将定性分析与定量分析相统一,并形成以定性分析为先导、定量分析为支持的分析模式。定性分析和定量分析二者相辅相成,螺旋上升,逐步深化和解决所求解的问题。

系统动力学从系统的微观结构入手详细研究系统,并根据系统结构与功能的相互关系构造系统的模型。系统动力学的基础是通过实验方法认识系统的动态行为,为管理决策者提供满意结果或决策依据。系统动力学的理论基础是系统论和信息反馈理论。为了能使模型在计算机上运行,系统动力学提供了一整套完善的实验方法,并包含了简洁实用的计算机模拟仿真专用语言 DYNAMO。系统动力学模型凭借擅长处理多维、非线性、高阶、时变的系统问题而被誉为"战略与策略实验室"。

系统动力学的研究对象主要是社会系统。社会系统的范围十分广泛,环境系统、人口系统、教育系统、资源系统、能源系统、交通系统、经营管理系统设置都属于社会系统。社会系统的核心是由人或集团形成的组织,而组织的基本特征是具有明确的目的性。社会系统的基本特征是自律性和非线性性。这些基本特性使得我们能够对组织进行描述,并充分表达其中的关系。

1. 因果回路图

因果回路图(Causal Loop Diagram,CLD)是表示系统反馈结构的重要工具。因果回路图可以简便快捷地表达有关系统的动态形成原因的一些假说,引出并表达个体或团队的相关模型。在因果回路图中,变量之间由因果链相互联系,因果链由箭头表示(从原因指向结果)。每条因果链都具有极性,或者为正(+),或者为负(−)。该极性指出了当独立变量变化时,相关变量会如何随之变化,会促进还是抑制。图 9.13 展示了设备可用度计算的因果回路图。设备失效导致可用设备数量减少,备件保障会对可用设备数量进行补充。

2. 变量与常量

在系统动力学中,包括了变量与常量,其中变量主要包括存量、流量和辅助变量,而常量又可称为常数。

① 存量,又叫作水平变量或流位变量,它是系统内部的累积量,表征系统的状态,如仓库的库存、城市的人口、水库的水量等。

② 流量,又叫作速率变量,它表示单位时间内流量与下一时刻流量之间的变化量。只有流量才可引起存量的变化,如出入库的速率、人口变化率、水流速率等。

③ 辅助变量,它是设置在存量与流量之间的变量。当流量的表达式很复杂时,就需要用到辅助变量。此外,对于在一张图中难以表达的庞大系统,还可以通过辅助变量来连接多张因

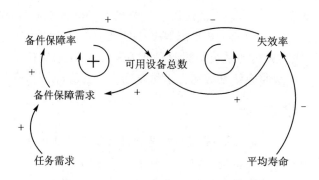

图9.13 设备可用度计算的因果回路图

果回路图。

④ 常量,即系统中不随时间变化的量,如固定的数据以及数学或物理常数等。

3. 系统的阶

在系统动力学中,"阶"数指的是系统中存量的个数。所以一阶系统指的是只有1个存量的系统,二阶系统指的是有2个存量的系统,n阶系统指的是有n个存量的系统。图9.14为计算可修系统失效率的一阶系统模型:经过一定工作时间后,设备发生故障导致失效设备数量增加,失效设备可以通过维修恢复功能,等待维修的设备经过维修后又恢复正常工作。

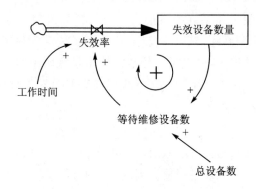

图9.14 设备失效率计算的系统模型

4. 系统动力建模与仿真步骤

系统动力学的建模与仿真也需要遵循一定的步骤,其一般步骤如下:

① 明确系统建模的目的。系统动力学的建模目的是对社会、经济、政治、军事等系统进行策略研究,主要包括策略分析、策略改进和策略制定。

② 确定系统边界。系统动力学研究的是封闭的社会系统,在明确系统建模目的后,就要确定系统边界。系统动力学分析的系统行为是基于系统内部各因素之间的相互影响而产生的,并假定外界因素对系统不影响,也不受内部影响。

③ 因果关系图的建立。在确定系统边界以后,需要对系统内的各个因素之间的关系进行分析,明确影响与被影响的关系,并应用因果关系图定性地将其表示出来。因果关系图的建立要求研究分析人员对所研究的问题有着十分清晰的认识且拥有相关领域的知识。此外,在建立因果关系图的过程中还需要反复试验,使逻辑关系尽可能地接近所研究问题的现实情况。

④ 流图的建立。因果关系图是对系统的定性分析,要进行定量分析就需要构建系统的存

量流量图。在存量流量图中需要对各个变量及其之间的关系进行量化并建立结构方程,这些关系可以用专门的 DYNAMO 语言来描述。

⑤ 计算机仿真。将根据 DYNAMO 语言建立的结构方程在计算机上进行仿真,或运用专用的系统动力学仿真软件。常用的系统动力学仿真软件包括 Vensim 软件和 AnyLogic 软件等。

⑥ 模型修正。在这一步骤中,应该使用历史数据对构造的模型进行检验,包括系统逻辑结构、变量之间的关系、初始参数以及系统边界等。如果模型存在着较大的误差,则应该考虑修正甚至重新建立更加合理的模型。

⑦ 结果分析。通过结果分析对系统进行总结,如有需要还应提出多种策略供决策者参考。

9.4.2　多 Agent 系统仿真

基于多智能体的建模仿真技术最早起源于 20 世纪 70 年代,经过数年的发展,已成为研究复杂系统的重要手段。计算机技术的快速发展更是使得这一方法具有更加广泛的应用前景。

1. Agent 的基本概念

Agent 原意为“代理”,即一个人代表另一个人或一个组织去完成某些事情。在计算机领域,Agent 被认为是授权的“个人软件助理”,是一种在分布式系统或协作系统中可以持续自主作用的计算机实体,又称为智能体。

2. 多 Agent 系统的概念

随着科学技术的进步,所研究的系统也越来越复杂,子系统在时间空间上越来越趋于分散。用单个 Agent 来进行描述已经无法解决复杂问题,必须通过多个 Agent 组成的集合来进行描述。在多 Agent 系统(Multi Agent System,MAS)中,各个 Agent 成员之间相互协调,相互服务,共同完成一个任务。它的目标是将大而复杂的系统建设成小但彼此互相通信和协调的易管理系统。

各 Agent 成员之间的活动是各自独立的,其自身的目标和行为不受其他 Agent 成员的限制,它们通过竞争和磋商等手段协商解决相互之间的矛盾和冲突。MAS 的主要研究目的是通过多个 Agent 所组成的交互式团体来求解超出 Agent 个体能力的大规模复杂问题。

3. 多 Agent 的建模与仿真的主要内容

基于多 Agent 的建模与仿真技术需要解决两类问题:第一类是怎样建立独立自主和交互能力的个体 Agent;第二类是怎样建立多 Agent 运行的环境。MAS 的组织结构为个体 Agent 之间、个体 Agent 与环境之间交互的框架,它为每个 Agent 成员提供了一个多 Agent 群体求解问题的视角和相关信息,以便合理地分配任务并使这些 Agent 成员能够更好地协同工作。构建 MAS,需要完成以下两个主要的工作。

① 确定 MAS 的结构。在复杂、动态的环境中,组织结构的合理性和适应性十分重要。一般可以采用集中式或分布式的层次结构。在集中式的结构中,有一个 Agent 作为管理服务机构,以某种方式为其他 Agent 成员的行为、协作、任务分配以及资源共享等提供统一的协调和管理服务,而其他 Agent 各自完成特定的任务,这些 Agent 的地位是对等的。而在分布式结构中,所有的 Agent 成员都是地位对等的,各 Agent 成员之间的任务划分和分配、共享资源的

分配和管理等则是在遵循一定规则和共享资源管理策略的基础上,通过某种机制,由各 Agent 通过自身决策和彼此间交互实现,从而完成各自的任务和整体目标。

② 定义通信和协作的方式。通信协议决定了 Agent 之间是如何交流的,常用的通信方式有共享全局储存器和消息传递机制两种,在有需要的时候也可以是两者的结合。

9.5　本章小结

系统仿真是一种用于系统分析、评价和优化的重要系统工程方法,在系统工程中有着广泛的应用。在系统工程中,系统仿真的实质是通过模型对系统进行间接实验,其目的是对系统方案进行演绎、建模和实验,从而对系统特性和行为进行观测和评价。本章介绍了系统仿真的基本概念和原理,主要介绍目前的主流仿真方法及技术,主要包括蒙特卡罗仿真、离散系统仿真、系统动力学仿真和多 Agent 系统仿真。读者应理解各种仿真手段的思想和基本方法,了解相应的仿真技术,熟悉各仿真方法的特点及其适用范围。

目前,我国系统仿真技术正在向着更高的深度和广度发展。在工业领域,建成了不同类型的半实物仿真系统,这些仿真系统能够很好地对工程实际问题加以解决。在学术上,主要的研究方向为复杂系统仿真研究,特别是复杂系统仿真建模、复杂系统仿真的运行支撑技术等。随着科学技术的快速发展,为满足各个领域的需要,我国系统仿真技术将朝着数字化、虚拟化、智能化、集成化和协同化的方向发展。

习　题

1. 简述系统仿真方法的概念,以及系统仿真方法的应用特点。

2. 简述系统仿真的分类,以及系统仿真的一般过程。

3. 简述蒙特卡罗仿真方法的基本思想及其特点。

4. 布冯投针实验是蒙特卡罗仿真的经典案例。假设平面上画着一些平行线,它们之间的距离都等于 a,向此平面任意投一长度为 $l(l<a)$ 的针,试求此针与任一平行线相交的概率。

5. 已知威布尔分布密度函数为 $f(t)=\frac{c}{b}\left(\frac{t-a}{b}\right)^{c-1}\exp\left[-\left(\frac{t-a}{b}\right)c\right]$,试推导其寿命 t 的抽样公式。

6. 编写下列分布的随机抽样程序,并按照给定分布参数求出 10 个抽样值。

① 指数分布($\lambda=0.000\,05$);② 正态分布($\mu=360,\sigma=30$)。

7. 用同余法推导一个随机数列,取 $x_0=7,a=5,c=3,m=16$,描述你的发现。

8. 用中值平方法推导一个随机数列,取 $x_0=6\,500$,描述你的发现。

9. 简述离散系统仿真方法中随机数的意义,以及产生随机数的方法。

10. 观察学校食堂的排队情况,建立相应排队模型并进行仿真。

11. 做一个简单的一阶系统动力学系统,尝试不同参数,分析系统的行为。

12. 简述多 Agent 系统仿真的基本思路。

13. 结合具体的案例,选取一个动力学系统场景建立其因果回路图并标出其各回路的极性。

第 10 章　系统评价方法

　　系统工程是一门解决系统问题的技术,通过应用系统工程的思想和方法,最终达到系统的综合最优化。系统工程是要为实现系统的目标寻求最优或满意的解,然而要决定哪一个方案"最优"却不是一件容易的事情。工程人员不仅要通过系统分析提出多种能够实现系统目的的备选方案,而且还要通过系统评价从众多的备选方案中找出所需的最优方案。对于复杂系统而言,很难找到一致的评价指标和最优的尺度或标准来对系统进行客观评价,而且由于不同评价人员的价值标准各不相同,即使对于同一评价指标,不同的评价人员也会得出不同的评价结果。

10.1　系统评价概述

　　系统评价是对系统分析过程和结果的评判和鉴定,主要目的是判别设计的系统是否达到了预定的各项技术指标,从而为能否投入使用提供决策需要的信息。系统评价是系统决策的基础,系统评价的好坏影响着系统决策的正确性。在系统工程实施过程中的综合论证、方案设计、初步设计和详细设计等不同阶段都需要进行评审工作,评审的对象是系统方案,评审的主要工作即是对系统方案进行评价,包括论证方案评价、技术方案评价、研制方案评价、生产方案评价和使用方案评价等。

10.1.1　系统评价的基本概念

1. 系统的价值

　　从本质上来讲,系统评价就是运用系统工程的思想和方法,综合考察评估系统价值是否能够满足系统的设计要求。在这里,系统价值是指系统的运行效果或目标的实现程度。一般来说,系统的价值具有相对性和可分性两方面的特性。

　　① 相对性:不同的评价者在不同环境下对系统价值的认识不同。

　　② 可分性:系统价值可以包括多个不同的方面或要素,对于不同的系统,价值要素不同。如对于航空航天系统,其价值要素包括性能、寿命、可靠性、生产率、适应性等。

　　明确系统价值是进行系统评价的前提,不能正确认识系统价值,就无法准确评价系统工程过程进行得是否满足原定的目标,就无法确定在既定的条件下系统是否已经达到了预定的各项指标。

2. 系统的综合评价

　　系统评价是对系统开发、系统改造、系统管理中的问题,运用系统工程的思想,根据系统的目标和属性,综合考察系统在社会、政治、经济、技术等方面的价值(效用),全面权衡利弊得失,从而为系统决策选择最优方案提供科学的依据。我们在系统分析方法中讲到,需要从技术、经济和社会等角度对系统可行性进行分析,在对系统价值进行评价时,也可分为技术评价、经济评价和社会评价,或者将这几个方面的价值进行综合评价。

① 技术评价:评定系统方案能否实现用户所需的功能及实现程度,如对系统的性能、寿命、可靠性、适用性和效率等展开评价;

② 经济评价:从微观和宏观的角度,采用定性和定量的方法对系统经济效益进行评价,如评价系统的成本、效益、经济可行性等;

③ 社会评价:对系统给社会带来的效益及影响的评价,现代的复杂大系统往往会对整个社会产生重大影响,因此在对系统进行评价时,必须考虑到系统对社会发展带来的社会成本和社会效益。

3. 系统评价采用的思想

系统评价目标和内容的确定都取决于系统评价的思想,评价思想的转变必然会引起评价目标和内容的变化。同时,社会、经济和科技的发展对系统评价思想的内容确立起着重要的作用。总体而言,系统评价的思想主要表现在以下 3 个方面:

① 综合评价思想。这种思想原则,一是与系统的规模越来越大、涉及的范围越来越广、影响度越来越复杂有关;二是与人们的生活环境越来越复杂多样有关;三是与科学技术方法、系统方法及评价提供的有力工具有关。在社会的发展过程中,资源的有限性使得人们学会了从不同的角度对事物进行评判,特别是对工程系统的全面评价,即从政治、经济、社会、技术、风险、自然与生态环境、组织和个人等多方面进行综合评价。

② 经济利益思想。经济利益思想源远流长,各个历史时期的工程技术人员都对其给予了极大的关注。人们对系统进行评价时,十分关心系统的投入和产出,总是希望以最小的投入取得最大的产出。这种思想在系统的决策评价中起着重要的作用。

③ 规划思想。为了减少盲目性,人们越来越重视对系统工程的决策活动进行事先评价,不断地寻找能科学、全面、客观地反映决策活动特征的评价指标体系。人们不仅重视某一系统本身的经济效益、技术性能等的评价,而且把该系统纳入更大的系统中进行规划。

因此,可以说系统评价的思想就是利用系统工程的观点对系统整体进行评价。作为系统分析与系统决策的结合点,系统评价既是系统分析的后期工作又是系统决策的前期工作,在各种领域的系统工程中具有广泛的应用价值。

10.1.2　系统评价的要素和原则

1. 系统评价的基本要素

系统评价是对系统方案满足系统目标程度的综合分析及判定,系统评价实质上就是多方面要素所构成的综合评判。在对系统进行评价时,首先要明确评价过程会涉及到哪些基本要素,然后根据基本要素之间的逻辑关系展开评价工作。系统评价包括以下基本要素:

① 评价目标:评价的目的、意向、预期的目标;

② 评价对象:包括事物、方案、工作以及个人等;

③ 评价指标体系:衡量事物的标准,它由评价指标条目、标准和权重组成;

④ 评价的数学模型:能将测定与指标有关属性的效用综合成系统主观效用的数学表达式;

⑤ 评价的组织者与专家群体。

2. 系统评价的基本原则

系统评价作为一项关键性环节,在进行时会遇到很多困难。首先,评价是一种人的主观判断活动,评价的标准是由人来制定的,因此带着很强的主观成分,评价者有自己的立场、观点和判断标准,这些都是由人的价值观最终决定的。特别是在有很多个评价者参与评价的情况下,怎样把不同的判断标准统一起来,并且取得共识,这是一件非常困难的事情。其次,一般的系统评价都带有多目标的特点,各目标的属性和判断尺度都不一样,而且在整个系统中的重要性和地位也不一样,不像在单目标的条件下容易进行、鉴别。与此同时,有些属性或指标可以定量表述,有一些则无法用数量表述,只能定性地加以描述,很难把握判断的尺度,特别是当这些属性或指标涉及到主观判断时。此外,随着时间的推移,有一些判断标准还会由于技术、经济、社会条件的变动而有所变化。

为了使得系统评价能够有效地进行,在组织和进行评价时需要遵循以下四个方面的原则:

① 保证评价的客观性。评价是决策的前提,评价的客观程度影响着决策的正确性。因此,必须注意评价资料的全面性和可靠性,同时要防止评价人员的倾向性,注意评价人员的代表性和各类专家的组成。

② 保证方案的可比性。替代方案在实现系统的基本功能上要有可比性和一致性,评价指标也应基本相同,其中也要考虑方案评价指标与明确需求、确定目标时的指标一致。

③ 评价指标要成体系。评价指标应能全面反映被评价的问题的主要方面,在基本能满足评价要求和给出决策所需信息的前提下,应尽量减少指标的个数,在可能的情况下,尽量对指标进行量化,以减少评价过程中的主观性和片面性。

④ 评价方法和手段的综合性。系统评价要对系统的各个侧面,运用多种方法和工具进行全面综合评价,充分发挥各种方法和手段的综合优势,为系统的综合评价提供全面分析的保证。

10.1.3　系统评价的一般步骤

在系统评价过程中,首先要熟悉方案和确定方案指标。根据熟悉方案的情况,再结合评价指标,应用适当的方法,对系统进行评价,从而找出最优方案。系统评价可以分阶段进行,特别是对复杂大系统的开发,各个重要环节都要做出评价,以确定目标是否合理。系统评价必须按照一定的步骤进行,这些步骤如下:

① 明确目标与对象,即首先要明确系统评价的目的和内容;

② 熟悉评价对象,实际调查,收集有关资料,搞清系统构成及其相互关系,对系统行为功能、特点以及有关属性、重要程度进行分析;

③ 挑选专家(或评审小组),实际操作中要在保证专家数量的基础上,注意专家的合理构成,还要注意专家的素质,挑选那些真正熟悉对象的内行专家;

④ 设计评价指标体系,这是系统评价最重要的一环,在熟悉评价对象及评价目标的基础上,一般将评价目标进行逐层分解,并依据一定原则进行;

⑤ 测定对象属性,根据系统评价的内容和要求,对评价对象的每一个属性都要进行测定;

⑥ 建立评价数学模型,结合收集到的相关信息,利用数理逻辑方法和数学语言构建合适的评价模型;

⑦ 仿真、综合主观价值,进行计算机仿真计算、灵敏度分析等工作,得到主观价值;

⑧ 择优与决策，由于评价模型的评价指标不可能包含系统的所有内容，所以应对评价对象的结果进行综合考虑，以便提供正确的决策依据。

10.2　评价指标量化

评价指标按照数量化的程度可以分为定量指标和定性指标。定量指标就是数值分析指标，定量指标较为具体、直观，评价时有明确的实际数值和可供参考的标准值，评价结果表现为具体的数值。定性指标，一般采用基本概念、属性特征等对被评价对象的某一方面进行语言描述和分析判断，定性指标的特点是外延宽、内涵广，但是难以具体化。在工程实践中，定性指标能将无法计量但却反映了系统某方面的潜在因素纳入评价范围中，通过分析判断得出综合评价结论。因此，我们需要对评价指标进行量化处理，通过采取客观量化和主观量化两类方法，以实现定性分析向数值分析的转换，使其能够做出直接、明确、清晰的判断。

10.2.1　评价指标体系

一般来说，多属性决策问题的对象是复杂的社会经济系统或处在社会经济系统环境中的工程系统，这类决策问题大都包含政治、经济、技术和生态环境学等诸方面的因素。由于其涉及面广，各类关系错综复杂，使得评价过程中经常带有许多随机性和模糊性。为了将多层次、多因素的复杂评价问题用科学计量方法进行量化处理，首先必须针对评价对象构造一个科学的评价指标体系。这个指标体系必须将被评价对象的相互关系、相互制约的复杂因素之间的关系层次化、条理化，并能区分它们各自对评价目标影响的重要程度，以及对那些只能定性评价的因素进行恰当和方便的量化处理。

系统评价的指标体系是由若干个单项评价指标所组成的整体，它反映了系统所要解决问题的各项目标要求。所建立的指标体系要求实际、完整、合理、科学，并基本上能被有关人员和部门所接受。系统评价的指标体系通常考虑如下方面：

- 政策性指标。政策性指标包括政府的方针、政策、法令、法律及发展规划等方面的要求，它对国防或国计民生方面的重大项目或大型系统尤为重要。
- 技术性指标。技术性指标包括产品的性能、寿命、可靠性、安全性等，工程项目的地质条件、设备、设施、建筑物、运输等技术指标要求。
- 经济性指标。经济性指标包括方案成本、利润和税金、投资额、流动资金占有量、回收期、建设周期等。
- 社会性指标。社会性指标包括社会福利、社会节约、综合发展、就业机会、污染、生态环境等。
- 资源性指标。资源性指标包括人、财、物等资源的保证程度。例如工程项目中的物资、人力、能源、水源、土地条件等。
- 时间性指标。例如工程进度、时间节约、试制周期等。
- 风险性指标。例如工程失败的可能程度。
- 其他指标。

以上考虑的是大类指标，每个大类指标又可以包含许多小类指标。每个具体指标可以由几个指标综合反映，这样就形成了指标树，由这个指标树就构成了系统评价指标体系。

　　评价指标体系的制定是一件很困难的事。一般来说,指标范围越宽,指标数量越多,则方案之间的差别越明显,越有利于判断和评价,但确定评价指标的大类和指标的重要程度也越困难,处理和建模过程也越复杂,因而歪曲方案的原定特征的可能性越大。评价指标体系的确定要在全面分析系统的基础上进行,拟定出指标草案,经过广泛征求专家意见、反复交换信息、统计处理和综合归纳等,最后确定评价指标体系。确定评价指标的基本原则包括:

- 系统性原则。指标体系应能全面地反映被评价对象的综合情况,从中抓住主要因素;同时,要求既能反映直接效果,又能反映间接效果,以保证综合评价的全面性和可信性。
- 可测性原则。指标含义明确,数据资料搜集方便,计算简单,易于掌握。
- 定量指标和定性指标结合使用原则。既可使评价具有客观性,便于数学模型处理,又可弥补单纯定量评价的不足及数据本身存在的某些缺陷。
- 绝对量指标与相对量指标结合使用原则。
- 指标之间应尽可能避免显见的包含关系,对隐含的相关关系要在模型中以适当的方法消除。
- 指标的选择要保持同趋势化,以保证可比性。
- 指标设计要有重点。重要方面的指标可放置得密些、细些;次要方面的指标可放置得稀些、粗些,以简化工作。
- 指标要有层次性,为衡量方案的效果和确定指标的权重提供方便。

10.2.2　评价指标的客观量化方法

　　评价指标的量化主要分为两大类:客观量化和主观量化。指标客观量化的主要方法是系统分析法(试验、预计、仿真等),甚至直接进行测量。对于系统研制,通过系统使用要求和维修与保障方案的定义确定出系统级要求后,必须建立相应的方法来评价和判定这些要求是否得到满足。对于每个系统要求,问题在于怎样确定要求是否能得到满足,也即是通过评价指标的客观量化问题,能通过什么试验和评价方法来验证要求是否得到满足。在系统工程实施过程中,评价指标客观量化的具体要求是从技术性能测量(Technology Performance Measure, TPM)的管理要求演化而来的,系统工程中的技术性能测量(TPM)定义为评估一个系统中采用的技术达到其性能要求程度的度量指标。TPM 指标是从某一方面来评估该系统的性能度量,从而对整个系统的进展有一个全局的认识。通常来说,为了满足系统要求,系统的技术性能有的是要求其数值越大越好,有的则要求其数值越小越好。

　　例如,在飞机研制过程中,需要严格管理与控制飞机重量,由设计和制造引起的超重会造成飞机多方面的性能损失,从而影响其使用价值,严重时甚至会导致飞机的研制失败。如图10.1 所示,在飞机研制的不同阶段中,需要在保证飞机性能的前提下,最大程度地降低飞机的结构重量。随着整个飞机研制工作的由粗到细,重量的管理与控制工作贯穿于各个研制阶段中,在概念分析(Conceptual Analysis, CA)、系统功能评审(System Function Review, SFR)、系统需求评审(System Requirement Review, SRR)、初步设计评审(Preliminary Design Review, PDR)、关键设计评审(Critical Design Review, CDR)和测试准备评审(Test Readiness Review, TRR)等系统关键评审节点,通过采取不同的测量方式和方法,对方案大致估计(Rough Order of Magnitude, ROM),以及对设计模型和详细设计模型的预计、台架模型和原型机的测量,直到首架机直接称重,不断测量和评价飞机的重量,并通过 TPM 方法对测量和评价结果与事先设定的结构重量上下控制限(容忍区间)进行比对分析,以达到在整个飞机研制过程中控制和降低飞机结构重量的目的。

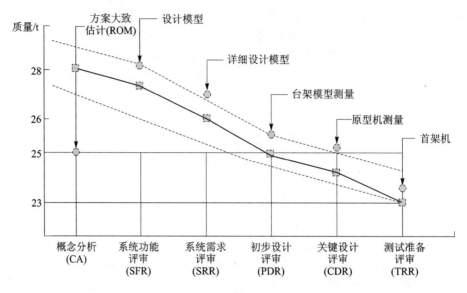

图 10.1　重量指标控制

再比如,TPM 技术对于航空装备研制过程中的可靠性指标的管理和控制工作有着非常重要的意义。以航空装备可靠性与维修性要求中的平均故障间隔时间(Mean Time Between Failure,MTBF)这一关键可靠性指标为例:在航空装备的使用过程中,MTBF 指标的数值越大,航空装备的可靠性和维修性能越能够达到使用要求。如图 10.2 所示,航空装备寿命周期中的研制过程可以分为方案阶段(F 状态)、初样阶段(C 状态)、试样阶段(S 状态)和定型阶段(D 状态)这 4 个阶段。在这 4 个阶段中,可以通过可靠性仿真、可靠性预计和可靠性试验等方

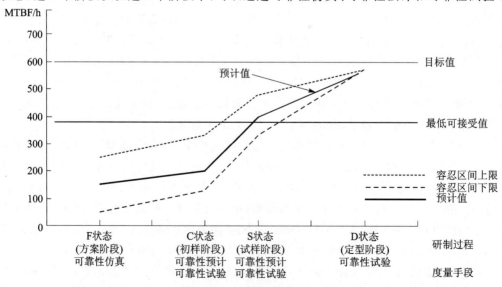

图 10.2　可靠性指标控制

法对武器装备的 MTBF 指标开展预计与评估等指标评价工作,不断缩小指标的容忍区间并提高容忍区间的置信度,加强对 MTBF 指标的控制,使得设计人员瞄准合同规定的目标值来设计 MTBF 指标,并在设计定型时要大于最低可接受值以及确保通过定型。通过 TPM 技术可以对 MTBF 指标的参数值和技术风险值进行有效的区间控制,对不满足风险范围和数值范围的评审节点进行迭代和修改纠正工作,直至可靠性指标满足指标容忍区间,再继续下一阶段的工作。利用 TPM 技术来对武器装备研制过程中的技术风险进行评估和控制,可以在航空装备的研制过程中更加有效地掌控航空装备的可靠性等系统技术性能度量指标,有效地对 MTBF 等系统技术性能度量指标进行动态的、具体的评估,把握 MTBF 等系统技术性能度量指标的总体趋势和具体变化。

10.2.3 评价指标的主观量化方法

在系统评价过程中,有的系统性能可以通过客观指标进行量化分析,但是还有一些系统的评价指标并不能直接进行客观测量,这时就需要使用定性的方法对系统指标进行评测。这种主观的评价方法经常会导致评价程度和标准上的差异,所得到的评价指标结果(如好与坏、是与否)缺乏客观定量的分析,因此需要对评价指标进行主观量化分析,这也是系统评价时要解决的关键问题。目前,较为实用的评价指标主观量化的主要方法有排队打分法、体操计分法、专家评分法和比较法等。比较法又包括标杆法、两两比较法、连环比率法。下面将对这些方法分别进行介绍。

1. 排队打分法

如果指标因素(如客机的舒适性、环保性和安全性;汽车的时速、油耗;工厂的产值、利润、能耗等)已有明确的数量表示,就可以采用排队打分法。设有 m 种方案,则可采取 m 级记分制:最优者记 m 分,最劣者记 1 分,中间各方案可以等步长记分(步长为 1 分),也可以不等步长记分,灵活使用。也可以各项指标均采用 10 分制,最优者记为满分 10 分。

2. 体操计分法

体育比赛中许多计分方法也可以用到系统评价工作中来。例如,体操计分法是请 6 位裁判员各自独立地对比赛选手按 10 分制评分,得到 6 个评分值,然后舍去最高分和最低分,将中间的 4 个分数取平均值,就得到比赛选手最终的得分数。

3. 专家评分法

让专家通过一定方式对指标独立评价,并用统计方法作适当处理,即利用专家的经验和知识对所考虑的问题进行分析和评价,利用多名专家的经验和感觉,按给定的记分制对不同方案打分,再计算得分,如计算每个方案的平均分。专家评分法包括:Delphi 法、评分法、表决法和检查表法等。

例如要对多台设备的操作性进行评价,可以请若干专家,即有经验的实际操作者对样机进行试车。专家们根据主观感觉和经验,对每台设备按一定的记分制来打分,再将每台设备的得分相加,最后将和数除以操作者的人数,就获得了各台设备的得分数。假设有 5 台设备(样机)、15 个操作者,其操作感受情况按良(好)、可(以)、(较)差记录在表 10.1 中,评分结果也列在表中,其中良为 3 分,可为 2 分,差为 1 分。

表 10.1　操作者对各设备的操作感受情况表

操作者 ＼ 样机	I	II	III	IV	V
1	差	可	差	可	良
2	良	差	差	差	可
⋮	⋮	⋮	⋮	⋮	⋮
14	良	可	可	良	良
15	可	可	可	良	良
良(a)	4	1	6	9	8
可(b)	7	10	6	5	6
差(c)	4	4	3	1	1
总分 S ($3a+2b+1c$)	30	27	33	38	37
平均 ($F=S/15$)	2.0	1.8	2.2	2.53	2.47

显然,样机 II 的操作性最差,样机 I 次之。

对于各个得分 F_j,也可以将其转化为百分制得分(最高分为 100 分):

$$B_j = \frac{F_j}{F_{\max}} \times 100 \tag{10.1}$$

式中,$F_{\max} = \max\limits_{j}(F_j)$。

如果式(10.1)中的右端不是乘以 100,而是乘以 10 或 5,则可将评分标准化为 10 分制或 5 分制得分(最高分为 10 分或 5 分)。此外,还可将得分 F_j 作归一化处理:

$$f_j = \frac{F_j}{\sum\limits_{i=1}^{n} F_i} \tag{10.2}$$

式中,f_j 称为得分系数,其值大小可作为衡量操作性好坏的数量标准。

4. 比较法

比较法是指将评价对象与设置的评价标准进行比较,以此得到评价对象的客观合理评价结果的方法。由于单独对一对象进行评价比较困难,但是如果有一个参照物进行比较时,就比较容易给出评价结果。比较法是评价指标主观量化的最常用的方法之一,也是一种贴切实际、易于操作的评价方法。常用的比较法包括标杆法、两两比较法和连环比率法等。

(1) 标杆法

标杆又称为基准,在评价者对被评价对象的评价值不容易给出时,通常会先设置一个评价基准(benchmark),通过被评价对象与评价基准的比较,从而给出被评价对象的评价值。基于标杆法进行评价的方法,也称为标杆评价(Benchmark Assessment,BA)。最常见的标杆法应用是:在评价时首先选择基准,如在学生作业成绩评价时,先设立一份作业为基准 80 分,再将其他作业与基准进行比较,比基准好则大于 80 分,比基准差则小于 80 分。

（2）两两比较法

两两比较法也是一种经验评分法。它将方案两两比较而打分，然后对每一方案的得分求和，并进行百分化等处理，得分较高的方案就是最优方案。打分时可以采用 0～1 分打分法、0～4 分打分法或多比例打分法等，原理基本相同。我们仅以 0～1 分打分法介绍其具体使用。设有 m 种方案，我们排成一个 $m \times m$ 方阵，其元素为

$$a_{ij} = \begin{cases} 1, & \text{当方案 } j \text{ 比 } i \text{ 重要时} \\ 0.5, & \text{当方案 } j \text{ 和 } i \text{ 同样重要时} \\ 0, & \text{当方案 } j \text{ 比 } i \text{ 重要时} \end{cases}$$

得到各方案的得分之后一般还需进一步进行归一化处理。

（3）连环比率法

连环比率法是一种确定得分系数或加权系数的方法，使用步骤如下：

① 由上到下根据上下方案比率填写暂定分数列；

② 由下到上根据暂定分数填写修正分数列；

③ 将修正分数归一化得到各方案得分系数。

连环比率法以任意顺序排列指标，按此顺序从前到后，相邻的两个指标比较其相对重要性，依次赋以比率值，并赋以最后一个指标得分值为 1。接着再从后到前，按比率值依次求出各指标的修正评分值，最后归一化处理得到各指标的权重。具体操作步骤如下：

① 以任意顺序排列 n 个指标，不妨设为 $f_1, f_2, \cdots, f_n$。

② 填写暂定分数列（r_i 列）。从评价指标的上方依次以邻近的底下那个指标为基准，在数量上进行重要性的判定，如 $r_i = 3$ 表示 f_i 的重要程度是 f_{i+1} 的 3 倍；$r_i = 1$ 表示 f_i 和 f_{i+1} 同等重要；$r_i = \frac{1}{2}$ 表示 f_i 只有 f_{i+1} 的一半重要。

③ 填写修正分数列（k_i 栏）。把最下行的指标设为 1，按从下而上的顺序计算 k_i 的值，$k_i = r_i k_{i+1} (i = 1, 2, \cdots, n)$。

④ 对所有修正分数求和并计算得分系数 ω_i：

$$\omega_i = \frac{k_i}{\sum\limits_{i=1}^{n} k_i}, \quad i = 1, 2, \cdots, n \tag{10.3}$$

表 10.2 给出了用连环比率法计算某战场防护工程权重的例子，设置了 5 个评价指标。第一步，根据上下方案比率由上到下填写暂定分数列，如死亡人数的减少的重要程度是负伤人数减少的 3 倍。第二步，根据暂定分数由下到上填写修正分数列，位于最下行的实施费用的修正分数设为 1，则环境费的改善的修正分数为 0.5。第三步，根据式（10.3）对所得修正分数进行归一化处理，得到每一个评价指标最后的权重分数。

表 10.2　连环比率法确定权重

评价指标	暂定分数 r_i	修正分数 k_i	权重分数 ω_i
死亡人数的减少	3.0	9.0	0.62
负伤人数的减少	3.0	3.0	0.21
经济损失的减少	2.0	1.0	0.07

评价指标	暂定分数 r_i	修正分数 k_i	权重分数 ω_i
环境的改善	0.5	0.5	0.03
实施费用	—	1	0.07
小计	—	14.5	1.00

和相对比较法一样,连环比率法也是一种主观赋权方法。当评价指标的重要性可以在数量上做出判断时,该方法优于相对比较法。但是需要注意,由于赋权结果依赖于相邻的比率值,比率值的主观判断误差会在逐步计算过程中进行误差传递。

10.3　系统综合评价

由于系统是在一定环境条件下存在的,决定系统价值的环境条件主要包括任务环境、自然地理环境、技术环境、需求环境、社会环境等。因此为了得到有实际效果的系统评价结果,需要对系统进行综合评价。通过结合模型和各种资料,在系统方案技术评价、经济评价和社会评价的基础上,从系统的整体观点出发,对备选方案进行整体全面的综合评审,进而选择出技术上先进、经济上合理、设施上可行的最优或最满意的方案。

例如对民用客机进行综合评价的完整指标体系大致包括以下几个方面:

- 战略需求方面。从民用客机是否符合国家发展战略,对国家建设有什么贡献等方面来评价。
- 技术方面。包括对新型民用客机的设计原理、技术参数、性能、可靠性等是否先进、合理和可靠等方面的评价。另外,从现有技术、生产水平来看,对是否有能力进行开发研制,能否进行正常生产等也需要进行评价。
- 市场方面。从新型民用客机市场规模大小、竞争能力的强弱等方面进行预测和评价。
- 时间方面。从新型民用客机的开发动态(包括开发速度、开发周期长短等)、开发的紧迫程度,以及新型民用客机处于生命周期的哪一个阶段等进行预测和评价。
- 经济方面。从新型民用客机所需开发成本、生产费用、经营费用、机会成本、投资回收期、经济效益和无形收益等方面进行评价。
- 体制方面。在现有民用客机的研究开发体制、生产体制、销售体制下,从是否能满足开发、生产、销售的要求等方面进行评价。
- 社会方面。从新型民用客机是否能满足社会需要,是否能促进国民经济发展、社会进步和保护环境等方面进行评价。

对于一些工程系统来说,有一些因素是必须考虑的,如性能、质量、成本、时间、寿命、可靠性、安全性和易用性等。综合评价的各个方面和评价指标不能一概而论,要根据具体评价对象而定。

10.3.1　系统综合评价的一般步骤

复杂系统常常需要实现多个目标,而且需要给出定量依据,经常会遇到如下困难:有的指标难以数量化、不同的指标含义不同不好比较、不同指标可能存在矛盾,以及方案之间各有所长而难以取舍。系统综合评价是继分析系统确定评价指标之后的系统分析中复杂而又重要的一个环节。系统综合评价就是从方案整体的观点出发对各项指标的特征进行综合对比评价。图 10.3 给出了系统综合评价在系统开发和决策中的作用。在系统开发中针对系统方案进行评价时,可能存在着多个指标,如重量、性能、成本、可靠性等,很难从单一一个角度对系统方案进行评价,此时就需要综合评价。在综合评价时,首先对系统方案的指标 $F_1, F_2, \cdots, F_n$ 采用客观或主观方法进行指标数量化,再针对这些指标进行量纲一元化和指标归一化,然后就可以运用综合评价方案对不同的方案 $A_1, A_2, \cdots, A_n$ 进行评价,最后将评价结果作为系统决策时进行方案优化的决策依据。

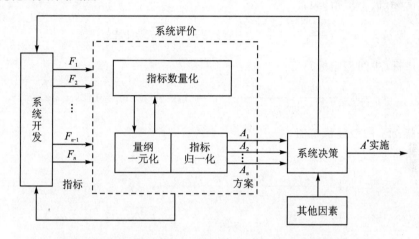

图 10.3　系统评价与系统开发、系统决策之间的关系

系统综合评价的一般步骤:

① 简要说明各个方案,明确系统目标与约束;

② 建立层次结构评价指标体系;

③ 确定各大类及单项评价指标的权重;

④ 进行单项评价;

⑤ 进行综合评价;

⑥ 给出评价结论。

在对系统进行综合评价的过程中主要存在三大难题:① 多指标的标准化;② 多指标的权重确定;③ 多指标的评价值的综合。通常采用指标数量化、指标无量纲化以及指标归一化等方法来解决这些难题。

10.3.2　评价指标标准化

指标量化后,还不能马上进行比较,例如汽车的时速与油耗均是数量化指标,但是它们的量纲不同,还不能对它们进行简单的加减和比较。还必须使之在量纲上统一,即量纲一元化。量纲一元化的重要方法是无量纲化。在评价指标标准化之前,首先要对指标进行分类,不同类型的指标,标准化的方法也有所区别,因此将评价指标分为以下 4 类:

① 效益型指标:其值越大,对方案越有利。

② 支出型指标:其值越小,对方案越有利。

③ 固定型指标:其值越接近最佳稳定值,对方案越有利,如投标报价与标底。

④ 区间型指标：其值越接近最佳区间，对方案越有利。

假设某飞机产品研发 m 个方案，每个方案具有 n 个不同的指标，其指标为 $y_{ij}(i=1,2,\cdots,m;j=1,2,\cdots,n)$，设第 j 个指标中最大值：$y_j^{\max}=\max\limits_{1\leqslant i\leqslant m}\{y_{ij}\}$，$j=1,2,\cdots,n$，设第 j 个指标中最小值：$y_j^{\min}=\min\limits_{1\leqslant i\leqslant m}\{y_{ij}\}$，$j=1,2,\cdots,n$，则 m 个第 j 指标标准化如下：

效益型指标（极大型指标）：

$$x_{ij}=\frac{y_{ij}-y_j^{\min}}{y_j^{\max}-y_j^{\min}} \quad (i=1,2,\cdots,m;j=1,2,\cdots,n) \tag{10.4}$$

成本型指标（极小型指标）：

$$x_{ij}=\frac{y_j^{\max}-y_{ij}}{y_j^{\max}-y_j^{\min}} \quad (i=1,2,\cdots,m;j=1,2,\cdots,n) \tag{10.5}$$

固定型指标（中间型指标）：

$$x_{ij}=1-\frac{|y_{ij}-y_j^*|}{\max\limits_{1\leqslant k\leqslant m}|y_{kj}-y_j^*|} \quad (i=1,2,\cdots,m;j=1,2,\cdots,n) \tag{10.6}$$

式中，y_j^* 是指标 j 的最佳稳定值；

区间型指标：

$$x_{ij}=\begin{cases}1-\dfrac{q_{1j}-y_{ij}}{\max\{q_{1j}-y_j^{\min},y_j^{\max}-q_{2j}\}}, & y_{ij}<q_{1j}\\ 1, & y_{ij}\in[q_{1j},q_{2j}]\\ 1-\dfrac{y_{ij}-q_{2j}}{\max\{q_{1j}-y_j^{\min},y_j^{\max}-q_{2j}\}}, & y_{ij}>q_{2j}\end{cases} \tag{10.7}$$

式中，$\max\{q_{1j}-y_j^{\min},y_j^{\max}-q_{2j}\}$ 为指标 j 的 m 个值中离区间最远的距离。

10.3.3 评价指标权重确定

用若干个指标进行综合评价时，各个指标对评价对象的作用从评价的目标来看并不是同等重要的。权重是以某种数量形式对比、权衡被评价事物总体中各因素相对重要程度的量值。为了体现各个评价指标在评价指标体系中的作用、地位及重要程度，在指标体系确定后，必须对各指标赋予不同的权重系数。同一组指标数值，不同的权重系数，会得到截然不同的甚至相反的评价结果。因此，权重确定问题是系统综合评价中十分棘手的问题，合理确定权重对系统评价和决策有着重要意义。

指标的权重作为评价过程中指标相对重要程度的一种主、客观度量的反映，一般而言，其差异主要由以下 3 方面的原因造成：

① 评价者对各指标的重视程度不同，反映评价者的主观差异；

② 各指标在评价中所起的作用不同，反映各指标间的客观差异；

③ 各指标的可靠程度不同，反映各指标所提供的信息的可靠性不同。

既然指标间的权重差异主要是由上述 3 方面所引起的，因此在确定指标的权重时就应该从这 3 个方面来考虑，其中第 3 方面在之前指标体系的确定中已经进行了考虑，所以我们在确定指标权重时，重点考虑前两个方面。确定评价指标权重的基本原则如下：

- 权重的取值范围应尽量方便综合评价值的计算。权重总值一般取 1、10、100 或 1 000 等。当评价指标数值接近时,权重取值范围应适当增大,以拉开各个方案之间的差距;另外还要和指标评价值配合,二者不能相差太大,否则会削弱评价指标的重要性。
- 指标的权重分配方式应反复听取各种意见并要灵活处理,避免为了取得一致意见而轻率地做出决定。
- 权重的分配方式应采取从粗到细的给值方式。先粗略地把权重分配到指标大类,然后再把大类所得的权重分配到各个指标。保持大类指标权重的比例就从整体上保证了评价指标的协调和评价的合理性。

一般而言,确定评价指标权重的方法主要有相对比较法、连环比率法、德尔菲法等。

10.3.4　评价指标值综合

对于系统综合评价问题,即为多目标规划问题,要求若干目标同时都实现最优往往是很难的,经常是有所失才能有所得,那么问题的得失在何时最好,不同的思路可引出各种合理处理得失的方法。一般采用化多为少的思路:将多目标问题转化为较容易求解的单目标或双目标问题。主要方法包括:主要目标法、线性加权和法、平方和加权法、理想点法(TOPSIS)、乘除法、功效系数法(几何平均法)等。将评价指标数量化,得到各个可行方案的所有评价指标的无量纲化的统一得分以后,采用下述各种方法进行指标综合,就可以得到每一方案的综合评价值,再根据综合评价值的高低,排出方案的优劣顺序。

同样,假设某飞机产品研发现有 m 个不同的方案 $A_1,A_2,\cdots,A_m$,每个方案具有 n 个不同的指标 $F_1,F_2,\cdots,F_n$,方案 A_i 的指标因素 F_j 的得分(或得分系数)为 a_{ij},将 a_{ij} 排列成评价矩阵,如表 10.3 所列。分别使用加权平均法、平方和加权法以及乘法规则对评价指标值进行综合。

表 10.3　评价矩阵

指标因素		F_1	F_2	$\cdots$	F_n	综合评价值 φ_i
权重 ω_j		ω_1	ω_2	$\cdots$	ω_n	
方案 A_i	A_1	a_{11}	a_{12}	$\cdots$	a_{1n}	
	A_2	a_{21}	a_{22}	$\cdots$	a_{2n}	
	$\vdots$	$\vdots$	$\vdots$		$\vdots$	
	A_m	a_{m1}	a_{m2}	$\cdots$	a_{mn}	

1. 加权平均法

加权平均法是指标综合的基本方法,第 i 个方案的综合评价值 φ_i 按如下公式计算:

$$\varphi_i = \sum_{j=1}^{n} \omega_j a_{ij}, \quad j=1,2,\cdots,n \tag{10.8}$$

式中,a_{ij} 为第 i 个方案的第 j 项指标的得分;ω_j 为第 j 项指标的权重,满足如下关系式:

$$0 \leqslant \omega_j \leqslant 1, \quad \sum_{j=1}^{n} \omega_j = 1 \tag{10.9}$$

2. 平方和加权法

平方和加权法是指用平方和加权的形式使各指标得分尽可能逼近理想最好值的一种方法。第 i 个方案的综合评价值 φ_i 按如下公式计算：

$$\varphi_i = \sum_{j=1}^{n} \omega_j (a_{ij} - a_{ij}^*)^2, \quad j = 1, 2, \cdots, n \tag{10.10}$$

式中，a_{ij} 为第 i 个方案的第 j 项指标的得分；a_{ij}^* 为第 i 个方案的第 j 项指标的规定值或理想值；ω_j 为第 j 项指标的权重，满足如下关系式：

$$0 \leqslant \omega_j \leqslant 1, \quad \sum_{j=1}^{n} \omega_j = 1 \tag{10.11}$$

3. 乘法规则

乘法规则采用下列公式计算各个方案的综合评价值 φ_i：

$$\varphi_i = \prod_{j=1}^{n} a_{ij}^{\omega_j}, \quad i = 1, 2, \cdots, m \tag{10.12}$$

式中，a_{ij} 为第 i 个方案的第 j 项指标的得分；ω_j 为第 j 项指标的权重。对上式两边求对数得

$$\lg \varphi_i = \sum_{j=1}^{n} \omega_i \lg a_{ij}, \quad i = 1, 2, \cdots, m \tag{10.13}$$

乘法规则应用的场合是要求各项指标尽可能地取得较好的水平，才能使总的评价值较高。它不容许哪一项指标处于最低水平。只要有一项指标的得分为零，不论其余的指标得分有多高，总的评价值都将是零，因而该方案将被淘汰。相反，在加法规则中，各项指标的得分可以线性地互相补偿。一项指标的得分比较低，其他指标的得分都比较高，总的评价值仍然比较高，任何一项指标的改善，都可以使得总的评价值提高。在应用过程中，需要根据具体的实际要求，选择合适的方法。

系统评价指标综合的乘法规则的一个典型应用就是在可靠性工程中运用评价法来进行系统可靠性预计和可靠性分配。组成系统的各单元可靠性由于复杂程度、技术水平、工作时间和环境条件等主要影响可靠性的因素不同而有所差异。以可靠性预计为例，评分法来预计系统可靠性是在可靠性数据缺乏的情况下（可以得到个别产品可靠性数据），通过有经验的设计人员或专家对影响可靠性的几种因素进行评分，对评分进行综合分析而获得系统中各单元产品之间的可靠性相对比值。对可靠性未知单元和已知单元的复杂程度、技术水平、工作时间和环境条件等因素进行评分（通常是 $0 \sim 10$ 分），再将各因素得分相乘得到综合得分，将待预计单元的综合评分跟已知单元的综合评价进行对比，即可粗略估计待预计单元的可靠性水平。

10.4 层次分析法

层次分析法（Analytical Hierarchy Process，AHP）是美国学者沙蒂（T. L. Satty）在 20 世纪 70 年代提出的。它是一种定性与定量相结合的评价决策方法，这种方法把复杂问题分解成若干有序层次，并根据对一定客观事实的判断就每一层次的相对重要性给予定量表示，利用数学方法确定出能够表达每一层次的全部要素相对重要性次序的数值，并通过对各层次的分析得到对整个问题的分析。

10.4.1　层次分析法概述

对于复杂系统的分析评价,传统上是采用数学建模的方法,但是这种方法存在着严重的缺陷。首先,当人们想通过建立庞大而复杂的数学模型对问题进行全面、精确、深入的分析时,往往需要付出巨大的代价,还常常面临陷入模型"泥潭"的危险;其次,有些因素特别是对人们的判断起作用的因素,是很难在数学模型中反映出来的;最后,不同的因素对问题的分析有着不同的重要性,如何将这些因素条理化、层次化,并确定不同因素相对重要性的权值或次序,是数学建模方法不能解决的。所以,人们迫切需要寻找一种能把问题的内在层次与联系进行量化并能对系统的各替代方案进行排序的方法。正是在这种背景下,层次分析法被提出,并得到了广泛的应用。

AHP 的特点是分析思路清晰,可将分析人员的思维过程系统化、数学化和模型化;分析时所需的定量数据较少,但要求对问题的本质、包含的因素及其内在关系要分析清楚;可用于多准则、多目标问题和其他各类问题的决策分析。

10.4.2　AHP 的基本原理

AHP 是通过分析复杂问题包含的因素及其相互联系,将问题分解为不同的要素,并将这些要素归并为不同的层次,从而形成多层次结构。在每一层次可按某一规定准则对该层要素进行逐对比较而建立判断矩阵,然后通过计算判断矩阵的最大特征值和正交化特征向量得出该层要素对于该问题的权重,并在这个基础上计算出各层次要素对于整体目标的组合权值,从而得出不同方案的权值,为选择最优方案提供依据。

层次分析法将决策者的思维过程数学化,它提供了一种能够综合人们不同的主观判断并给出具有数量分析结果的方法,最终把非常复杂的系统研究简化为各种因素间的成对比较和简单计算。由于层次分析法采用了逐对比较的数量化标度方法,这就使其可以很方便地用于目前还没有统一度量标尺的社会、政治、人的行为和科学管理等问题的分析中。

10.4.3　AHP 的基本步骤

AHP 是一种定性和定量相结合的半定量的方法,它包括了评价与决策过程中的几个基本步骤,使用起来也不复杂。这种方法的操作思路是,对一个复杂的问题先把目标、准则、方案、措施分层划分出来,再把方案两两比较,进行评分(以解决无法定量分析的困难),然后进行综合评价,排出优劣先后次序。具体的做法分成 4 个步骤。

1. 建立层次结构模型

根据对问题的了解和初步分析,可以把问题中涉及的因素按性质分层次排序,构造一个各因素之间相互联结的层次结构模型。按目标到措施自上而下地将各类因素之间的直接影响关系排列于不同层次,形成层次结构图,例如最简单的可以分成三层,排成如图 10.4 所示的形式。

最上层是目标层,这一层是系统的目标(一般只有一个,在有多个分目标时可以在下一层设一个分目标层)。中间一层是准则层,其中排列了衡量是否达到目标的各项准则。第三层是措施(方案)层,其中排列了各种可能采取的措施。由于目标是否达到,要用各个准则来衡量,所以准则层中的各单元和目标是有联系的,图中画有连线;各方案均须用各准则来检查,所以

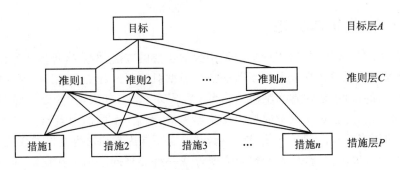

图 10.4 AHP 层次结构模型

最下层中的各元素与准则层中的各元素也有连线。

接下来,将通过一个具体事例来说明层次结构的形成。现有某单位预备购买一台设备,期望该设备功能强、价格低、维护容易,现有 A、B、C 三种型号可供选择,我们可以构成分析层次,如图 10.5 所示。

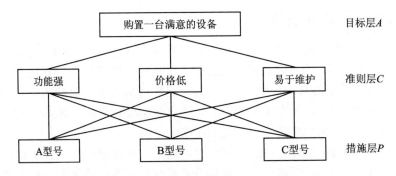

图 10.5 设备购买方案的 AHP 结构图

2. 构造判断矩阵

我们在建立了分析层次后,就可以逐层逐项对各元素进行两两比较,利用评分办法比较它们的优劣,我们把两两比较结果构成的矩阵称作判断矩阵。例如我们可以先从最下层开始,在图 10.4 的 $P_1,P_2,\cdots,P_n$ 各方案中从准则层 C 的角度来两两进行评比,评比结果用下列判断矩阵中的各元素表示。

$$\mathbf{B} = \begin{bmatrix} b_{11} & b_{12} & \cdots & b_{1n} \\ b_{21} & b_{22} & \cdots & b_{2n} \\ \vdots & \vdots & & \vdots \\ b_{n1} & b_{n2} & \cdots & b_{nn} \end{bmatrix}$$

对于单一准则来说,两个方案进行对比总能分出优劣来。在进行两两比较时,可以采用不同的标度对比较结果进行量化,但是标度的选取影响着评价是否容易操作以及评价结果是否客观:标度越细越难以评价,但评价结果越精确;标度越粗虽然容易操作,但评价结果粗糙。在 AHP 方法使用过程中,一般采取如表 10.4 所列的标度,做到二者兼顾。

表 10.4　判断矩阵标度定义

标　度	含　义
1	两个元素相比,具有同样重要性
3	两个元素相比,前者比后者稍重要
5	两个元素相比,前者比后者明显重要
7	两个元素相比,前者比后者强烈重要
9	两个元素相比,前者比后者极端重要
2,4,6,8	上述相邻判断的中间值
倒数	两个元素相比,后者比前者的重要性标度

对于判断矩阵 **B** 中的各元素,显然有

$$b_{ii}=1$$

$$b_{ij}=\frac{1}{b_{ji}}\quad(i=1,2,\cdots,n;j=1,2,\cdots,n)$$

因此,n 阶判断矩阵原有 n^2 个元素,现在只要知道其中 $\frac{n(n-1)}{2}$ 个元素就可以确定判断矩阵。其中 b_{ij} 的取值是根据资料数据、专家意见和分析人员的认识经过反复研究后确定的。由于是对单一准则两两比较,所以一般并不难给出评分数据。对于判断矩阵中的各个元素,还需要检查这种两两比较的结果之间是否具有一致性。得到的评分数据如果满足:

$$b_{ij}b_{jk}=b_{ik}\quad(i,j,k=1,2,\cdots,n)\tag{10.14}$$

则称判断矩阵具有完全一致性。但是由于客观事物的复杂性、人们认识的片面性,所以判断矩阵不可能具有完全一致性。在确定判断矩阵时注意不要存在太大的矛盾即可,因为后续还会进行总的一致性检验。

在使用层次分析法时,需要对每一个准则 C_i 都要列出 $P_1,P_2,\cdots,P_n$ 的判断矩阵。同样对于目标层而言,多个准则中哪个更重要一些,哪个次要一些,也需要通过两两相比,得出判断矩阵。

仍以前面某单位购买设备为例。如果在三种备选的型号中,A 型号的性能较好,价格一般,维护需要一般水平;B 型号的性能最好,价格较高,维护也只需一般水平;C 型号的性能差,但价格低,容易维护,则根据具体技术数据、经济指标和专家的经验,确定各判断矩阵如下:

对于准则 C_1——功能强,有

$$\boldsymbol{B}_1=\begin{bmatrix}1&\dfrac{1}{4}&2\\4&1&8\\\dfrac{1}{2}&\dfrac{1}{8}&1\end{bmatrix}$$

对于准则 C_2——价格低,有

$$\boldsymbol{B}_2=\begin{bmatrix}1&4&\dfrac{1}{3}\\\dfrac{1}{4}&1&\dfrac{1}{8}\\3&8&1\end{bmatrix}$$

对于准则 C_3——易维护,有

$$\boldsymbol{B}_3 = \begin{bmatrix} 1 & 1 & \dfrac{1}{3} \\ 1 & 1 & \dfrac{1}{5} \\ 3 & 5 & 1 \end{bmatrix}$$

三个准则对目标的优先顺序,要根据该厂购置设备的具体要求而定。假定该单位在设备应用上首先要求功能强,其次要求易维护,再次才是价格低,则判断矩阵为

$$\boldsymbol{B} = \begin{bmatrix} 1 & 5 & 3 \\ \dfrac{1}{5} & 1 & \dfrac{1}{3} \\ \dfrac{1}{3} & 3 & 1 \end{bmatrix}$$

3. 层次单排序及其一致性检验

前面讲的判断矩阵,只是针对上一层而言两两比较的评分数据,现在要把同一层次中所有各元素对上一层而言排出优劣顺序来,则需要在判断矩阵上进行运算。对应于判断矩阵最大特征根的特征向量,经归一化(使向量中各元素之和等于1)后记为 W。W 的元素为同一层次因素对于上一层次某因素相对重要性的排序权值,这一过程称为层次单排序。能否确认层次单排序,则需要进行一致性检验,所谓一致性检验就是指对判断矩阵 A 确定不一致的允许范围。

根据正矩阵的理论,可以证明:若矩阵 A 有以下特点:

① $a_{ii} = 1$;

② $a_{ij} = 1/a_{ji}$　$(i, j = 1, 2, \cdots, n)$;

③ $a_{ij} = a_{ij}/a_{ik}$　$(i, j = 1, 2, \cdots, n)$,

则该矩阵具有唯一非零的最大特征值 $\lambda_{\max}$,且 $\lambda_{\max} = n$。若层次分析法所得到的判断矩阵具有上述特征,则该判断矩阵具有完全一致性。在现实中,要求完全一致性是不可能的,因此应该设定一致性指标并进行检验判断矩阵的一致性。

一致性指标的定义是

$$CI = \frac{\lambda_{\max} - n}{n - 1} \tag{10.15}$$

可以从数学上证明,n 阶判断矩阵的最大特征根为

$$\lambda_{\max} \geqslant n$$

当完全一致时,$\lambda_{\max} = n$,这时 $CI = 0$。CI 值越大,判断矩阵的完全一致性越差。一般只要 $CI \leqslant 0.1$,则认为判断矩阵的一致性可以接受,否则重新进行两两比较判断。

当判断矩阵的维数 n 越大时,判断的一致性将越差,故应放宽对高维判断矩阵一致性的要求。于是我们再定义一个随机一致性比值:

$$CR = \frac{CI}{RI} \tag{10.16}$$

在上式中,RI 称为平均随机一致性指标,其数值如表 10.5 所列。

表 10.5　平均随机一致性指标

阶数 n	1	2	3	4	5	6	7	8	9
RI	0.00	0.00	0.58	0.90	1.12	1.24	1.23	1.41	1.45

表 10.5 中,对于一阶和二阶判断矩阵而言,总认为它们是完全一致的。

一般来说,在 AHP 法中计算判断矩阵的最大特征值与特征向量,并不需要很高的精度,故用近似法计算即可。最常用的有下列几种方法,可选用其中一种,最简单的方法是求和法及其改进的方法,但方根法更好。

(1) 求和法

它的计算步骤如下:

① 把判断矩阵 $\boldsymbol{B}$ 的每一行加起来,各行求和:

$$\sum_{i=1}^{n} b_{1i} = V_1 \; ; \; \sum_{i=1}^{n} b_{2i} = V_2 \; ; \cdots ; \; \sum_{i=1}^{n} b_n = V_n$$

这样得到的 $V_1, V_2, \cdots, V_n$ 值的大小已经可以表示出各行代表的方案 $P_1, P_2, \cdots, P_n$ 的优劣程度了(例如 P_i 比其余 $P_j (j \neq i)$ 都优越,则该行元素 b_{ij} 均大于 1,其和更大于 1)。为了便于比较起见,我们再进行第②步计算。

② 进行归一化,也就是把 $V_1, V_2, \cdots, V_n$ 加起来后去除 V_i:

$$\omega_i = \frac{V_i}{\sum_{j=1}^{n} V_j} \quad (i = 1, 2, \cdots, n)$$

这样得到的向量

$$\boldsymbol{\omega} = \begin{bmatrix} \omega_1 \\ \omega_2 \\ \vdots \\ \omega_n \end{bmatrix}$$

即为所求特征向量近似值,也是各因素的相对权重。

③ 计算判断矩阵 $\boldsymbol{B}$ 的最大特征值 $\lambda_{\max}$:

$$\lambda_{\max} = \sum_{i=1}^{n} \frac{(\boldsymbol{B\omega})_i}{n\omega_i}$$

式中,$(\boldsymbol{B\omega})_i$ 为向量 $\boldsymbol{B\omega}$ 的第 i 个元素。

④ 计算判断矩阵一致性指标,检验其一致性。

(2) 正规化求和法

它的计算步骤如下:

① 对判断矩阵

$$\boldsymbol{B} = \begin{bmatrix} b_{11} & b_{12} & \cdots & b_{1n} \\ b_{21} & b_{22} & \cdots & b_{2n} \\ \vdots & \vdots & & \vdots \\ b_{n1} & b_{n2} & \cdots & b_{nn} \end{bmatrix}$$

的每一列进行正规化:

$$b_{ij} = \frac{b_{ij}}{\sum\limits_{k=1}^{n} b_{kj}} \quad (i,j=1,2,\cdots,n)$$

正规化后，每列各元素之和为 1。

② 各列正规化后的判断矩阵按行相加：

$$U_i = \sum_{j=1}^{n} b_{ij} \quad (i=1,2,\cdots,n)$$

③ 再对向量 $\boldsymbol{U} = \begin{bmatrix} U_1 \\ U_2 \\ U_3 \end{bmatrix}$ 进行归一化：

$$\omega_i = \frac{U_i}{\sum\limits_{j=1}^{n} U_j} \quad (i=1,2,\cdots,n)$$

这样得出的向量

$$\boldsymbol{\omega} = \begin{bmatrix} \omega_1 \\ \omega_2 \\ \vdots \\ \omega_n \end{bmatrix}$$

即为所求特征向量的近似值，其中各分量 ω_i 就是表明 $P_1, P_2, \cdots, P_n$ 各元素相对优先程度的系数。

④ 计算判断矩阵 $\boldsymbol{B}$ 的最大特征值 $\lambda_{\max}$：

$$\lambda_{\max} = \sum_{i=1}^{n} \frac{(\boldsymbol{B\omega})_i}{n\omega_i}$$

式中，$(\boldsymbol{B\omega})_i$ 为向量 $\boldsymbol{B\omega}$ 的第 i 个元素。

⑤ 计算判断矩阵一致性指标，检验其一致性。

（3）方根法

它的计算步骤如下：

① 对判断矩阵计算每一行元素的乘积 M_i：

$$M_i = \prod_{i=1}^{n} b_{ij} \quad (i=1,2,\cdots,n)$$

② 计算 M_i 的 n 次方根 ω_i'：

$$\omega_i' = \sqrt[n]{M_i}$$

③ 对 ω_i' 进行正规化：

$$\omega_i = \frac{\omega_i'}{\sum\limits_{j=1}^{n} \omega_j} \quad (i=1,2,\cdots,n)$$

则 $\boldsymbol{\omega} = (\omega_1, \omega_2, \cdots, \omega_i)^{\mathrm{T}}$ 即为所求特征向量的近似值，也是各因素相对权重。

④ 计算判断矩阵 $\boldsymbol{B}$ 的最大特征值 $\lambda_{\max}$：

$$\lambda_{\max} = \sum_{i=1}^{n} \frac{(\boldsymbol{B\omega})_i}{n\omega_i}$$

式中，$(\boldsymbol{B\omega})_i$ 为向量 $\boldsymbol{B\omega}$ 的第 i 个元素。

⑤ 计算判断矩阵一致性指标，检验其一致性。

（4）特征向量法

计算 $\boldsymbol{\omega}=\begin{bmatrix} \omega_1 \\ \omega_2 \\ \vdots \\ \omega_n \end{bmatrix}$ 的方法是计算判断矩阵的最大特征根 $\lambda_{\max}$ 以及它所对应的特征向量 $\boldsymbol{\omega}$，它

们之间满足以下关系：

$$\boldsymbol{B\omega} = \lambda_{\max}\boldsymbol{\omega}$$

式中，$\boldsymbol{B}$ 是判断矩阵。这个特征向量正是待求的系数向量。$\boldsymbol{\omega}$ 与 $\lambda_{\max}$ 的计算步骤如下：

① 取一个和判断矩阵 $\boldsymbol{B}$ 同阶的初值向量 $\boldsymbol{\omega}$。

② 计算 $\boldsymbol{\omega}^{k+1}=\boldsymbol{B\omega}^k$，$k=0,1,2,\cdots$。

③ 令 $\beta=\sum_{i=1}^{n}\omega_i^{k+1}$，计算 $\boldsymbol{\omega}^{k+1}=\dfrac{1}{b}\bar{\boldsymbol{\omega}}^{k+1}$，$k=0,1,2,\cdots$。

④ 给定一个精度 ε，当 $|\bar{\omega}_i^{k+1}-\bar{\omega}_i^k|<\varepsilon$ 对所有 $i=1,2,\cdots$ 都成立时停止计算，这时 $\boldsymbol{\omega}=\boldsymbol{\omega}^{k+1}$ 就是所需求出的特征向量。

⑤ 计算最大特征值：

$$\lambda_{\max}=\sum_{i=1}^{n}\frac{\bar{\omega}_i^{k+1}}{n\bar{\omega}_i^k}$$

⑥ 计算判断矩阵一致性指标，检验其一致性。

上面的计算过程在计算机上可以很容易实现。由于这种计算并不要求太高的精确度（给出的判断矩阵各元素也不是太精确），因此使用其他几种排序方法已经足够了。

我们仍以前面某单位购买设备为例，用方根法来计算。准则 C_1 判断矩阵：

$$\boldsymbol{B}_1=\begin{bmatrix} 1 & \dfrac{1}{4} & 2 \\ 4 & 1 & 8 \\ \dfrac{1}{2} & \dfrac{1}{8} & 1 \end{bmatrix}$$

计算判断矩阵每一行元素的乘积：

$$M_1=0.5, \quad M_2=32, \quad M_3=0.062\,5$$

计算 M_i 的 n 次方根 ω_i'：

$$\omega_1'=\sqrt[3]{0.5}=0.793\,7, \quad \omega_2'=\sqrt[3]{32}=3.174\,8, \quad \omega_3'=\sqrt[3]{0.062\,5}=0.396\,8$$

对 ω_i' 进行正规化：

$$\omega_1=\frac{0.793\,7}{0.793\,7+3.174\,8+0.396\,8}=0.181\,8$$

$$\omega_2=\frac{3.174\,8}{4.365\,3}=0.727\,2$$

$$\omega_3=\frac{0.396\,8}{4.365\,3}=0.091\,0$$

则 $\boldsymbol{\omega} = (\omega_1, \omega_2, \cdots, \omega_i)^{\mathrm{T}}$，即为所求特征向量的近似值，也是各因素的相对权重。

计算判断矩阵 $\boldsymbol{B}$ 的最大特征值 $\lambda_{\max}$：

$$\lambda_{\max} = \frac{0.545\,6}{3 \times 0.181\,8} + \frac{2.182\,4}{3 \times 0.727\,2} + \frac{0.272\,8}{3 \times 0.091\,0} = 3$$

计算判断矩阵一致性指标，检验其一致性。

$$CI = \frac{3-3}{2} = 0, \quad CR = \frac{CI}{RI} = 0$$

故准则 C_1 判断矩阵的不一致程度可接受，$\boldsymbol{\omega}$ 可以直观地视为不同型号的设备在性能方面的得分，即 B 型号设备在性能上比 A、C 都强得多，其次才是 A 型号设备，A 比 B 差很多，但仍比 C 优越。

4. 层次总排序及其一致性检验

完成了层次单排序后，怎样利用单排序结果，综合出更上一层的优劣顺序，就是层次总排序的任务。这一步是从最高层次到最低层次依次进行的，首先计算某一层次所有因素对于最高层(总目标)相对重要性的相对权重，然后再对总排序的一致性进行检验，总排序的一致性检验指标 CI 的值为

$$CI = \sum_{i=1}^{m} a_i CI_i \tag{10.17}$$

式中，a_i 为对目标 A 来说准则 C_i 的优劣系数，CI_i 为相应的单排序一致性指标。

$$RI = \sum_{i=1}^{m} a_i RI_i \tag{10.18}$$

RI_i 也是相应的单排序一致性指标。而对于

$$CR = \frac{CI}{RI}$$

同样希望它小于 0.10。如果有一致性检验结果不令人满意的，就应该检查判断矩阵各元素间的关系是否有不恰当的，有则适当加以调整，直到具有满意的一致性为止。

例如，现有目标层 A、准则层 C、措施层 P 构成的层次模型(对层次更多的模型，计算相同)，我们已经分别得到措施 P_1、P_2、P_3 对准则 C_1、C_2、C_3 的顺序以及准则 C_1、C_2、C_3 对目标 A 的顺序，现在我们要寻求 P_1、P_2、P_3 对 A 的顺序。

这种排序方法可以用表 10.6 加以说明。例如，层次 C 对层次 A 来说已经单排序完毕，其系数值为 $a_1, a_2, \cdots, a_m$，而层次 P 对层次 C 各元素 C_1、C_2、C_3 来说单排序结果系数值分别为 $\omega_1^1, \omega_2^1, \cdots, \omega_n^1; \omega_1^2, \omega_2^2, \cdots, \omega_n^2; \cdots$

总排序系数值可按表 10.6 计算。

表 10.6 总排序系数表

层次 C 权重 层次 P	因素及权重				组合权重
	C_1	C_2	$\cdots$	C_m	
	a_1	a_2	$\cdots$	a_m	
P_1	ω_1^1	ω_1^2	$\cdots$	ω_1^m	$\sum_{i=1}^{m} a_i \omega_1^i$

层次 C 权重 层次 P	因素及权重				组合权重
	C_1	C_2	…	C_m	
	a_1	a_2	…	a_m	
P_2	ω_2^1	ω_2^2	…	ω_2^m	$\sum\limits_{i=1}^{m} a_i\omega_2^i$
⋮	⋮	⋮	⋮	⋮	⋮
P_n	ω_n^1	ω_n^2	…	ω_n^m	$\sum\limits_{i=1}^{m} a_i\omega_n^i$

很显然,存在

$$\sum_{j=1}^{n}\sum_{i=1}^{m} a_i\omega_j^i = 1$$

所以得出的结果已经是正规化的了。

我们试以前面举过的购置设备的例子来加以计算(用方根法计算系数值结果)。

总排序的系数计算过程如表 10.7 所列。

表 10.7　总排序系数计算过程

层次 C 权重 层次 P	因素及权重			组合权重
	C_1	C_2	C_3	
	0.637	0.105	0.258	
P_1(A 型号)	0.181 8	0.255 9	0.185 1	0.190 4
P_2(B 型号)	0.727 2	0.073 3	0.156 2	0.511 2
P_3(C 型号)	0.091 0	0.670 8	0.658 7	0.298 4

$$\omega_1 = 0.637 \times 0.181\ 8 + 0.105 \times 0.255\ 9 + 0.258 \times 0.185\ 1 = 0.190\ 4$$
$$\omega_2 = 0.637 \times 0.727\ 2 + 0.105 \times 0.073\ 3 + 0.258 \times 0.156\ 2 = 0.511\ 2$$
$$\omega_3 = 0.637 \times 0.091\ 0 + 0.105 \times 0.670\ 8 + 0.258 \times 0.658\ 7 = 0.298\ 4$$

进行一致性检验,单排序一致性指标分别为 $CI_1 = 0$,$CI_2 = 0.003\ 8$,$CI_3 = 0.014\ 5$。

所以,总排序的一致性检验指标为

$$CI = 0 + 0.105 \times 0.003\ 8 + 0.258 \times 0.014\ 5 = 0.004\ 14$$
$$RI = 0.637 \times 0.58 + 0.105 \times 0.58 + 0.258 \times 0.58 = 0.58$$

$$CR = \frac{CI}{RI} = 0.007\ 1 < 0.1$$

从以上分析可知总排序不一致程度可接受,B 型号设备从综合评分来说占优势,其次是 C 型号。

最后值得注意的是:层次的划分不一定仅限于上面讲过的目标、准则、措施这样三层。例如,目标层的总目标之下还可以增加一个分目标层;中间还可以有情景层(反映不同处境)、约束层等。层数虽然加多了,但处理方法仍和前面一样,只是重复使用几次。

层次分析法能够定量处理一些难以精确定量的决策问题,计算也不复杂,整个过程符合系统分析思想,所以是一种很有用的方法,虽然其提出的时间不长,但已显示出很强的生命力。它还可以用来在应用加权和综合评价中计算权系数。层次分析法其实已经隐含了一个简单清晰的决策过程。

10.5　模糊综合评价法

模糊综合评价法是模糊数学的一种具体的应用方法,它的数学模型简单,容易掌握,对多因素、多层次的复杂系统评价效果比较好,是其他的模型和方法难以替代的。由于模糊的方法更接近于我们的思维习惯和描述方法,因此模糊综合评价法更适应于对社会经济系统和工程技术问题进行评价。

10.5.1　模糊的概念及度量

日常生活中,描述某人的身高时常用"高个子"或"矮个子"等语言来描述,虽然描述中并未指明该人的身高有多少厘米,但听众已大致了解该人的身高状况,并且很容易依据这些模糊的特征找到此人。这种描述的不精确性就是模糊性。美国加利福尼亚大学扎德(Zadeh)教授1965 年发表了论文《模糊集合论》,用"隶属函数"这个概念来描述现象差异中的中间过渡,从而突破了古典集合论中属于或不属于的绝对关系。在模糊集合中,给定范围内元素对它的隶属关系不一定只有"是"或"否"两种情况,而是用介于 0 和 1 之间的实数来表示隶属程度,还存在中间过渡状态,隶属度表征了模糊度。

10.5.2　主要步骤及有关概念

模糊综合评价法具有结果清晰、系统性强的特点,能较好地解决模糊的、难以量化的问题,适合各种非确定性问题的解决。一般而言,模糊综合评价可按照如下步骤进行。

1. 确定评价因素、评语集

评价因素是指对系统进行评价的具体内容(例如,性能、寿命、可靠性、安全性、经济效益等)。设评价的因素集合

$$U = \{u_1, u_2, \cdots, u_m\}$$

评语集是评价者对被评价对象可能做出的各种评价结果组成的集合,用 V 表示:$V = \{v_1, v_2, \cdots, v_n\}$。具体评价等级可以依据评价内容用语言进行描述,例如,好、较好、一般、较差、差等。

2. 构造评价矩阵和确定权重

首先对评价因素集中的单因素 $u_i(i=1,2,\cdots,m)$ 做单因素评判,从因素 u_i 着眼该事物对于评语集 $v_j(i=1,2,\cdots,n)$ 的隶属度为 r_{ij},这样就得出第 i 个因素 u_i 的单因素评判集

$$r_i = (r_{i1}, r_{i2}, \cdots, r_{in})$$

这样 n 个因素的评判集就构造出了一个总的评价矩阵 $\mathbf{R}$,即每一个被评价对象确定了从 U 到 V 的模糊关系 $\mathbf{R}$,它是一个矩阵

$$\boldsymbol{R} = (r_{ij})_{m \times n} = \begin{bmatrix} r_{11} & r_{12} & \cdots & r_{1n} \\ r_{21} & r_{22} & \cdots & r_{2n} \\ \vdots & \vdots & & \vdots \\ r_{m1} & r_{m2} & \cdots & r_{mm} \end{bmatrix}$$

得到这样的模糊关系矩阵,尚不足以对事物做出评价。评价因素集中的各个因素在"评价目标"中有不同的地位和作用。引入 U 上的一个模糊子集 A,称为权重或权数分配集,$A = (a_1, a_2, \cdots, a_m)$,其中 $a_i \geqslant 0$,且 $\sum_i a_i = 1$,它反映了对诸因素的一种权衡。常见的评价问题中的赋权,一般多凭经验主观判断,富有浓厚的主观色彩。在某些情况下,主观确定权重上有客观的一面,一定程度上反映了实际情况,评价的结果具有较高的参考价值。

3. 进行综合评价

引入一个模糊子集 B,称为模糊综合评判集,$B = (b_1, b_2, \cdots, b_n)$。进行模糊变换 $B = A \circ R$($\circ$ 为算子符号),这个变换的定义是当 $B = \|b_{ij}\|$,$A = \|a_{ik}\|$,$\boldsymbol{R} = \|r_{kj}\|$ 时,

$$b_{ij} = \bigvee_{k=1}^{n} (a_{ik} \wedge r_{kj})$$

式中,$\vee$ 为取极大运算,$\wedge$ 为取极小运算。

4. 评价指标处理

如果评价结果 $\sum_i b_i \neq 1$,则应将它进行归一化处理。

在复杂系统中,由于要考虑的因素很多,并且各因素之间往往还有层次之分,因此在这种情况下,仍用前面所述的综合评价的初始模型,则难以比较系统中事物之间的优劣次序,得不出有意义的评价结果。在实际应用中,如果遇到这种情形,可把因素集合 U 按某些属性分成几类,先对每一类(因素较少)做综合评价,然后再对评价结果进行"类"之间的高层次的综合评价。

10.5.3　模糊综合评价的应用实例

某航空产品制造厂生产某型产品,欲了解不同用户对该种产品的满意程度。用户是否喜欢这种产品,与这种产品的安全性、环境适应性、可靠性、维修性和保障性等因素有关。现采用模糊综合评价法来确定用户的满意程度。

影响航空产品评价的因素主要是以上提到的几个方面,故因素集为

$$U = \{环境适应性、安全性、可靠性、维修性、保障性\}$$

综合评价的目的是弄清楚用户对这款航空产品的满意程度,总评价的结果应是各个满意等级,因此,评语集应为

$$V = \{很满意,满意,一般,不满意\}$$

单独从上述各个因素出发,对航空产品进行评价,分别得到单因素评判集为

$$R_1 = (0.2, 0.5, 0.3, 0.0)$$
$$R_2 = (0.1, 0.3, 0.5, 0.1)$$
$$R_3 = (0.0, 0.1, 0.6, 0.3)$$
$$R_4 = (0.0, 0.4, 0.5, 0.1)$$

$$R_5 = (0.5, 0.3, 0.2, 0.0)$$

由此得评价矩阵为

$$\mathbf{R} = \begin{bmatrix} 0.2 & 0.5 & 0.3 & 0.0 \\ 0.1 & 0.3 & 0.5 & 0.1 \\ 0.0 & 0.1 & 0.6 & 0.3 \\ 0.0 & 0.4 & 0.5 & 0.1 \\ 0.5 & 0.3 & 0.2 & 0.0 \end{bmatrix}$$

对航空产品的评价,由于不同类型用户的观点不尽相同,对各因素的侧重也会不一样,因此,对不同的用户,权重是不同的。现假设我们选定后勤人员。经了解,他们比较侧重维修性和保障性,而不太讲究安全性和环境适用性,对各因素的权重可确定如下:

$$A = (0.10, 0.10, 0.15, 0.30, 0.35)$$

进行模糊变换

$$B = A \circ \mathbf{R} = (0.35, 0.30, 0.30, 0.15)$$

将指标进行归一化得

$$B' = (0.32, 0.27, 0.27, 0.14)$$

这一评价结果表明,这种航空产品在后勤保障人员中 32% 的人"很满意",27% 的人"满意",27% 的人态度"一般",14% 的人"不满意"。

如果评判者是使用人员,由于他们特别看重安全性和环境适用性,故各因素的权重为

$$A = (0.30, 0.35, 0.10, 0.10, 0.15)$$

则综合评价的结果为

$$B = (0.20, 0.30, 0.35, 0.10)$$

将上述评价指标归一化得

$$B' = (0.21, 0.315, 0.37, 0.105)$$

这表明,这种航空产品在使用人员中 21% 的人"很满意",31.5% 的人"满意",37% 的人态度"一般",10.5% 的人"不满意",据此就可以得到该航空产品满意度评价结果。

10.6　本章小结

系统评价是系统科学中研究评价理论的一个重要分支,也是系统工程的主要内容。系统评价是系统工程过程中进行方案优选和决策的基础,系统评价的好坏影响着系统决策的正确性。系统评价的基础是系统评价指标及其量化,系统的评价指标体系是由若干个单项评价指标组成的有机整体,应考虑多方面系统功能指标,而系统综合评价则基于评价指标体系来对系统方案进行整体评价。

本章在对系统评价概述的基础上,重点介绍了系统评价指标体系以及系统综合评价的基本步骤,还单独介绍了层次分析法和模糊综合评价法两种常见的系统综合评价方法。层次分析法是处理多目标、多准则、多因素、多层次的复杂问题,进行决策分析、综合评价的一种简单实用而有效的方法,是一种定性分析与定量分析相结合的系统评价方法。模糊综合评价法是运用模糊集理论对系统进行综合评价的一种方法。模糊综合评价法中的因素就是评价对象的各种属性或性能及参数指标或质量指标,它们构成因素集。评语集是评价者对评价对象可能

作出的各种总的评价结果所组成的集合。模糊综合评价指标由权重矩阵与单因素评价综合得出。在对系统进行评价时,要根据实际问题选择合适的评价模型,再依据评价准则作出最后的综合评价。

习　题

1. 简述系统评价在系统工程实施过程中的作用和地位。
2. 简述系统评价的主要困难及相应解决思路。
3. 简述系统评价与系统分析和系统决策之间的关系和作用。
4. 简述在系统评价时建立评价指标体系需遵循的原则。
5. 简述系统评价中如何使定性指标数量化的方法。
6. 试建立评价战斗机性能的指标体系(包括指标及其权重)。
7. 机载计算机系统由显示器、输入设备、存储器、中央处理器组成,假设计算机系统的可靠性指标 BFHBF(平均故障间隔飞行时间)为 200 h,运用评分法对计算机系统进行可靠性分配。
8. 简述层次分析法的主要思路和步骤。
9. 简述模糊综合评价法的主要思路和应用特点。
10. 简述应用层次分析法的主要思路,并用层次分析法分析下面的判断矩阵是否一致。

$$A = \begin{bmatrix} 1 & 0.6 & 0.8 & 2 \\ 1.5 & 1 & 0.4 & 0.5 \\ 1.2 & 1.6 & 1 & 3 \\ 0.4 & 3 & 2 & 1 \end{bmatrix}$$

11. 试用层次分析法对本学期所选课程的任课老师(3 名)进行评价(指标自定义:备课情况、教学内容、教学方式等)。
12. 某工程项目有 4 个备选方案,评价方案优劣有 5 个评价指标。已知专家组确定的各评价指标 X_i 的权重 ω_i 和各方案关于各项指标的评价值 v_{ij} 如习题表 10.1 所列。请通过求加权和进行综合评价,选出最佳方案。使用其他规则或方法进行评价,并比较它们的不同。

习题表 10.1　工程项目评价信息

备选方案	X_1	X_2	X_3	X_4	X_5
	0.4	0.2	0.2	0.1	0.1
A_1	7	8	8	10	1
A_2	4	6	6	4	8
A_3	4	9	9	10	3
A_4	9	2	2	4	8

13. 设甲、乙、丙三项科研成果,有关资料如习题表 10.2 所列,请运用模糊综合分析法从中选出优秀科研成果。

习题表 10.2 科研成果评价信息

因素 项目	科技水平	实现可能性/%	社会效益	经济效益
甲	国际先进	60	好	中等
乙	国内先进	85	最好	好
丙	本省先进	100	较好	一般

14. 某研究所为确定采购 3 种科研仪器 A_1、A_2、A_3 的优先顺序,由 5 位科研人员应用模糊综合评价法对其进行评价,评价指标由价格 f_1、质量 f_2、外观 f_3 组成,相应的权重由以下判断矩阵 R 求得:

$$R = \begin{bmatrix} 1 & \dfrac{1}{3} & 2 \\ 3 & 1 & 5 \\ \dfrac{1}{2} & \dfrac{1}{5} & 1 \end{bmatrix}$$

同时,确定评价尺度分为三级,如价格有低(0.3)、中(0.2)、高(0.1)。5 位科研人员的评价结果如习题表 10.3 所列。请采用合适的方法计算 3 种科研仪器的优先度并排序。

习题表 10.3 科研仪器评价信息

仪器种类		A_1			A_2			A_3		
评价项目		f_1	f_2	f_3	f_1	f_2	f_3	f_1	f_2	f_3
评价尺度	0.3	2	1	2	2	4	3	2	1	3
	0.2	2	4	3	1	0	0	2	3	2
	0.1	1	0	0	2	1	2	1	1	0

15. 现在要对某型号飞机产品的性能进行评估,评价指标为 $U=\{$可靠性,安全性,保障性,维修性$\}$,评价等级 $V=\{$很好,较好,一般,差$\}$,各指标的权重分配为 $A=\{0.5,0.2,0.2,0.1\}$,该飞机产品的评价矩阵为

$$R = \begin{bmatrix} 0.4 & 0.5 & 0.1 & 0.0 \\ 0.6 & 0.3 & 0.1 & 0.0 \\ 0.1 & 0.2 & 0.6 & 0.1 \\ 0.1 & 0.2 & 0.5 & 0.2 \end{bmatrix}$$

请用模糊综合评价方法进行分析。

第 11 章　系统决策方法

决策是人们在政治、经济、技术以及日常生活中普遍遇到的一种选择方案的行为,它是为达到某种目标而从若干个求解方案中选出一个最优或合理方案的过程。由于社会活动是多方面、多层次、多领域的,因此决策问题也是多方面、多层次、多领域的。在宏观层面上,对于一个国家有政治决策、军事决策、经济决策和科技决策;在微观层面上,有一个企业或一个部门的日常生产计划和经营管理的决策。在系统工程实施过程中,针对系统目标经过系统综合从而得到若干备选的系统方案,经过系统建模、系统分析及系统评价等步骤后,最终需要由决策者从备选的系统方案中选出最佳的系统方案来进行实施,系统决策是霍尔方法论逻辑维中一个关键的步骤。

11.1　系统决策概述

在系统工程实施过程中,系统开发时针对系统的性能、成本、可靠性等设计方案的决策,称为系统决策。系统决策是一种探索科学、有效决策的规律,提供有效决策的理论、方法和规则以提高决策的科学性的技术。系统工程是对系统进行规划、研究、设计、制造、试验和使用的全过程,其中的每一个阶段都离不开系统决策。系统分析和评价是系统决策的基础,系统决策就是根据系统分析和评价结果进行方案选择。

11.1.1　决策和决策过程

系统工程是一门组织管理的技术。在管理学领域,美国著名管理学家赫伯特·西蒙(Herbert A. Simon)有一种观点"管理就是决策",从这个角度来说系统工程也和决策密不可分。根据霍尔对系统工程方法论的定义,系统决策在整个系统工程实施过程中占有重要地位,其目的是根据系统分析和评价结果进行系统方案选择,来用于系统实施。美国政治家理查德·施耐德(Richard Snyder)在他所提的决策理论中指出:"决策是一个过程,它是指决策者为达到想象中未来事务的状态,从社会所限制的各种途径中,选择一个行动计划的过程。"他认为决策所要回答的问题实质上就是"做什么"和"怎么做"的问题,决策所要完成的工作包括审时度势、确定目标、拟定方案、比较评价、作出决定等各个方面,所以说决策是一个完整的动态过程。在系统工程过程中,系统决策也是如此。

正确的决策必须要建立在充分认识和了解决策问题内部关系和环境状况的基础上,决策的正确与否首先取决于判断的准确程度。因此整个系统决策过程中最重要的一环就是要对问题有全面的认识和了解。首先必须掌握决策对象的规律,拥有必要的资料和信息。其次还要掌握辅助决策的技术和方法,遵循必要的决策程序和步骤。赫伯特·西蒙把规范化的决策制定过程分为 4 个阶段:第一个阶段是情报活动阶段,包括分析形势和明确问题等内容。第二个阶段是设计活动阶段,主要是需要筹谋、制定和分析可能采取的各种行动方案。第三个阶段是抉择活动方案,是从之前得到的多种行动方案中选择出一个可行的方案。第四个阶段是审查活动阶段,也就是得到所选方案的反馈,对过去的抉择进行评价。根据这种观点,很多文献中也将决策称为决策分析,将决策的实施步骤总结和归纳为 7 个环节,如图 11.1 所示。

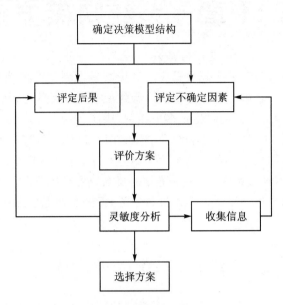

图 11.1　决策分析实施步骤

- 确定决策模型结构。决策模型可以采用决策树、决策矩阵等形式,逻辑地表达决策过程中的各阶段和环境以及相关的信息。由于不同决策者选取的决策准则不同,决策模型的结构也就不同,因此要明确决策中的决策者是谁。此外,还需要考虑有哪些备选方案,衡量方案后果的指标有哪些,关键环境状态是什么。
- 评定后果。根据有关统计资料和预测信息估计各种方案在不同环境状态下所付出的代价和能获得的利益,以及其他衡量后果的指标。
- 评定不确定因素。估计未来环境中各种客观状态出现的概率值。
- 评价方案。按照估计的后果和概率值计算每种行动方案的准则指标期望值,取其中最大者为最优方案。
- 灵敏度分析。由于评价后果和评价不确定因素中存在主观因素,为了使评价方案更为可信,还需要进行灵敏度分析。灵敏度分析就是按照一定规则改变决策模型中的相关参数,分析对方案优劣的影响程度,直到方案的优先次序变更为止,从而找出各参数允许的变化范围。如果各参数在此变化范围内变动,那么可以认为原来选择的方案可信。
- 收集信息。通过灵敏度分析后,若发现方案的优先顺序对某些参数十分敏感,则需要收集相关信息并进行详细的研究。
- 选择方案。上述各步骤完成后,便可选择方案,并组织实施。

上述决策分析实施步骤之间相互联系,可反复出现几次。系统决策是一种规范性方法,如果同意它的假设和推理程序,就应该接受系统决策所选择的最优方案,但实际上决策者并不一定接受系统决策的结论。系统决策更多的是起到得到数据和定量分析的作用,将方案的利益和后果量化,交由决策者来进行方案选择。系统决策一个典型的场景就是系统可行性分析

(见 5.3.1 小节),在实施系统工程项目之前通过可行性分析,对系统工程实施的各种技术、经济和社会方面可能产生的后果和收益进行分析,再由决策者来判断该项目是否可行。

11.1.2　决策问题及其分类

简单而言,决策问题是在几种行为方案中作出选择,在解决一个决策问题时,首先要明确决策包含哪些要素。一个基本的决策问题应该由以下几个要素构成:

- 自然状态,即不以决策者主观意志为转移的客观环境条件。决策问题是客观存在的,决策者只能对它的各种可能性加以描述和预测。

- 决策方案,决策问题中存在两个或两个以上可供选择的行动方案。如果只有一种方案,那就无所谓选择了。而有时候决定要不要做一件事情,实际上也是有做和不做两个方案,需要决策者选择。

- 决策目标,每一种方案在某种环境下,必然会有一定的结果,在同一环境下,不同的方案会造成不同的结果,同一方案在不同的环境下结果也会不同。

由于思考问题的出发点和侧重点不同,决策问题在现实中有着不同的种类,可以按照不同的分类标准进行分类。一般有下列几种常见的分类。

① 按照决策的重要性分类可以分为战略决策和战术决策:战略决策指的是有关全局或重大决策,涉及企业或工程项目命运和前途的、重大的、长远问题的决策;战术决策又称策略决策,是为实现战略决策服务中的一些局部问题的决策。

② 按照决策的目标分类可以分为单目标决策和多目标决策:单目标决策只有一个明确的目标,方案的优劣完全由目标的大小决定,在追求利益的目标中,目标越大,方案就越好;多目标决策指的是整个决策问题中至少有两个目标,这些目标有不同的度量单位,且不可兼得,这时仅仅比较一个目标值的大小无法判断方案的优劣。

③ 按照决策结构的分类可以分为结构化决策、非结构化决策和半结构化决策:结构化决策又称常规决策和程序化决策,指的是对工程项目实施中经常出现的问题的处理;非结构化处理又称非常规决策和非程序化决策,这类决策方法无章可循,往往是工程中重大战略化问题的决策;半结构化决策又称半程序化决策,决策方法介于程序化和非程序化之间。

④ 按照决策的环境分类可以分为确定型决策、风险型决策和不确定型决策:确定型决策,又称假设确定型决策,各个备选方案同目标之间都有明确的数量关系,即每个方案只有一种结局;风险型决策又称随机性决策,虽然各个备选方案同目标之间有明确的数量关系,但是方案中存在两个以上的自然状态,也就是每个方案都至少有两个已知概率的可能的结局;不确定型决策面临着自然状态既不完全肯定,又不能完全否定的问题,其出现的概率无法计算和预测,每个方案至少有两个可能结局,且各种结局发生的概率是未知的。

⑤ 按照决策者分类可以分为单人决策、多人决策和群体决策:单人决策的决策者只有一个人,或是利害关系完全一致的集体;多人决策的决策者至少有两个人,且他们的目标和利益不完全一致,甚至相互冲突和矛盾;群体决策的决策者利益和目标不完全一致,又必须相互合作,共同决策。

⑥ 按照决策方法分类可以分为定量决策和定性决策:定量决策具有明显的客观性和科学性,其基本前提条件是解决信息和数据的一致性和可靠性,进而解决信息和数据的系统性和可用性;定性决策主要依靠决策者的丰富经验、智慧、直觉和判断。

⑦ 按照决策过程分类可分为单项决策和序贯决策：单项决策又称单一阶段决策，即决策过程中的某一阶段；序贯决策又称多阶段决策、序列决策，决策之后会产生一些新情况，需进行新的决策，这种由决策、情况、决策循环构成的序列，就是序列决策。

⑧ 按照决策层次分类可以分为高层决策、中层决策和基层决策：高层决策是指上层领导者所作的方向目标之类的重大决策，大多数属于非确定型或风险型决策；中型决策一般是由中层管理人员所作的业务性决策；基层决策则是由基层管理人员所作的执行性决策。

本章主要根据目标类型分类，即单目标决策和多目标决策，对决策过程进行研究。其中，针对单目标决策，又根据决策环境，分别对确定型决策、风险型决策和不确定型决策进行讨论。

11.2　单目标决策

单目标决策是指在一定的时间、环境等条件下，所要达到的决策目标是单一的，或只有一个明确目标。尽管在实际的系统工程问题中，大多数是多目标决策问题，但单目标决策是系统决策的基础。在对单目标问题进行决策的基础上，才能对更为复杂的多目标问题进行分析。在单目标决策中，决策准则较为简单。例如决策目标是收益值，可以选用货币量作为决策准则，或选用货币量的效用值作为决策准则。因此，单目标决策问题也是单准则决策问题。

11.2.1　决策与决策模型

单目标决策的目的是满足某个指标要求。如是否使用新款武器装备的决策，就只需要考虑武器装备性能是否满足用户需求或者武器装备性能是否达到一定的目标来进行；在系统设计时，设计人员需要根据某方面的系统性能进行设计，以求所设计的系统方案达到性能最优。决策模型是为管理决策而建立的模型，即为辅助决策而构建的数学模型。一个完整的决策模型包括以下要素：

① 方案集（策略集）。为实现预期目标而采取的行动方案称为方案或策略。全体方案构成的方案集，记作 $A = \{a_1, a_2, \cdots, a_n\}$。

② 状态集。决策问题所处的外部环境称为状态，如天气情况、需求情况等。所有可能的状态构成的集合称为状态集，记作 $S = \{s_1, s_2, \cdots, s_m\}$。状态是不可控因素，可以看作随机变量，状态 s_i 出现的概率记作 $P(s_i)$。

③ 决策目标。在外界环境某种状态发生后，决策方案实施后的损益，或利润型问题的收益，或成本型问题的费用等，记作 V。显然，决策指标是方案和状态的函数，即 $V = F(A, S)$，其中 $A = \{a_1, a_2, \cdots, a_n\}$，$S = \{s_1, s_2, \cdots, s_m\}$。$v_{ij} = f(a_i, s_j)$。决策指标的具体数值来自系统评价的结果，可正可负，也可以为零，正值表示收益，负值表示成本。为了明确起见，可以根据问题的性质，直接写成收益值或成本值。

④ 决策准则与最优值。决策准则是综合计量科学和行为科学等方法所确定的选择方案的一种规则。例如在某种决策中，既要考虑技术经济要求，又要考虑环境、社会、资源等综合构成一种判断方案优劣的标准，就可以作为一种决策准则。最优值是指相对决策准则而言的，根据决策预定目标而确定的数量标志，记作 V^*。

为了进一步细化对决策问题的研究，根据人们对状态的了解或自然状态本身的差异性，本节将单目标决策问题分为确定型决策、风险型决策和不确定型决策三个类型进行讨论。

11.2.2　决策评价矩阵

为了对单目标决策问题进行研究,我们利用决策评价矩阵作为决策模型。决策评价矩阵可以表示出备选方案的有限集合与未知状态(或自然状态)的有限集合之间的作用关系。自然状态通常不是雨、雾或雪等自然事件,而是决策者无法直接控制的各种各样的未知状态。通用决策评价矩阵是描述多状态多方案下的决策者所取得的预期收益或损失的模型。表 11.1 给出了单目标决策问题下的通用决策评价矩阵的抽象形式。

表 11.1　决策评价矩阵

A_i ＼ P_j / S_j	P_1 / S_1	P_2 / S_2	...	P_n / S_n
A_1	E_{11}	E_{12}	...	E_{1n}
A_2	E_{21}	E_{22}	...	E_{2n}
⋮	⋮	⋮		⋮
A_m	E_{m1}	E_{m2}	...	E_{mn}

其中：A_i 为可供决策者选择的方案,$i=1,2,\cdots,m$;

S_j 为不受决策者控制的未知状态,$j=1,2,\cdots,n$;

P_j 为第 j 个状态发生的概率,$j=1,2,\cdots,n$;

E_{ij} 为综合考虑第 i 个方案和第 j 个状态的评价度量。

决策评价矩阵模型对于确定型、风险型和不确定型的应用情况有几种假设。其中最重要的就是假设所有可行的备选方案都要被考虑到,以及所有可能的状态都被识别出来。没有被识别的状态会显著影响与计划影响结果相关的实际结果。以下是有关决策评价矩阵中其他几个重要的假设:

① 某状态发生,其他状态都不发生(即状态互斥)。

② 某状态发生不受选定方案的影响。

③ 某状态发生的确定性并不明确,即使常常为了分析作出确定性假设。

矩阵模型中的评价度量与客观或主观的结果是相关的,最常见的情况是结果中一个值是客观的并服从基本的基数表达式,例如,利润用美元表示,收益用英镑表示,或其他可取或不可取的度量。相反地,主观结果是可排序的度量,如偏好的表示,高质量输出优于低质量输出等。

11.2.3　确定型决策

确定型决策亦称标准决策、结构化决策或假设确定型决策,是指决策过程的结果完全由决策者所采取的行动决定的一类问题。在确定型决策情况下,自然状态是完全清楚和确定的,这样就可以根据原来的目标和评价准则来选定方案。

确定型决策的决策环境是完全确定的,作出的选择的结果也是确定的。为能在确切了解的情况下作出决策,需具备以下 4 个条件:

① 存在着决策人希望达到的一个明确目标;

② 只存在一个确定的自然状态；

③ 存在着可供选择的两个或两个以上的行动方案；

④ 不同的行动方案在确定状态下的损失或利益值可以计算出来。

由于结局是唯一确定的，所以比较各行动方案的价值函数即可。这类决策问题的数学描述如下：

$$a_i^* = \max_{a_i \in A} V(a_i) \tag{11.1}$$

式中，A 为方案集合，$V(a_i)$ 为方案 a_i 的价值函数值，a_i^* 为最佳方案。

确定型决策评价矩阵是个特殊的矩阵，矩阵中除了该确定的状态，其他状态的发生概率为 0，此时的决策变成在一个确定状态发生下的方案选择问题。表 1.2 所列便是这样一个矩阵，矩阵中存在 m 个备选方案，但自然状态只剩下某一确定状态 S_j，其他状态的发生概率为 0。

当评价结果从经济角度来表示时，如果备选方案在其他所有方面都相同，那么应该选择成本小或者效益高的方案，即

- 考虑成本时，应选择 $\min_i \{E_i\}$，$i=1,2,\cdots,m$；
- 考虑效益时，应选择 $\max_i \{E_i\}$，$i=1,2,\cdots,m$。

表 11.2　决策评价向量

S_j \ A_i	S_j
A_1	E_1
A_2	E_2
⋮	⋮
A_m	E_m

下面通过一个例子来讲解确定型决策的具体运用。某航空产品制造厂预备生产一款新产品，可以采取 3 种不同的生产方案：① 对原有生产线进行改造；② 引进新的生产线；③ 与其他工厂联合生产。3 种方案对应的产品年产量分别为 1 000 台、2 000 台和 1 500 台。在对这一生产问题进行决策时，如果不考虑其他因素，该工厂选择哪种方案，取决于如何使年产量最大化。很明显，引进新的生产线使得产品的年产量达到最大，因此方案②为最佳方案，这就是一个确定型决策。因此，在系统工程的很多领域，系统决策都可以看成在确定条件下的优化问题，如产品生产中确定状态下的库存管理、生产日程计划或设备计划的决策等，既是系统优化问题，也都属于确定型决策。

11.2.4　风险型决策

如果决策者面临的自然状态不是唯一的，而是有两种或两种以上，且各种自然状态出现的可能性是能够事先预测出来的，这时按照不同的概率值确定方案，使得在统计意义下取得好的结果，这种情况下的决策称为风险型决策。在我们的生活和工程中，有大量的决策问题是风险型的，比如某产品的市场月需求量是不确定的，可能为 2 000 台（概率为 0.5）、3 000 台（概率为 0.2）和 4 000 台（概率为 0.3），如何根据市场需求量来安排生产计划，就属于风险决策问题。

风险型决策必须满足以下 5 个条件：

① 存在决策人希望实现的一个明确的目标；

② 存在两种或两种以上的自然状态；

③ 存在可供决策人选择的两个以上的决策方案；

④ 不同的备选方案在不同状态下的损益值可以计算出来；

⑤ 在 N 种自然状态中，究竟哪一种状态会出现无法预测，但是可以事先估算出各种自然状态出现的概率。这种概率可以根据试验证明、专家意见、主观判断或者这些方法的综合而

确定。

下面通过一个具体的例子来讨论风险型决策问题。

某计算机公司现有机会与政府部门签订两个工程投标合同：

C_1：提供计算机硬件和安装相应的软件；

C_2：分布式的网络布线，包括硬件设备和软件。

在合同签订之前，该公司分别获得 C_1、C_2 一个合同或同时获得 C_1 和 C_2 两个合同时的概率，以及预期收益，如表 11.3 所列。

表 11.3 决策评价

万元

概率 方案　　状态	0.3 C_1	0.2 C_2	0.5 C_1+C_2
A_1	100	100	400
A_2	-200	150	600
A_3	0	200	500
A_4	100	300	200
A_5	-400	100	200

不论选择哪种签订方式，该公司都有 A_1、A_2、A_3、A_4 和 A_5 共 5 种备选方案：

A_1：将硬件的选择和方案分包出去，自己开发软件；

A_2：将开发软件分包出去，自己选择硬件以及安装；

A_3：软件和硬件都由自己完成；

A_4：与一合作公司共同投标，共同完成软件和硬件；

A_5：由自己做项目管理，将软件和硬件都分包出去。

根据决策评价矩阵，能够看出方案 A_5 的预期收益全面低于方案 A_1、A_2、A_3 和 A_4，因此后续决策过程中就无须考虑这个方案。

风险型决策主要采用 3 种准则进行决策判断：渴望水平准则、最大可能准则和期望值准则。下面分别使用这 3 种准则进行决策分析。

① 渴望水平准则。渴望水平的某种形式存在于大多数人和专业决策中，渴望水平是想要达到的某种水平，如收益；或要避免损失的水平，如亏损。在风险型决策中，渴望水平准则包括选择需要达到的水平，然后再选择这种渴望水平概率最大的方案。

在该案例中，决策者需要在 A_1、A_2、A_3 和 A_4 这 4 个方案中进行选择，假设希望收益至少为 400 万元，损失不能超过 100 万元，那么方案 A_2 和 A_4 就可以舍去，剩下 A_1 和 A_3 两个方案满足渴望水平。

② 最大可能准则。某种状态的概率越大，说明状态发生的可能性就越大，因此在风险型决策问题中，若某种状态的概率远大于其他状态的概率，就可以忽略其他状态，而只考虑概率最大的这一状态，这相当于将风险型决策问题转换成确定型情况下的决策问题，这就是最大可能准则。

在最大可能准则下，该公司的决策者可以指定 C_1+C_2 状态发生，这是因为这种状态的发生概率为 0.5，是最大可能概率，根据这种方案，可以选择方案 A_2。

最大可能准则有着十分广泛的应用范围。特别当自然状态中某个状态的概率非常突出，比其他状态的概率大很多时，这种准则的决策效果是比较理想的。但是当自然状态发生的概率互相都很接近，且变化不明显时，采用这种准则，效果不理想，甚至会产生严重错误。

③ 期望值准则。期望值准则是根据各备选方案在各自然状态下的损益值的概率平均的大小，决定各方案的取舍，这通常需要不断提高计算结果的可信度，反复决策。因此需要谨慎使用这种准则来选择明显可能的期望结果。

期望值的计算需要权衡所有可能发生的状态，将每个备选方案的期望值求出来加以比较。如果决策目标是效益最大，则采取期望值最大的备选方案；如果损益矩阵的元素是损失值，而且决策目标是使损失最小，则应选定期望值最小的备选方案。该准则的数学描述如下：

当决策目标为收益时，

$$V_{益} = \max_i \left\{ \sum_j E_{ij} P(F_j) \right\} \tag{11.2}$$

当决策目标为损失时，

$$V_{损} = \min_i \left\{ \sum_j E_{ij} P(F_j) \right\} \tag{11.3}$$

对于上述的案例来说，该公司的决策目标是使预期收益最大。按照这种准则，A_1、A_2、A_3 和 A_4 这 4 个方案的期望收益如下所示：

$$A_1: 100 \times 0.3 + 100 \times 0.2 + 400 \times 0.5 = 250$$
$$A_2: -200 \times 0.3 + 150 \times 0.2 + 600 \times 0.5 = 270$$
$$A_3: 0 \times 0.3 + 200 \times 0.2 + 500 \times 0.5 = 290$$
$$A_4: 100 \times 0.3 + 300 \times 0.2 + 200 \times 0.5 = 190$$

通过分析可以看出方案 A_3 的期望收益最大，应该选择 A_3。

④ 决策比较。通过 3 种不同准则的比较，对于本节的案例，每种准则下的选择方案分别是：

- 渴望水平准则：A_1 和 A_3；
- 最大可能准则：A_2；
- 期望值准则：A_3。

决策者需要考虑自身的实际情况，选取合适的决策准则，从而得到最佳的选择方案。

11.2.5　不确定型决策

不确定型决策是指在决策者既不知道哪种自然状态会发生，也不知道自然状态发生概率的情况下的决策。这种情况下的决策主要取决于决策者的经验和主观要求。不确定型决策和风险型决策类似的地方是都有很多种可能的自然状态，不同的地方是这种情况对各种自然状态出现的可能性一无所知，因此不确定型决策的环境相比确定型决策和风险型决策而言更加抽象。于是根据决策者持有的主观态度和价值观不同，产生了下述这几种处理准则。为了方便理解，我们仍以上小节中的某计算机公司与政府部门签订合同为例进行分析，在不确定型决策中，3 种不同自然状态的发生概率均为未知。同样，从表 11.3 中能够看出方案 A_5 的预期收益全面低于方案 A_1、A_2、A_3 和 A_4，因此后续决策过程中就无须考虑方案 A_5。约减后的决策矩阵如表 11.4 所列。

表 11.4　决策评价

万元

概率 状态 方案	未　知 C_1	未　知 C_2	未　知 C_1+C_2
A_1	100	100	400
A_2	−200	150	600
A_3	0	200	500
A_4	100	300	200

1. 悲观准则

悲观准则又称为华尔德(Hald)准则、小中取大准则、最大最小准则,它是保守悲观论者偏爱的方法。当各个自然状态发生的概率未知时,决策者考虑各种方案下的最坏结果,然后从最坏结果中选择一个相对较好的,以它对应的策略为决策策略。具体做法是在损益值表中从每个方案中选出一个最小收益值,再从这些最小收益值中选择出最大的收益值(见表 11.5),以它对应的方案作为决策方案。

表 11.5　悲观准则

万元

概率 状态 方案	未　知 C_1	未　知 C_2	未　知 C_1+C_2	min
A_1	100	100	400	100
A_2	−200	150	600	−200
A_3	0	200	500	0
A_4	100	300	200	100

根据悲观准则可知,比较表中各方案最小值的结果,最大值对应的策略方案为 A_1 和 A_4,即为决策者应选择的方案。

该案例中损益值表示的是收益,用公式表达为 $V_{益} = \max\limits_i \{ \min\limits_j E_{ij} \}$。

若损益值表示的是损失,则用公式可以表达为 $V_{损} = \min\limits_i \{ \max\limits_j E_{ij} \}$。

2. 乐观准则

乐观准则又称为大中取大准则、最大最大准则,它是爱冒险的乐观主义者偏好的方法,即决策者对客观情况很乐观,愿意争取一切获得最好结果的机会,当他面对情况不明的决策问题时,他会以争取最好的乐观态度来选择他的决策策略。也就是从每个方案中选出一个最大收益值,再从这些最大收益值中选出最大值(见表 11.6),对应的方案就是决策方案。

根据乐观准则可知,比较表中各方案最大值的结果,最大值对应的决策方案为 A_2,即为决策者应选择的方案。

该案例中损益值表示的是收益,用公式表达为 $V_{益} = \max\limits_i \{ \max\limits_j E_{ij} \}$。

若损益值表示的是损失,则用公式可以表达为 $V_{损} = \min\limits_i \{ \min\limits_j E_{ij} \}$。

表 11.6 乐观准则

万元

概率 状态 方案	未 知 C_1	未 知 C_2	未 知 C_1+C_2	max
A_1	100	100	400	400
A_2	-200	150	600	600
A_3	0	200	500	500
A_4	100	300	200	300

3. 乐观系数法

乐观系数法也称为赫威斯准则、折中准则。当使用悲观准则或是乐观准则来处理问题时，有的决策者认为这样太极端了，于是提出将两种决策准则综合成乐观系数法，因此乐观系数法是介于乐观准则和悲观准则之间的一个决策准则，即既不完全乐观，也不完全悲观，而是采用现实的态度。通过一个折中系数将乐观与悲观结果加权平均。决策时，决策者根据自己的价值观和意愿，先给出乐观系数 α，且 $0<\alpha<1$，用以下关系式表示：

$$H_i = \alpha\alpha_{i\max} + (1-\alpha)\alpha_{i\min} \tag{11.4}$$

式中，$\alpha_{i\max}$ 和 $\alpha_{i\min}$ 为第 i 个方案得到的最大收益值与最小收益值。比较计算得出的 H_i 大小，最大值对应的决策方案即为选择的方案。

假设该决策者给出的乐观系数 $\alpha=0.2$，通过图解法可以得到图 11.2。

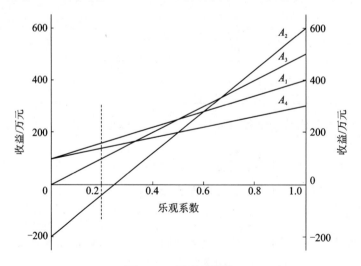

图 11.2 乐观系数法

根据乐观系数法，当 $\alpha=0.2$ 时，从图中计算得出的 H_i 最大值对应的方案是 A_1，即为决策者应选择的方案。

该案例中损益值表示的是收益，用公式表达为 $V_{益} = \max_i\{\alpha \max_j E_{ij} + (1-\alpha)\min_j E_{ij}\}$。

若损益值表示的是损失，则用公式可以表达为 $V_{损} = \min_i\{\alpha \min_j E_{ij} + (1-\alpha)\max_j E_{ij}\}$。

显然，当 $\alpha=1$ 时，乐观系数法就变成乐观准则；而当 $\alpha=0$ 时，乐观系数法就变成悲观准则。也就是说 α 越趋近于 1，表示决策者越乐观，反之则表示越悲观。

4. 等可能性准则

等可能性准则又称拉普拉斯准则,当决策者无法说明某些自然状态的概率会高于另外某些自然状态时,就一视同仁,假定各种自然状态出现的可能性是相等的。在这种条件下利用同等概率来计算各个可行方案的期望收益,有最大期望收益的方案就是最优方案。

期望收益的计算公式为

$$E_i = \sum_j p E_{ij} \tag{11.5}$$

计算得出的结果如表 11.7 所列。

表 11.7　等可能性准则

万元

概率　状态　方案	未　知 C_1	未　知 C_2	未　知 $C_1 + C_2$	期望收益
A_1	100	100	400	$(100+100+400) \div 3 = 200$
A_2	-200	150	600	$(-200+150+600) \div 3 = 183$
A_3	0	200	500	$(0+200+500) \div 3 = 233$
A_4	100	300	200	$(100+300+200) \div 3 = 200$

根据等可能性准则,表中计算出的最大期望对应的方案是 A_3,即为决策者应选择的方案。

该案例中损益值表示的是收益,用公式表达为 $V_{益} = \max_i \left\{ \dfrac{1}{m} \sum_j E_{ij} \right\}$。

若损益值表示的是损失,则用公式可以表达为 $V_{损} = \min_i \left\{ \dfrac{1}{m} \sum_j E_{ij} \right\}$。

5. 后悔值准则

后悔值准则又称遗憾准则、萨凡奇准则、Min - Max 准则。在某种自然状态出现时,决策者必然会选择该自然状态下对应收益最大的方案,但如果决策失误没有选择这一方案,就会感到后悔。最大收益值与其他收益值之差叫作后悔值。后悔值准则就是为了避免将来后悔而设计的一种决策方法。

使用该准则决策时,先根据决策收益表计算出每个状态、每个方案的后悔值,构成后悔值矩阵,然后列出每一个方案中的最大后悔值,最后从这些最大的后悔值中选出最小值,其对应的方案就是选定的决策方案。

若发生 k 事件后,假设各策略的收益为 a_{ik},其中最大者为

$$a_k = \max_i (a_{ik}) \tag{11.6}$$

这时各策略的后悔值为

$$R_{ik} = \max_i (a_{ik}) - a_{ik} \tag{11.7}$$

计算得到的后悔值表如表 11.8 所列。

根据后悔值准则,比较各方案最大后悔值的大小,其中的最小值对应的方案 A_3 即为应选择的方案。

表 11.8　后悔值表

万元

概率 状态 方案	未知 C_1	未知 C_2	未知 C_1+C_2	Max 后悔值
A_1	0	200	200	200
A_2	300	150	0	300
A_3	100	100	100	100
A_4	0	0	400	400

该案例中损益值表示的是收益,用公式表达为

$$R = \min_i\{\max_k R_{ik}\} \tag{11.8}$$

式中,

$$R_{ik} = \max_i(a_{ik}) - a_{ik} \tag{11.9}$$

若损益值表示的是损失,则用公式可以表达为

$$R = \min_i\{\max_k R_{ik}\} \tag{11.10}$$

式中,

$$R_{ik} = a_{ik} - \min_i(a_{ik}) \tag{11.11}$$

综上所述,不同的决策准则下的决策方案可能会不同,也可能会相同,一般可以将几种决策准则同时使用,便于全面把握各种情况。

乐观准则的风险最大,适用于十分有把握或损失不大的情况。悲观准则最保守,当决策失误带来的损失严重时,应选用此方法。乐观系数法则介于乐观与悲观之间,决策方案取决于乐观系数的选择,也就是决策者个人的主观因素占了很大的比重。等可能准则则是在完全无法推论状态情况时作为一种决策的手段来使用。后悔值准则就是让决策者在未来的后悔值最小。

在实际问题中,每种决策准则都有自己的优越性和不确定性,采用哪种决策准则,取决于决策者个人价值观的倾向情况。因此最好的办法还是收集各方面的信息和经验,将不确定型决策转变为风险型决策,然后按照风险型决策问题的处理办法来解决。

11.3　多目标决策

在实际系统工程问题中,决策目标通常不会只有一个,往往需要考察多个目标,具有多个目标的决策问题即称为多目标决策。例如,设计一个新产品,需要同时考虑效率、寿命、污染、消耗;建立一个新工厂,需要考虑市场距离、运输费用、周边环境;制造一个新武器,就要考虑它的威力、射程、精度、可靠性。然而要使产品高效率运作,其单位能耗就高,就会造成巨大的消耗。想节省工厂运输原料的费用,工厂选址离原料供应商更近就势必会增加工厂与市场的距离。想要增加武器的威力,就要携带更多的燃料,更大的体积又会造成射程的下降。可见,系统工程问题中不仅存在多个目标,而且这些目标之间又往往是相互矛盾的。因此,只有对各种因素的指标进行综合衡量后,才能作出合理的决策。

11.3.1 基本概念

在多目标决策问题中,由于不能简单地比较两个解的优劣,所以就有劣解和非劣解两个重要概念。例如,从 4 种导弹设计方案中选出射程远和爆炸范围大的设计方案,射程和爆炸范围就是两个目标。假如在这 4 种方案中确实有一种导弹的射程和爆炸范围都要大于其他的导弹,那么这个导弹设计方案就是最优答案。但是实际情况下,爆炸范围和射程各有高低,就比较复杂了。现使用直角坐标描述射程 L 和爆炸范围 R 两个目标的大小,得到图 11.3 中所示的 4 个点。

显然在导弹设计方案中,②、③、④无论是在射程上还是在爆炸范围上均优于方案①,故方案①为劣解,在多目标决策中应舍去。而方案②、③、④中各有一个指标优越,故不能舍去,称之为非劣解,也叫有效解。在处理多目标决策问题时,如果能直接找到最优解当然最好,但这种情况是极为罕见的,因此如果找不到最优解,首先要做的就是找到非劣解,再通过一定的方法选取满足要求的目标作最后的决策。

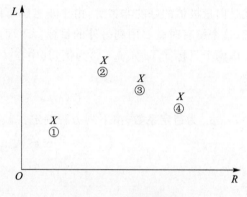

图 11.3　多目标决策

由此可见,在多目标决策问题中要求多个目标同时都实现最优往往是很难的,经常是有所失才能有所得,那么问题的失得在何时最好,不同的思路可引出各种合理处理得失的方法。本节主要介绍 3 种常用的解决多目标决策问题的方法,分别是化多为少法、分层序列法和多目标线性规划法。

11.3.2 化多为少法

如果多个目标此消彼长不好决策,人们就会采取一种最简单的处理方法:将多个目标转化为一个或两个目标。"化多为少"的主要目的是将多目标问题转化为较容易求解的单目标或双目标问题处理。例如某航空产品制造厂研发一种新材料,材料配方由 n 种成分 $x_1, x_2, \cdots, x_n$ 组成,记为 $\boldsymbol{x} = (x_1, x_2, \cdots, x_n)^{\mathrm{T}}$。评价材料配方有若干指标,如强度、硬度、伸长率和变形度等。假定有 m 个指标,它们都与配方 x 有关,它们与 x 的关系记为

$$f_1(x), f_2(x), \cdots, f_m(x)$$

当 $m \geqslant 2$ 时,要比较两方案的优劣,往往比较困难。因此就需要通过化多为少的方法转化为易求解的问题,本节主要介绍以下几种常用方法。

1. 主要目标法

多目标决策问题中存在两个或两个以上的目标需要实现,通过实际问题的分析,只要抓住其中一两个主要目标,使其满足一定要求即可,这就是主要目标法。以上述某航空产品制造厂研发一种新材料为例,选择某指标为主要指标,如强度 f_1,强度越大越好,而其他指标只要在一定范围之内就可以。此时原问题就转化为

$$\max_{x \in R} f_1(x)$$

$$R = \{x \mid f'_i \leqslant f_i(x) \leqslant f''_i, \ i = 2, \cdots, m, \ x \in A\} \tag{11.12}$$

式中，A 表示 x 本身的限制，f'_i 和 f''_i 分别表示第 i 个指标的上下限。

2. 线性加权法

若有 m 个目标 $f_i(x)$，分别赋予权系数 $\lambda_i (i = 1, 2, \cdots, m)$，然后作新的目标函数（也称效用函数）

$$U(x) = \sum_{i=1}^{m} \lambda_i f_i(x) \tag{11.13}$$

该方法的难点是找到合理的权系数，使多个目标用统一尺度统一起来，同时所找到的最优解又是向量极值的好的非劣解；由于非劣解可能有很多，如何从中挑出较好的解也是一个重要问题，这个解有时就要用到另外的目标。下面介绍的是使用 α 方法来选择特定权系数。

以两个目标 $f_1(x)$、$f_2(x)$ 为例，其中 $f_1(x)$ 要求最小，$f_2(x)$ 要求最大，得到新的目标函数为

$$U(x) = \alpha_2 f_2(x) - \alpha_1 f_1(x) \tag{11.14}$$

式中，α_1, α_2 为待定系数，由下列方程确定：

$$\begin{cases} -\alpha_1 f_1^0 + \alpha_2 f_2^* = c_1 \\ -\alpha_1 f_1^* + \alpha_2 f_2^0 = c_1 \end{cases}$$

式中，

$$f_1^0 = \min_{x \in R} f_1(x) = f_1(x^{(1)}), \quad f_2^* = f_2(x^{(1)})$$

$$f_2^0 = \max_{x \in R} f_2(x) = f_2(x^{(2)}), \quad f_1^* = f_1(x^{(2)})$$

c_1 为不等于零的常数，于是解得

$$\alpha_1 = \frac{c_1(f_2^0 - f_2^*)}{f_1^* f_2^* - f_1^0 f_2^0}$$

$$\alpha_2 = \frac{c_1(f_1^0 - f_1^*)}{f_1^* f_2^* - f_1^0 f_2^0}$$

若规定 $\alpha_1 + \alpha_2 = 1$，则可以得到

$$\alpha_1 = \frac{f_2^0 - f_2^*}{f_2^0 - f_2^* + f_1^* - f_1^0}$$

$$\alpha_2 = \frac{f_1^0 - f_1^*}{f_2^0 - f_2^* + f_1^* - f_1^0}$$

因此，新目标函数为

$$U(x) = \alpha_2 f_2(x) - \alpha_1 f_1(x) = \frac{(f_1^0 - f_1^*) f_2(x) - (f_2^0 - f_2^*) f_1(x)}{f_2^0 - f_2^* + f_1^* - f_1^0} \tag{11.15}$$

原问题就被转化为求 $U(x)$ 最大值时的方案了。

对于有 m 个目标 $f_1(x), f_2(x), \cdots, f_m(x)$ 的情况，不妨设 $f_1(x), f_2(x), \cdots, f_k(x)$ 要求最小化，而 $f_{k+1}(x), f_{k+2}(x), \cdots, f_m(x)$ 要求最大化。这时可构成新目标函数：

$$U(x) = \sum_{j=k+1}^{m} \alpha_j f_j(x) - \sum_{j=1}^{k} \alpha_j f_j(x) \tag{11.16}$$

式中，$\{\alpha_j\}$ 满足：

$$\sum_{j=k+1}^{m} \alpha_j f_{ij} - \sum_{j=1}^{k} \alpha_j f_{ij} = c_1, \quad i = 1, 2, \cdots, m \tag{11.17}$$

式中，

$$f_{ii} = f_i^0 = \min_{x \in R} f_i(x) = f_i(x^{(i)}), \quad i = 1, 2, \cdots, k$$

$$f_{ii} = f_i^0 = \max_{x \in R} f_i(x) = f_i(x^{(i)}), \quad i = k+1, k+2, \cdots, m$$

$$f_{ij} = f_j(x^{(i)}), \quad j \neq i, \quad i = 1, 2, \cdots, m$$

例 11.1：设有 $f_1(x) = x_1 + 5x_2$ 要求最小，$f_2(x) = 3x_1 + 4x_2$ 要求最大，给定的线性约束为 $\{x \mid 2x_1 + x_2 \leqslant 4, x_1 + x_2 \leqslant 3, x_1, x_2 \geqslant 0\}$，试用线性加权法进行求解。

解：在给定的约束内，

$$f_1(x^{(1)}) = f_1(0,0) = f_1^0 = 0$$

$$f_2(x^{(2)}) = f_2(0,3) = f_2^0 = 12$$

然后求出

$$f_2^* = f_2(x^{(1)}) = 0, \quad f_1^* = f_1(x^{(2)}) = 15$$

由此可得

$$\alpha_1 = \frac{f_2^0 - f_2^*}{f_2^0 - f_2^* + f_1^* - f_1^0} = \frac{12 - 0}{12 - 0 + 15 - 0} = \frac{4}{9}, \quad \alpha_2 = \frac{5}{9}$$

$$U(x) = \alpha_2 f_2(x) - \alpha_1 f_1(x) = \frac{11x_1}{9}$$

易求得最大值

$$\max_{x \in R} U(x) = U(2,0) = \frac{22}{9}$$

3. 平方和加权法

设有 m 个规定值 $f_1^*, f_2^*, \cdots, f_m^*$，要求 m 个函数 $f_1(x), f_2(x), \cdots, f_m(x)$ 分别与规定的相差尽可能小，若对其中不同值的要求相差程度可不完全一样，即有的要求重一些，有的要求轻一些。这时可采用下述评价函数：

$$U(x) = \sum_{i=1}^{m} \lambda_i [f_i(x) - f_i^*]^2 \tag{11.18}$$

要求 $\min_{x \in R} U(x)$，其中 λ_i 可按要求相差程度分别给出。

4. 理想点法

当 m 个目标 $f_1(x), f_2(x), \cdots, f_m(x)$ 分别有最优值

$$f_0^1 = \max_{x \in R} f_1(x) = f_i(x^{(i)}), \quad i = 1, 2, \cdots, m \tag{11.19}$$

时，若所有 $x^{(i)}$ 都相同，设为 $x^{(0)}$，则当 $x = x^{(0)}$ 时，每个目标都能达到各自的最优点，因此对于向量函数，有

$$\boldsymbol{F}(x) = (f_1(x), f_2(x), \cdots, f_m(x))^{\mathrm{T}} \tag{11.20}$$

向量 $\boldsymbol{F}^0 = (f_1^0, f_2^0, \cdots, f_m^0)^{\mathrm{T}}$ 是一个理想点。但一般来说这种情况是不会发生的，理想点的出发点就是找到一个点使其尽量接近理想点，即找到

$$\min_{x \in R} \| \boldsymbol{F}(x) - \boldsymbol{F}^0 \| \tag{11.21}$$

式中，

$$\|\boldsymbol{F}(x) - \boldsymbol{F}^0\| = \Big[\sum_{i=1}^{m} (f_i^0 - f_i(x))^p \Big]^{1/p} = L_p(x) \tag{11.22}$$

例 11.2：设 $f_1(x) = -3x_1 + 2x_2$，$f_2(x) = 4x_1 + 3x_2$ 都要实现最大，给定的线性约束为 $\{x \mid 2x_1 + 3x_2 \leqslant 18, 2x_1 + x_2 \leqslant 10, x_1, x_2 \geqslant 0\}$，试用理想点法求解。

解：根据线性约束，首先分别求出两个目标的最优解 $x^{(1)} = (0,6)$，$x^{(2)} = (3,4)$。对应的目标值为 $f_1(x^{(1)}) = f_1(0,6) = 12$，$f_2(x^{(2)}) = f_2(3,4) = 24$。故理想点为

$$F^0 = (f_1^0, f_2^0) = (12, 24)$$

取 $p = 2$，要求

$$\min_{x \in R} L_2(x) = \Big\{ \sum_{i=1}^{2} [f_i^0 - f_i(x)]^2 \Big\}^{1/2}$$

这样可以求得最优解为 $x^* = (0.53, 5.65)$，对应的目标值分别为 $f_1^* = 9.71$，$f_2^* = 19.07$。

11.3.3　分层序列法

同时处理 m 个目标时比较复杂，可以采用分层序列法。分层序列法是指将所有目标按其重要程度依次排序，先求出第一个最重要的目标的最优解，然后在保证前一目标最优的前提下依次求下一目标的最优解，一直求到最后一个目标为止。

设给出的重要性序列为 $f_1(x), f_2(x), \cdots, f_m(x)$，按照该序列求最优时，首先对第一个目标求最优，并且找出所有最优解的集合 R_0，然后在 R_0 内求第二个目标的最优解，记这时的最优解集合为 R_1，以此类推，直到求出第 m 个目标的最优解 x^0，其模型如下：

$$\begin{cases} f_1(x^0) = \max\limits_{x \in R_0 \subset R} f_1(x) \\ f_2(x^0) = \max\limits_{x \in R_1 \subset R_0} f_2(x) \\ \quad\quad\vdots \\ f_m(x^0) = \max\limits_{x \in R_{m-1} \subset R_{m-2}} f_m(x) \end{cases} \tag{11.23}$$

显然，该方法有解的前提是 $R_0, R_1, \cdots, R_{m-1}$ 非空，同时 $R_0, R_1, \cdots, R_{m-2}$ 都不能只有一个元素，否则就很难进行下去。

而分层序列法可能出现的问题是，若某个目标函数求得的最优解不是一个解集，而是唯一确定的值，则以后的各个目标函数将无法继续求解下去，造成求取最优解过程中断。为解决此问题，可以对目标函数的最优值放宽要求，适当降低指标，即引入一个宽容度 ε，这样目标函数的求解不严格限制在最优解中，而是在最优值附近的某一范围内求解，可以得到一个解的集合，就可以作为辅助约束，进一步求取下一个目标函数的最优解集。

11.3.4　多目标线性规划法

当所有目标函数为线性函数，约束条件也都是线性时，有一些特殊的解法。特别是泽勒内(Zeleny)等将解线性规划的单纯形法加以适当修正后，用来解多目标线性规划问题，或把多目标线性规划问题化成单目标线性规划问题后求解。下面介绍两种计算方法。

1. 逐步法

逐步法是一种迭代法，在求解过程中，每进行一步，分析者都将计算结果告诉决策者，决策

者对计算结果作出评价。若决策者认为满意了,则迭代停止,否则分析者根据决策者的意见进行修改和再计算,直到决策者得到满意答案。

设有 k 个目标的线性规划问题:

$$V - \max_{x \in R} \boldsymbol{Cx}$$

约束条件 $R = \{x \mid Ax \leqslant b, x \geqslant 0\}$; A 为 $m \times n$ 矩阵; C 为 $k \times n$ 矩阵,也可以表示为

$$C = \begin{bmatrix} c^1 \\ \vdots \\ c^k \end{bmatrix} = \begin{bmatrix} c_1^1 & c_2^1 & \cdots & c_n^1 \\ \vdots & \vdots & \ddots & \vdots \\ c_1^k & c_2^k & \cdots & c_n^k \end{bmatrix}$$

求解的计算步骤如下:

第 1 步:分别求 k 个单目标线性规划问题的解。

$$\max_{x \in R} c^j x, \quad j = 1, 2, \cdots, k$$

得到最优解 $x^{(j)}, j = 1, 2, \cdots, k$,并作表,如表 11.9 所列。

表 11.9 计算结果

	z_1	$\cdots$	z_i	$\cdots$	z_k
$x^{(1)}$	z_1^1	$\cdots$	z_i^1	$\cdots$	z_k^1
$\vdots$	$\vdots$		$\vdots$		$\vdots$
$x^{(i)}$	z_1^i	$\cdots$	z_i^i	$\cdots$	z_k^i
$\vdots$	$\vdots$		$\vdots$		$\vdots$
$x^{(k)}$	z_1^k	$\cdots$	z_i^k	$\cdots$	z_k^k
M_j	Z_1^1	$\cdots$	Z_i^i	$\cdots$	Z_k^k

表 11.9 中,

$$Z_i^j = \max_{x \in R} z_i^j = M_j$$

第 2 步:求权系数。

从表 11.9 中得到

$$M_j = \max_{x \in R} z_i^j \quad \text{及} \quad m_j = \min_{x \in R} z_i^j$$

由于不同的目标值有不同量纲的问题需要被消除,同时为了找出目标值的相对偏差,进行如下处理:

当 $M_j > 0$ 时,

$$\alpha_j = \frac{M_j - m_j}{M_j} \cdot \frac{1}{\sqrt{\sum_{i=1}^{n} (c_i^j)^2}} \tag{11.24}$$

当 $M_j < 0$ 时,

$$\alpha_j = \frac{m_j - M_j}{M_j} \cdot \frac{1}{\sqrt{\sum_{i=1}^{n} (c_i^j)^2}} \tag{11.25}$$

经归一化后,得到权系数:

$$\pi_j = \frac{\alpha_j}{\sum\limits_{j=1}^{k} \alpha_j} \quad \left(0 \leqslant \pi_j \leqslant 1, \sum \pi_j = 1\right) \tag{11.26}$$

第 3 步:求解线性规划方程。

$$\mathrm{LP(1)}: \begin{cases} \min \lambda \\ \lambda \geqslant (M_i - c^i x)\pi_i, \quad i = 1, 2, \cdots, k \\ x \in R \end{cases} \tag{11.27}$$

假设求解得 $\bar{x}^{(1)}$,对应的 k 个目标值为 $c^1 \bar{x}^{(1)}, c^2 \bar{x}^{(1)}, \cdots, c^k \bar{x}^{(1)}$,将目标值与理想解的目标值进行比较,如果决策者满意即停止计算;若相差太远,则需要考虑进行修正。例如,将第 j 个目标宽容一下,即作出让步,减少或增加一个 Δc^j,将约束集 R 改为

$$R^1 : \begin{cases} c^j x \geqslant c^j \bar{x}^{(1)} - \Delta c^j \\ c^j x \geqslant c^j \bar{x}^{(1)}, \quad i \neq j \\ x \in R \end{cases} \tag{11.28}$$

并将 j 的权系数 $\pi_j = 0$,表示降低这个目标的要求,得到新的线性规划方程:

$$\mathrm{LP(2)}: \begin{cases} \min \lambda \\ \lambda \geqslant (M_i - c^i x)\pi_i, \quad i = 1, 2, \cdots, k; i \neq j \\ x \in R^1 \end{cases} \tag{11.29}$$

得到新的解 $\bar{x}^{(2)}$,以此类推,直到决策者满意为止。

例 11.3:求解下述多目标线性规划问题。

$$\max z_1 = 100x_1 + 90x_2 + 80x_3 + 70x_4$$

$$\min z_2 = 3x_2 + 2x_4$$

$$R : \begin{cases} x_1 + x_2 \geqslant 30 \\ x_3 + x_4 \geqslant 30 \\ 3x_1 + 2x_3 \leqslant 120 \\ 3x_2 + 2x_4 \leqslant 48 \\ x_i \geqslant 0, \quad i = 1, 2, 3, 4 \end{cases}$$

解:为了使问题的目标函数统一为求最大化的规划问题,将 z_2 化为

$$\max w_2 = -3x_2 - 2x_4$$

分别求两个单目标线性规划问题:$\max z_1, \max w_2$,得到最优解:

$$\boldsymbol{x}^{(1)} = (14, 16, 39, 0)^{\mathrm{T}}$$

$$z_1^1 = 5\,960, \quad w_2^1 = -48$$

$$\boldsymbol{x}^{(2)} = (20, 10, 30, 0)^{\mathrm{T}}$$

$$z_1^1 = 5\,300, \quad w_2^1 = -30$$

作计算表,如表 11.10 所列。

表 11.10　计算结果

	z_1	w_2
$x^{(1)}$	5 960	-48
$x^{(2)}$	5 300	-30
M_j	5 960	-30

其中 m_j 分别为 5 300 和 -48。本例中矩阵 C 为

$$C = \begin{bmatrix} 100 & 90 & 80 & 70 \\ 0 & 3 & 0 & 2 \end{bmatrix}$$

可以计算出

$$\alpha_1 = 0.000\ 64\ 6, \quad \alpha_2 = 0.166\ 4$$

求得权系数

$$\pi_1 = 0.003\ 87, \quad \pi_2 = 0.996\ 13$$

得到线性规划方程:

$$LP(1): \begin{cases} \min \lambda \\ \lambda \geqslant [5\ 960 - (100x_1 + 90x_2 + 80x_3 + 70x_4)] \cdot 0.003\ 87 \\ \lambda \geqslant [-30 - (-3x_2 - 2x_4)] \cdot 0.996\ 13 \\ x \in R \end{cases}$$

求得解取整数为

$$\bar{x}^{(1)} = (19,11,31,0)^{\mathrm{T}}$$

对应地

$$\bar{z}_1^1 = 5\ 370, \quad \bar{w}_2^1 = -33$$

决策者将该结果与理想结果 $(5\ 960, -30)$ 对比,发现 $\bar{z}_1^1$ 低于理想值太多,需要提高,为此将 z_2 提高到 36,因此得到新的约束条件 R^1

$$R^1: \begin{cases} c_2 x \leqslant 36 \\ c_1 x \geqslant 5\ 370 \\ x \in R \end{cases}$$

以及将第二个目标权系数改为零后新的线性规划问题

$$LP(2): \begin{cases} \min \lambda \\ \lambda \geqslant [5\ 960 - (100x_1 + 90x_2 + 80x_3 + 70x_4)] \cdot 0.003\ 87 \\ x \in R^1 \end{cases}$$

求解得到

$$\bar{x}^{(2)} = (18,12,33,0)^{\mathrm{T}}$$
$$\bar{z}_1^2 = 5\ 520, \quad \bar{w}_2^2 = -36$$

决策者对结果表示满意,即停止计算。

2. 妥协约束法

设有两个决策目标,即 $k = 2$

$$V - \max_{x \in R} Cx$$

约束条件 $R = \{x \mid Ax \leqslant b, x \geqslant 0\}$；$A$ 为 $m \times n$ 矩阵。

$$C = \begin{bmatrix} c^1 \\ c^2 \end{bmatrix} = \begin{bmatrix} c_1^1 & c_2^1 & \cdots & c_n^1 \\ c_1^2 & c_2^2 & \cdots & c_n^2 \end{bmatrix}$$

此方法的中心是引入一个新的超目标函数：

$$z = w_1 c^1 x + w_2 c^2 x \tag{11.30}$$

w_1、w_2 为权系数，均为非负数且和为 1，此外构造一个妥协约束

$$R^1 : w_1 (c^1 x - z_1^1) - w_2 (c^2 x - z_2^2) = 0 \tag{11.31}$$

式中，z_1^1、z_2^2 分别为 $c^1 x$、$c^2 x$ 的最大值。求解步骤如下：

① 解出线性规划方程 $\max\limits_{x \in R} c^1 x$，得到最优解 $x^{(1)}$ 及相应的目标函数 z_1^1。

② 解出线性规划方程 $\max\limits_{x \in R} c^2 x$，得到最优解 $x^{(2)}$ 及相应的目标函数 z_2^2。

③ 解下面三个线性规划问题之一：

$$\max\limits_{x \in R^1} z, \quad \max\limits_{x \in R^1} c^1 x, \quad \max\limits_{x \in R^1} c^2 x$$

得到的结果就是妥协解。

例 11.4：求解以下多目标线性规划问题。

$$\max \begin{cases} z_1 = 3x_1 + x_2 \\ z_2 = x_1 + 2x_2 \end{cases}, \quad R^1 : \begin{cases} x_1 + x_2 \leqslant 7 \\ x_1 \leqslant 5 \\ x_2 \leqslant 5 \\ x_1, x_2 \geqslant 0 \end{cases}$$

解：分别求解线性规划问题：

$$\max\limits_{x \in R} z_1, \quad \max\limits_{x \in R} z_2$$

得到最优解：

$$x^{(1)} = (5, 2)^{\mathrm{T}}, \quad z_1 = 17$$
$$x^{(2)} = (2, 5)^{\mathrm{T}}, \quad z_2 = 12$$

若取 $w_1 = w_2 = 0.5$，则有超目标函数：

$$z = 0.5(3x_1 + x_2) + 0.5(x_1 + 2x_2) = 2x_1 + 1.5x_2$$

妥协约束为

$$R^1 : 0.5(3x_1 + x_2 - 17) - 0.5(x_1 + 2x_2 - 12) = 0$$

即

$$R^1 : x_1 - 0.5x_2 = 2.5$$

于是求得妥协解 $\bar{x} = (4, 3)$，$z = 12.5$。由于权系数 w_1、w_2 由决策者决定，因此同一决策问题可能会有不同的解。

11.4　本章小结

本章讨论的主要内容是系统工程中的系统决策问题。为了实现特定的系统目标，系统工程人员使用系统工程的方法分析和讨论会影响决策的诸多因素，在列出可行的几种方案并对这几种方案进行对比之后，从中选出最佳的方案，这个过程就是系统决策的过程。上一章我们

学习了系统评价的相关知识,系统评价是对所提供的各种可行方案从多个方面予以综合考察,从而为系统决策选择最优方案提供科学的依据。系统决策离不开系统评价,可以说系统决策是在一定条件下,根据系统评价的结果,从若干准备行动的系统方案进行选择,以此达到更好的系统目标。

本章首先介绍了系统决策的相关内容,由于系统工程面临的问题往往是多因素的、动态的、复杂的系统开发和规划问题,所以与其他决策问题相比,系统决策问题需要考虑更多的因素。由于系统决策问题的主要关注点在于是否能够最优地实现系统目标,因此将系统决策拆解为单目标决策和多目标决策两种类型分别进行介绍。单目标决策由于只有单一目标,因此不需要考虑目标外的其他因素,相比于多目标来说较为简单,根据决策环境可以将单目标决策问题分为风险型决策、确定型决策和不确定型决策三种,在本章中也分别进行了介绍和求解。系统决策一般是一种宏观的战略决策,因此多目标决策居多,需要采用定性和定量相结合的办法进行研究,它关系着工程开发的方向和成败,因此必须综合、全面地考虑多种因素。本章也介绍了几种典型的多目标决策的方法。

需要注意的是,系统决策中不能机械地使用这些方法,必须根据系统决策问题的特殊性,充分发挥系统工程组织的集体智慧和创造力,决策者与执行者相互配合,这样才能较好地完成决策任务。

习　　题

1. 构成决策问题的要素有哪些?根据对自然状态的认知和掌握程度,如何对决策问题进行分类?

2. 简述在决策方法中决策评价矩阵的意义。

3. 试分别举出一个风险决策的例子和一个不确定型决策的例子。

4. 结合具体的案例,给出一个多准则决策实例,选择其中 3~5 个重要准则进行说明。

5. 某研究部门研制高技术武器系统,如果研制成功将获利 1 000 万元,如果研制失败则会损失 400 万元。估计该高技术武器系统研制成功的概率为 30%。为了减少风险,进行先期概念演示研究,需要花费 60 万元。根据同类型项目的历史情况,对武器系统的有关情况的估计如习题表 11.1 所列。

习题表 11.1　武器系统研制获利信息

研制情况		武器系统研制成功的概率	武器系统研制失败的概率
先期概念演示	成功	0.75	0.40
	失败	0.25	0.60

试求:

① 最优决策及其期望收益。

② 如果武器系统研制成功的先验概率降低为 0.20,其余条件均相同,求最优决策及期望收益。

6. 某航空产品制造厂负责生产某种航空器零件,每一条生产线平均获利 8 000 元,每一条生产线生产成本为 8 000 元,如果停开一条生产线则损失 3 000 元。去年同一时期不同"日开生产线数"出现的天数如习题表 11.2 所列,现有日开生产线数 10、11、12、13 四种方案,试利用期望值准则对今年的生产计划进行决策,使获利最大,并给出相应的期望收益。

习题表 11.2 日开生产线数信息

日开生产线数	10	11	12	13	合计
不同日开生产线数出现的天数	21	38	29	12	100

7. 某工厂现竞投某产品生产的 2 份相关合同 C_1 和 C_2,该工厂有 30% 的概率拿到合同 C_1,有 20% 的概率拿到合同 C_2,还有 50% 的概率同时拿到两个合同。现在工厂有 4 种备选投资方案 A_1, A_2, A_3, A_4。当工厂拿到合同 C_1 时,按这 4 种方案进行投资,分别能获利(100,−200,0,100)万元;当工厂拿到合同 C_2 时,按这 4 种方案进行投资,分别能获利(100,150,200,300)万元;若同时拿到 2 份合同,则分别能获利(400,600,500,200)万元。请列出决策评价矩阵,并使用多种准则综合判断哪种方案是最好的方案。

8. 某工厂计划对原有的生产线进行升级改造,现有 3 种不同的改造方案。下面的习题表 11.3 中的矩阵给出了在 3 种不同的方案中,3 个可能出现的未知概率状态的利润值:

习题表 11.3 生产线改造方案信息

方 案	状 态		
	S_1	S_2	S_3
A_1	50	80	80
A_2	60	70	20
A_3	90	30	60

按照等可能准则应该选择哪种方案? 当乐观系数为 0.75 时,又该选择哪种方案?

9. 根据历史统计资料,一家维修企业每年使用的某型备件数可能是下列中的某一个:50,100,150,200,250,而其概率分布无法判断。如果一个备件该年没有及时用掉,需要在当年年底以 1 元的价格回收处理。该型备件每个售价 10 元,每个备件进价为 5 元。设年进货量为可能销售量的某一个,请列出备件进货销售的损益值矩阵,并分别用乐观准则决策法和后悔值准则法作出最优进货量决策。

10. 习题表 11.4 给出了某设备 3 种预防性维修策略和 3 种使用水平下预期节省维修费用。每个使用水平的概率分别为 $P_1 = 0.3, P_2 = 0.25, P_1 = 0.45$,请根据最大可能准则,确定最佳策略。

习题表 11.4 设备维修策略信息

策 略	使用水平		
	L_1	L_2	L_3
M_1	10	20	30
M_2	22	26	26
M_3	40	30	15

利用拉普拉斯准则、大中取小准则和折中准则($\alpha = 0.2$),确定不确定型决策的最佳策略。

第 12 章 系统控制方法

我们在讨论系统特性时已经提到，系统具有目的性，即系统是围绕一定目的而生的。为达到既定的目的，系统都具有相应的功能，而要使其功能稳定地保持或得到增强，必须要有相应的一套控制机制，通过一系列有目的的行为及反馈使系统的运行受到有效控制。同时，在霍尔方法论的逻辑维中最后一个步骤是实施，在这个阶段我们也需要对系统进行控制。控制论作为一门独立的学科，产生于 20 世纪中叶，其最初的产生是为了对电子、机械产品的运行进行控制。随着人们对系统的认识越来越广泛，控制论或控制的思想也广泛而深入地应用到各种领域的各类系统中。可以说，在系统工程过程中，系统不仅要经过规划、设计、建造从而投入使用，还要在其运行过程中采用控制措施以保证其运行稳定和达到预定目标。目前，在项目管理和质量管理领域也普遍采用控制的思想，运用项目控制和过程控制的方法来对"项目"和"过程"这些特殊的系统进行控制。

12.1　控制理论基础

控制理论目前存在着狭义和广义的区别。狭义控制理论是以状态变量概念为基础，利用现代数学方法和计算机技术来分析、综合复杂控制系统的新理论，适用于多输入、多输出、时变或非线性系统，这也被称为自动控制理论。狭义的控制理论主要用于电子、机械、信息等系统中，而广义的控制理论还包括对人、环境、组织等各类系统的控制。本章中所论述的系统控制方法属于广义的控制理论范畴，即利用传统控制理论的思想和方法，来实现系统工程中各类要素和系统运行的控制，尤其是反馈控制的思想，现已广泛应用于系统工程各类组织管理活动中。

12.1.1　基本概念

美国学者维纳（Norbert Wiener）在 1947 年出版的《控制论》中给出了控制论的两个基本观点：第一，一切系统都是信息系统。控制的过程也可以说是信息运动的过程。无论是机器还是生物，都会在构成控制系统的前提下，对信息进行接收、存取和加工。第二，一切系统都是控制系统。根据维纳给出的基本观点，控制论的经典定义是：控制论是关于动物和机器中控制和通信的科学理论，这里所指的动物是指包括人在内的一切高、低等生物。早期的控制论对控制系统的信息反馈等问题进行研究，目的是找出机器模拟动物的行为或功能的机制。随着科学的发展，控制论讨论的对象也不再局限于此，其范围拓展到了植物界、微生物界，甚至无生命的自然界。因此，现在人们对控制论的公认说法是：控制论是以研究各种系统共同存在的控制规律为对象的一门科学。

钱学森对控制论的研究对象有过如下描述："理论控制论的对象是不是物质的运动呢？因为世界是由运动着的物质构成的，控制论的对象自然还是客观世界，所以控制论的研究最终还得联系到物质；只不过物质运动本身是代表物质运动的事物因素之间的关系。有些关系是直接的,有些是间接的……"。可见,控制论通过对物质运动的模式或机制的探讨,来预测整个系统的行为方式,研究控制论的任务就是根据这些事物之间的定量关系,建立有效的控制,进而掌握整个系统的变动趋势。

下面将对控制理论涉及的几个基本概念进行介绍。

1. 控 制

"控制"是控制论中最基本的概念,工程技术中的调节、补偿、反馈、校正、操纵,社会活动中的领导、指挥、支配、管理、经营、组织等,都在一定程度上属于控制行为。控制就是施控者选择适当的控制手段作用于受控者,以期引起受控者的行为状态发生符合目的的变化,这可以是呈现有益的行为,也可以是消除不利的行为。

控制是对系统行为或输出进行选择,没有选择就不存在控制;同样,控制也必须有其目的,如果没有目的,就没有控制的必要,也就谈不上控制。控制作为一种手段,将"迫使"系统达到预先设定的目的,实现某种目标,或者控制系统相对于变化的环境而做出的种种相应变化,这些变化使得系统的运动和行为趋于我们的目标和诉求。

另外,控制与信息是不可分的。在控制过程中,必须经常获得被控对象运行的状态、环境、状况、控制作用的实际效果等信息,控制目标、措施、手段和指令等都是以信息的形态表现并发挥作用。控制过程就是一种不断获取、处理、选择、传送、利用信息的过程。

然而,并不是对所有系统都能实施控制,对系统实现有效的控制需要满足三个条件:必须了解系统状态发展的可能性空间;必须确切清楚自己希望系统朝着可能性空间中的哪个或哪些状态演化;必须能够改变和创造条件,使系统朝着所选的目标方向转化发展。没有这三个条件也就不能使得系统发生有利可期的变化,也就不能对系统实施有效的控制。

2. 输入和输出

在第2章讨论系统的特性时曾经提到,任何一个系统都存在于一定的环境之中,因此,它必然要与外界产生物质、能量和信息的交换,外界环境的变化必然会引起系统内部各要素的变化。环境对系统的作用和影响称为系统的输入,而系统对环境的作用和影响则称为系统的输出,输入与输出的关系在狭义的控制论中则被称为传递函数,体现在输入和输出之间的数量关系上。

系统的输入大致可分为两大部分,即可控输入和不可控输入。对控制系统实施控制就是希望通过控制能够使系统朝着特定的状态演化,而具体的手段主要是通过改变对系统的输入来实现的。然而并不是所有对系统的输入都可以调节。在控制论中,一般把可控输入称为输入或控制变量,把不可控输入称为条件、环境或干扰。

系统的输出则是系统对输入的响应结果,是输入的函数,输出的集合反映了系统的行为效应。系统输入和输出的关系函数如下:

$$T = \psi(I) \tag{12.1}$$

式中,T 表示输出,I 表示输入,ψ 表示输入和输出的关系,也就是系统的传递函数。

传递函数是由系统结果决定的,也就是说,系统对输入响应并进行加工的方式取决于系统的结构。系统的输入对系统产生一定的影响,经系统加工后表现为输出,从输入到输出的这段时间叫作系统的反应时间,也称为时滞。

3. 前馈与反馈

系统在运行时常常会受到外界的干扰,为消除或减少这些干扰对系统的影响就需要设置一些变量来对系统受到的干扰进行补充,根据是否利用系统的输出可将这些控制变量分为前馈和反馈。

前馈,是指为补偿系统输入或环境扰动而提供给系统的控制变量。由于系统输入或环境扰动会造成系统运行的不稳定,此时通过测量设备和方法来对系统的输入或环境进行测量,并根据输入或环境扰动情况对系统运行提供一定补偿,以控制系统稳定地运行。

反馈,是指根据系统输出结果而提供给系统的控制变量,系统输出通常会由于系统输入或环境扰动而造成波动。系统对于环境的适应性,主要通过反馈来实现。系统输出的部分或全部,通过控制设备又成为系统输入的一部分,从而对系统的输入和再输出产生影响,这个过程就是反馈。根据反馈对被控对象作用方向的不同,可以将反馈分为负反馈和正反馈两种。如果反馈倾向于阻止系统偏离目标,使系统沿着减小与目标之间的偏差方向运动,最终使系统趋于稳定,实现动态平衡,那么这个反馈就是负反馈。相反,如果反馈促进系统偏离目标,使系统越来越不稳定,最终导致系统崩溃或解体,那么这个反馈就是正反馈。一般来说,不加以说明时提及的反馈通常指负反馈。

正反馈与负反馈是两种基本的反馈形式。其中负反馈与正反馈从达到目的的角度讲具有相同的意义。从反馈实现具体方式来看,正反馈与负反馈属于代数或者算术意义上的"加减"反馈方式,即输出量回馈至输入端后,和输入量进行加减的统一性整合后,作为新的控制输出,去进一步控制输出量。实际上,输出量对输入量回馈远不止这些方式。在运算上,不仅仅是加减运算,还包括了更广域的数学运算;在回馈方式上,输出量对输入量回馈,也不一定采取和输入量进行综合运算形成统一的控制输出的方式,输出量也能通过控制链直接施控于输入量。

总的来说,前馈是直接针对系统输入或环境扰动而做出响应,使得系统稳定运行;而反馈则是对系统输入或环境扰动而引起的系统输出进行判断响应,以做出对系统响应的调整。反馈控制的思想在系统工程中得到了广泛应用,目前人们通常主要采用反馈控制系统来保证系统运行受控,最主要、采用更多的控制方式是负反馈。

12.1.2　系统控制

系统往往部署和运行在动态可变的环境中,变化的环境会导致系统运行的不稳定,系统的输出也就需要增强来保证系统性能在指定的偏差范围内。为了对系统进行控制,通常采用伺服机构或控制设备,控制时需要考虑的要素包括:状态变量、控制变量、约束等。比如在导弹轨道控制中,控制变量是导弹推力的大小、时间、方向(推力受燃料的约束);状态变量是质量、位置、速度等,它们通常符合一定的关系式,人们可以对关系式进行优化;控制目标是最大化有效载荷以确保导弹飞向目标。再比如空中交通控制中,控制变量是由交通控制系统发出的指令,状态变量包括在途中的飞机数量、等待降落的飞机数量、在地面等待的飞机数量、通信频道数量等。

因此,人们通过控制系统实现对系统的控制。控制系统一般包括 4 个基本要素,这些要素有着固定的顺序,并具有一定的相互关系。

① 被控的系统。它具备可控的特征或条件,一般指(反馈)系统的输出,是需要测量的特性或条件,这个输出可以是速度、温度、质量或系统所考虑的其他特征或条件。

② 测量设备或方法。可测量系统特性或条件,用来测量系统的输出性能。系统设计必须结合转速表、热电偶、温度计、传感器、检验员和其他物理或人体感应传感器等设备,从测量设备收集的信息对于操作一个控制系统来说是必不可少的。

③ 控制设备。可以将测得的系统实际的性能与预期的性能进行比较,控制设备对传感器提供的信息加以处理,并决定是否对系统此时的运行过程加以控制。控制设备可以是一个小型计算机或微型计算机,不仅能根据预先设置的程序进行比较,也可以依据当前条件进行可视化或人工计算来进行比较。控制设备可以检测到计划输出与实际输出的显著不同,因而它十分重要。

④ 执行设备。其作用是执行,可通过改变系统来改变输出特性或控制条件。任何从控制设备接收的控制信号都要由驱动设备来执行。驱动设备可以是机械的、机电的、液压的、气动的或人工的,例如,机器操作员通过改变一台机器上的设置来改变正在生产的部件的尺寸。

12.1.3　控制任务

控制系统是人们为完成一定的控制任务而设定的,因此系统的控制过程有着一定的控制任务。控制任务必须借助控制系统才能完成。通常,控制任务可以分为以下 4 种类型。

1. 定值控制

在某些控制问题中,控制任务是使受控量稳定地保持在预定的常数值上,称为定值控制。控制任务旨在使其不偏离,使系统稳定保持,故又称稳定控制。当然,实际过程并不严格要求被控量等于设定值,只要求被控量偏离设定值的偏差不超过允许范围即可。这是最简单的控制任务,广泛存在于社会生活中,如供电系统电压控制、空调温度控制等。

2. 程序控制

使被控量按照某个预先设定的程序进行的控制方式,称为程序控制。在系统结构上,将受控量预定的变化规律表示为程序,存储于专门的程序机构中,在系统运行过程中,由程序机构给出控制指令,通过控制器执行指令,保证受控量按照程序变化。事实上,定值控制也是一种特殊的程序控制。在工程技术领域,自动组装生产线、数控加工机床等都是按预定程序执行的程序控制;在社会领域中,无论是学校执行教学计划,还是个人执行日程安排,都属于程序控制。

3. 随动控制

除此之外,在许多情况下控制任务既不是使被控量保持不变,也不是使它按照预定的程序变化,而是随着某个预先不能确定的规律变化。被控量是事件的函数,要求按照某个事物在系统运动过程中实时测定的变化规律来变化,这时的控制任务是保证被控量随测定的时间函数的变动而变动,故称为随动控制,或称为跟踪控制。例如对火炮的控制、狙击手对狙击步枪的控制等,都是随动控制。随动控制最典型的例子就是导弹为击中运动目标,不断监控目标的位置和速度,不断调整飞行路线,在飞行过程中随着目标的变化实时调整自己飞行的角度、动力,直至最后击中目标。

4. 最优控制

定值控制、程序控制和随动控制的控制任务可以统一表述为:保证系统受控量和预定要求相符合。三者的区别在于,这种预定的要求是固定的还是可变的,变化规律是预先知道的还是随着运行过程实时监测的。但许多实际过程关于受控量的预定要求不仅不能作为固定值在系统中标定出来,或者作为已知规律作为程序,甚至无法在系统运行中实时获取。这类控制任务可表示为:使系统的某种性能达到最优,即实现对系统的最优控制。最优控制的控制任务是:寻找并实现一个或一组控制变量,能在满足系统约束条件的情况下,保证所关心的系统性能指标或效益获得最佳值。例如,航天系统要求达到预定位置所需时间最短的控制等,就属于最优控制。

12.1.4　控制方式

系统在给定控制任务后,还需要选择适当的控制方式去实现系统控制。实现同一种控制目标可以有不同的系统控制方式,在系统控制中的 4 个控制要素呈现不同的关系,这便构成不同类型的控制系统。常见的控制方式有以下几种,下面将从不同的角度进行对比说明。

1. 简单控制与复杂控制

简单控制是根据实际需求和受控对象在控制作用下的可能结果的预期,制定适当的控制指令,去作用于对象以实现控制目标,其原理如图 12.1 所示。简单控制方式的特点是,不考虑系统承受的外部干扰,也不管对象执行控制的指令效果如何,只是根据控制目标的要求和关于对象在控制作用下的可能行为的认识来制定控制指令,让对象执行。鉴于控制过程中信息流通是单向的,也没有信息的闭合传递回路,所以这种控制又经常被称为开环控制。

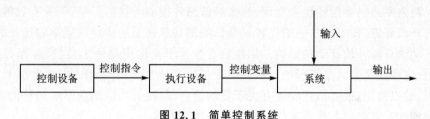

图 12.1　简单控制系统

在简单控制中,不存在由输出端到输入端的反馈通路,因此也被称为无反馈控制。简单控制系统由控制器与被控对象组成,控制器通常还具有功率放大的功能以放大控制信号。如果外部干扰可以忽略不计,对受控者的运行规律有事先或实时的了解,能够制定出详尽可行的控制指令,且对象能忠实执行指令,则在这种情况下是可以采取简单控制策略的。这样做使得控制系统结构简单,使用方便,经济性好。当控制任务比较单纯、环境情况简单、部署素质高时,采取简单控制方式往往能收到事半功倍的效果。

然而,在大多数的情况下,简单控制往往并不能使系统达到我们预期的控制目标,这时候就需要进行复杂控制。复杂控制包括除了简单控制以外的其他控制方式,这些控制方式往往会针对外界的干扰对系统进行控制,可以针对控制方式的不同并结合其特点进行分类。下面将介绍两种最常见的划分方式。

2. 前馈控制与反馈控制

一般而言,外界对系统的干扰总是存在的,而且往往无法忽略它们。如果外部干扰对象对系统的影响不可忽略,或对象不能忠实地执行任务,简单控制方式的效果必然很差。在这种情况下,对这类对象可以采用补偿控制方式。

前馈控制是指通过观察情况、收集整理信息、掌握规律、预测趋势,正确预计未来可能出现的问题,提前采取措施,将可能发生的偏差消除在萌芽状态中,为避免在未来不同发展阶段可能出现的问题而事先采取的措施,其原理如图 12.2 所示。前馈控制结构提供了一种通过在干扰影响受控过程之前测量或预测来增加反馈的方法。这种反馈控制的前馈更改必须遵照特定的设计准则,且满足以下要求:可测量、探测重大干扰的发生,不与最终要素有因果关系,动态干扰不快于动态补偿。

图 12.2 前馈控制系统

前馈控制的特点是在依据控制目标制定控制指令的同时,实时地监测外界干扰,计算为抵消干扰可能造成的影响所需要的控制作用,并反馈在控制指令中,通过控制把干扰的作用补偿掉。由于能在干扰作用引起对象严重偏离目标之前就采取措施去抵消干扰的影响,这种方式也称为补偿控制,通俗地说,就是防患于未然。此外,从信息传送上,干扰作用在造成明显影响之前已被传送到决策机构去处理,未构成信息流通的闭合回路,又可以将前馈控制称为顺馈控制。

前馈控制需要通过补偿装置来实现,为实时监测并抵消干扰的影响,需要有灵敏的测量装置和有效的补偿装置,技术要求一般比较复杂。关键是掌握系统运动的规律和扰动的特性,有能力获取扰动信息和补偿扰动的影响。如果只有少量干扰作用且便于监控,有拥有抵消干扰的手段,那么这种控制方式是可行的。但如果干扰作用变量多、影响大,或者出现未曾预料到的干扰作用,难以监测;或者虽然获得有关干扰的信息,却没有足以消除影响的补偿手段,则不宜采用补偿控制。有效的办法是采用下述的反馈控制方式。

反馈控制方式的特点是,不去检测干扰作用,不采取事先抵消干扰影响的补偿措施,只检测受控对象的实际运行情况,把输出变量的信息反向传送到输入端,与体现目标要求的控制变量进行比较得到其误差,再根据误差的大小调整控制作用,以此逐渐减小误差直至误差消除或控制在一定范围之内,其原理如图 12.3 所示。在反馈控制系统中,不管出于什么原因(外部扰动或系统内部变化),只要被控制量偏离规定值,就会产生相应的控制作用去消除偏差。因此,它具有抑制干扰的能力,对元件特性变化不敏感,并能改善系统的响应特性。但是采用反馈装置需要添加元部件,造价较高,同时也增加了系统的复杂性,如果系统的结构参数选取不适当,则控制过程可能变得很差,甚至出现振荡或发散等不稳定的情况。因此,如何分析系统,合理选择系统的结构和参数,从而获得满意的系统性能,是自动控制理论必须研究解决的问题。此

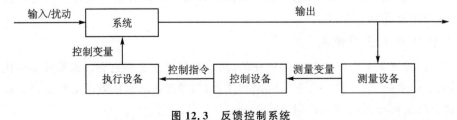

图 12.3 反馈控制系统

外,为了检测系统在运行时其运行状态是否正常,还常常对系统的过程进行控制。统计方法能够在系统控制中起到很大的作用,本章后续的部分将对统计过程控制进行详细讨论。

3. 开环控制与闭环控制

根据控制设备是否属于其控制的系统的一部分,可将控制分为开环控制与闭环控制。开环控制在系统运行之前预先控制,如洗衣店的干洗机。闭环控制则根据系统反馈的状态实时修正控制,如家庭自动调温器。在模拟电路学中,所谓闭环是指放大电路中存在反馈回路,如笔记本电脑的电源适配器,它对输出电压进行了侦测并反馈至前端来调节电压,使其输出恒定电压。闭环与开环的主要区别在于,闭环控制有反馈环节,通过反馈系统使系统的精确度提高、响应时间缩短,适合于对系统的响应时间、稳定性要求高的系统。开环控制没有反馈环节,系统的稳定性不高,响应时间相对来说很长,精确度不高,适用于对系统稳定性精确度要求不高的简单系统。

闭环控制是将输出与输入信号之差作用于控制器,进而减小系统误差;而开环系统则没有这个功能。当系统的输入量已知,并且不存在任何干扰时,若采用开环系统完全能够达到稳定化的生产,则此时并不需要闭环控制,但是这个情况几乎无法实现。当存在着无法预知的干扰或系统中元件参数存在着无法预计的变化时,闭环系统能充分发挥其作用。

12.2　统计过程控制

前面讨论了控制理论的一些基本概念,这些概念在系统工程中很多地方都有着重要的应用,这也反映出广义控制理论的重要地位。在生产过程中同样存在着控制的过程,图 12.4 给出了生产过程的控制,在这个控制过程中输入是生产的各要素,输出是生产得到的产品或服务,而统计过程控制(Statistical Process Control,SPC)则是对这一系统过程的调节和控制。统计过程控制是对可能由于系统输入或环境扰动而产生波动的过程进行控制的一种控制系统,其核心是统计控制图。统计控制图利用来自传感设备的控制信息和提供系统变化信息给驱动设备的控制设备。控制图通过使用系统输出的样本和控制界限以判断系统运行(过程)是否处于控制之中。当采样值超出控制界限时,一个统计差异稳定的系统可能不再存在。这时需要采取行动找出引起不再受控的原因使得系统再次处于控制,或对已经发生的变化做出补偿。统计过程控制虽然起源于生产过程中的加工过程控制,但其理论和方法对于其他希望系统保持稳定的控制系统也适用。

图 12.4　统计过程控制的原理图

12.2.1　基本概念

统计过程控制主要是指应用统计分析技术对生产过程进行实时监控,科学地区分出生产过程中产品质量的随机波动与异常波动,从而对生产过程的异常趋势提出预警,以便生产管理人员及时采取措施、消除异常和恢复过程的稳定,从而达到提高和控制质量的目的。

在生产系统的加工过程中,产品加工尺寸的波动是不可避免的,它是由人、机器、材料、方法和环境(简称人机料法环)等基本因素的波动影响所致。一般来说,波动分为两种:正常波动和异常波动。正常波动是偶然性原因(不可避免的因素)造成的,它对产品质量影响较小,在技术上难以消除,在经济上也不值得消除;异常波动是由系统原因(异常因素)造成的,它对产品质量影响很大,但能够采取措施避免和消除。对生产过程进行控制的目的就是消除、避免异常波动,使生产过程处于正常波动状态。

在生产过程中,需要受控制的对象是生产过程输出的产品或服务。对于系统输出特性 X 来说,正常波动是允许的。在理想情况下,如果系统输出特性只受随机因素而不受系统因素的影响,则此时系统输出特性在统计上呈正态分布,如图 12.5(a)所示,系统输出特性的均值为 μ,方差为 σ。如果系统输出特性符合这个正态分布,从概率的角度来说,它落在 $(-\sigma, +\sigma)$ 范围内的概率为 68.26%,同时它在 $(-2\sigma, +2\sigma)$ 和 $(-3\sigma, +3\sigma)$ 范围内波动的概率分别为 95.45% 和 99.73%。如果我们要控制系统输出特性 X 的波动范围,则可以把 $(-\sigma, +\sigma)$ 或 $(-2\sigma, +2\sigma)$ 或 $(-3\sigma, +3\sigma)$ 作为控制界限,即可以限定系统输出特性 X 的范围。将图 12.5(a) 横向放置,加上上控制界限(Upper Control Limit, UCL)和下控制界限(Lower Control Limit, LCL),同时测量系统输出特性 X 并以折线图的形式图形化出来,也就形成了如图 12.5(b)所示的系统输出特性 X 的控制图。通过测量系统输出特性 X,并观察和分析系统输出特性 X 是否在上控制界限和下控制界限波动,即可判断整个系统的输出是否稳定受控。

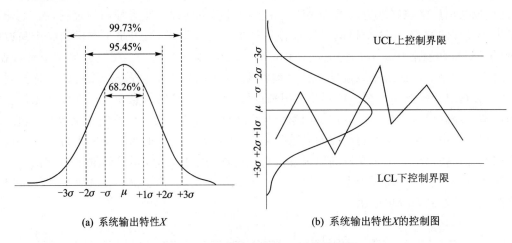

(a) 系统输出特性 X　　　　　　　　　(b) 系统输出特性 X 的控制图

图 12.5　系统输出特性 X 及其控制图

从以上控制图的原理可以看出,测量是统计过程控制的评价关键,通过测量以检测系统输出实际值与理想值或目标值之间的差值。在以产品特性为中心的过程控制中应用统计控制,可以提高所输出产品质量的可信性。通过统计控制,生产人员可以识别并消除异常可归属因素的扰动,同时减少随机不可归属因素的扰动。统计控制下产生的输出一般不需要进行抽样检查,因为抽样检验旨在发现和消除有缺陷的产品,但其昂贵且具有一定的破坏性。

在初始的稳定状态下,通常以方差的形式给出控制的界限,从而检测该状态的后续变化。考虑一个样本值时通常使用统计推断,如果样本在控制范围内,则认为研究的对象处于控制之中,如果样本在界限外,那么过程被视为发生改变,或称之为失控。图 12.6 展示了平均距离为 $k\sigma$ 的控制界限,可以根据假设检验判定样本错误类型并给出错误概率: 如果样本值落在控制界限外,而这个过程没有改变,即认为过程存在异常因素,这就属于第一类发生概率为 α 的错误;若样本落在界限内而过程发生了变化,但判定过程仍属正常,则属于概率为 β 的第二类错误。

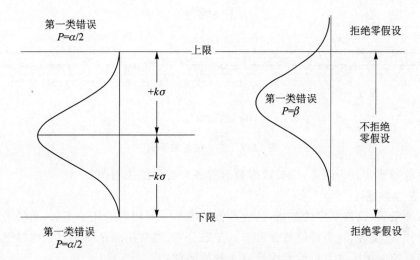

图 12.6 扰动的稳定和变化类型

如果控制界限被设置得相对较远,第一类错误将不会发生,但此模型会因为范围较大而难以监测参数的微小变化,在这种情况下,第二类错误的发生概率将会增大。如果将界限设置在接近初始稳定扰动,那么第一类错误发生的概率会增大,而好处是模型会更加灵敏。最终决定的标准是与第一类和第二类错误相关的成本,所选择的界限应使二者的总成本最小。

另外,一个满足规格的系统稳定运行过程经过一段时间之后可能会变得不稳定,这种不稳定是由特定原因引起的,使用统计过程控制持续监测,可以监测到过程从稳定状态到不稳定状态的转变,以及引起这种转变的原因。随着设计、生产和技术支持中实时信息变得更加容易获得,人们不仅测量产品的参数,也测量过程控制中的参数变化,这样的应用与控制方法密切相关,也使用了许多控制理论的基本原则。

12.2.2 统计控制图

统计控制图用于分析和判断工序是否处于稳定状态且带有控制界限,其通过使用系统输出的样本和控制界限以确定系统是否处于控制之中。美国质量工程师沃特·休哈特(Walter Shewhart)于 1928 年率先提出了质量控制图:"每一个方法都存在着变异,都受到时间和空间的影响,即使在理想的条件下获得的一组分析结果,也会存在一定的随机误差。但当某一个结果超出了随机误差的允许范围时,运用数理统计的方法,可以判断这个结果是异常的、不足信的。"自问世以来,质量控制图在制造行业得到了普遍应用,并凭借其强大的分析功能,为企业带来了丰厚的实时收益。

图 12.7 展示了一组 $\bar{X}$ 控制图和 R 控制图这两种最常见的统计控制图示例。

根据质量特性数据类型的不同,所应用的统计控制图类型也不同。这里可以根据质量特

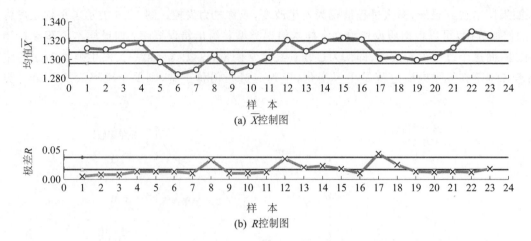

(a) $\overline{X}$控制图

(b) R控制图

图 12.7　统计控制图示例

性数据的离散与连续分为两类,每类数据都有着各自类型的控制图。

(1) 计量型数据

它是某种量具、仪器测定的数据,这类数据可取某一区间内的任一实数,如轴的直径、电阻的阻值、材料的强度等,这类特性数据常服从正态分布,通常用两张图来对系统特征进行控制,也称之为变量控制图。这类特性数据已有 4 种控制图:

① 均值-极差($\overline{X} - R$)控制图;

② 均值-标准差($\overline{X} - S$)控制图;

③ 中位数-极差($Me - R$)控制图;

④ 均值-移动极差($\overline{X} - R_s$)控制图。

(2) 计数型数据

它是通过计数的方法获得的,常取 0、1、2 等非负整数。如一批产品中的不合格品数、铸件上的气孔数、一匹布上的疵点数,对这类特性数据只需要用一张控制图就可以了,也称之为属性控制图。这类特性数据也有 4 种控制图:

① 不合格品率(p)控制图;

② 不合格品数(p_n)控制图;

③ 单位缺陷数(u)控制图;

④ 缺陷数(c)控制图。

这些制图方法同样要归功于休哈特在 19 世纪 20 年代的工作。他对于扰动的研究更多聚焦在过程稳定性而不是与规格的一致程度。他认为工程师应该把定义规范和统计方差视为设计过程中的过程能力的一部分来考虑。Blanchard 在《系统工程与分析》中将统计控制图分为变量控制图和属性控制图,这些控制图被用于对统计过程控制进行稳定性测试:当一个特性可被测量时,可使用 $\overline{X}$ 图和 R 图;当有两个特性可以被测量时,使用 p 图比较合适;当测量总缺陷数时,可使用 c 图。

1. 变量控制图

控制图是用图形来表示的数学模型,它用来监控随机变化过程以发现过程中参数的变化。

绘制的统计数据是为了检验原假设样本来源的过程有没有发生改变。使用控制图的目的是区别稳定形式的扰动和不稳定形式的扰动。如果一个不稳定形式的扰动被检测到,可采取行动来找出引发不稳定的原因。移除可归类的原因后,过程应回到受控状态。

变量控制图用于连续过程,有两种最常见的控制图都适用于这种类型的活动:$\bar{X}$ 图是由所取的持续过程样本的平均值所得的曲线图,主要应用于检测从样本而来的过程平均值的变化;R 图是相同样本随时间的推移发生变化的曲线图,主要应用于检测过程中的分散变化。

(1)构建 $\bar{X}$ 图

$\bar{X}$ 图的输入值为所测量过程的样本平均值。一个样本一般包含 4 个或 5 个观测点,这样的数量足以应用中心极限定理。构建 $\bar{X}$ 图的第一步是估计过程的平均值 μ 和方差 σ^2。这需要采集每个大小为 N 的样本 m 个,并计算每个样本的平均值 $\bar{X}$ 和极差 R。表 12.1 给出了相关格式。

表 12.1　确定 $\bar{X}$ 与 R 的计算格式

样本编号	样本值	均　值	极　差
1	$x_{11}, x_{12}, \cdots, x_{1n}$	$\bar{X}_1$	R_1
2	$x_{21}, x_{22}, \cdots, x_{2n}$	$\bar{X}_2$	R_2
$\vdots$	$\vdots$	$\vdots$	$\vdots$
m	$x_{m1}, x_{m2}, \cdots, x_{mn}$	$\bar{X}_m$	R_m

$\bar{\bar{X}}$ 是样本平均值的平均值,即

$$\bar{\bar{X}} = \frac{\sum \bar{X}_i}{m} \tag{12.2}$$

样本极差 R 的平均值为

$$\bar{R} = \frac{\sum R_i}{m} \tag{12.3}$$

平均极差 $\bar{R}$ 与过程的标准差的预期比例由多个样本值的大小来计算,表示为 d_2:

$$d_2 = \frac{\bar{R}}{\sigma} \tag{12.4}$$

由于 d_2 作为样本大小的函数可以从表 12.2 中查出,因此可以得到 σ 的值。

表 12.2　$\bar{X}$ 与 R 的构建关系

样本容量	$\bar{X}$ 图		R 图	
n	d_2	A_2	D_3	D_4
2	1.128	1.880	0	3.267
3	1.693	1.023	0	2.575
4	2.059	0.729	0	2.282
5	2.326	0.577	0	2.115
6	2.534	0.482	0	2.004

续表 12.2

样本容量	$\bar{X}$ 图		R 图	
n	d_2	A_2	D_3	D_4
7	2.704	0.419	0.076	1.924
8	2.847	0.373	0.136	1.864
9	2.970	0.337	0.184	1.816
10	3.078	0.308	0.223	1.777

$\bar{X}$ 图的均值被设为 $\bar{\bar{X}}$。控制界限通常被设为 $3\sigma_{\bar{X}}$，这使得第一类错误的概率为 0.002 7，原因为

$$\sigma_{\bar{X}} = \frac{\sigma}{\sqrt{n}} = \frac{\bar{R}}{d_2\sqrt{n}} \tag{12.5}$$

故

$$3\sigma_{\bar{X}} = \frac{3\bar{R}}{d_2\sqrt{n}} \tag{12.6}$$

设 $3/d_2\sqrt{n}$ 为 A_2，可以得到 $\bar{X}$ 图的上部和下部控制界限：

$$\text{UCL}_{\bar{X}} = \bar{\bar{X}} + A_2\bar{R} \tag{12.7}$$

$$\text{LCL}_{\bar{X}} = \bar{\bar{X}} - A_2\bar{R} \tag{12.8}$$

(2) 构建 R 图

如果已经得 $\bar{X}$ 图，那么 R 图可以直接由式(12.3)得出。表 12.2 给出了不同样本大小下 3σ 的控制界限。上部和下部的控制界限被定为

$$\text{UCL}_R = D_4\bar{R} \tag{12.9}$$

$$\text{LCL}_R = D_3\bar{R} \tag{12.10}$$

在表 12.2 中，当样本大小 $n \leqslant 6$ 时，$D_3 = 0$，此时的 3σ 控制界限为 0，这意味着当样本量为 6 或更少时，值不可能落在 R 图的界限外。因此 R 图便不能检测出过程输出结果分布的减少。

一旦指定各个控制图的控制界限，数据就可以用于绘制控制图的控制界限。如果一组或者更多的值落在了控制界限外，就需要进一步地研究。一个落在 $\bar{X}$ 图界限外的值意味着过程的集中趋势可能发生了改变，一个落在 R 图界限外的值意味着过程的扰动可能已经失去了控制。这两种情况下，都要研究过程行为发生改变的根源。如果 1～2 个值落在界限外并可以归结原因，那么这些值可以移除并改进计算控制界限。如果改进的控制界限包含了所有余下的值，那么控制图便可以使用；如果没有，那么使用控制图前应重复这个程序。

2. 属性控制图

当系统特征或状态可用二值的方法表示时，例如系统处于可运行状态或维护状态、维修人员工作或休假等，属性控制图常被用来控制系统属性，其过程包括绘制 p 图和 c 图。当确定了

一个二值方式后,使用 p 图可以监测给定时间内观测值为某一值的比例,c 图则对其界限进行控制。

(1) 构建 p 图

当一个特征或条件被采样后归类到两个定义好的类型之一时,可以通过 p 图按照时间或者样本的类型来控制样本落入某类型的比例。它适用的概率分布是二项分布,该分布的平均值和标准差可以表示为

$$\mu = np \tag{12.11}$$

$$\sigma = \sqrt{np(1-p)} \tag{12.12}$$

这些参数可以通过除以样本大小 n 表示为比例值。如果 $\bar{p}$ 被定义为比例参数 μ/n 的估计,s_p 作为 σ/n 的估计,那么这些统计量可以表示为

$$\bar{p} = \frac{\text{某类型样本总数}}{\text{观察样本总数}} \tag{12.13}$$

$$s_p = \sqrt{\frac{\bar{p}(1-\bar{p})}{n}} \tag{12.14}$$

可以得到活动样本上部和下部的控制界限为

$$\mathrm{UCL}_p = \bar{p} + 2s_p \tag{12.15}$$

$$\mathrm{LCL}_p = \bar{p} - 2s_p \tag{12.16}$$

通过计算得到 p 图后,如果所有的值都落在控制范围内,那么可以利用原先的样本数据来绘制控制图。如果存在落在控制界限外的值,即出现非典型情况时,可以舍弃该组数据,再通过舍弃后的样本值重新计算平均值和标准差,在控制图中得到修改过的控制界限;如果新的控制图中除了之前舍弃过的数值外,其他均位于控制界限内,则认为这些数据可以用作控制图的绘制。用这种方式可以注意到在控制条件下的偏差,并采取适当的控制行为。

而通常观测值是多值且离散的,人员可能会在给定的时间内没有遭遇,或者遭遇一个或两个,甚至更多的时间损失事故。指定时间内供应系统的需求是一个离散数字。维修工人可能完美地完成一个指定的任务,也可能犯一个或多个错误。当离散型被确定后,系统特征或条件随着时间的变化可以用 c 图来监测。

(2) 构建 c 图

一些系统的特性可以用数字表达,例如根据每小时寻求收费站服务的人数来决定其所提供的服务能力,如果每小时达到的人数偏离了稳定波动形式,那么就有必要关闭或打开某些收费站。泊松分布常用来描述每个时间段达到的人数,其平均值和方差都是 $\mu = \sigma^2 = np$。$\bar{c}$ 和 s_c^2 被定义为这两个参数的统计估计。在许多应用中,n 和 p 的值无法确定,但它们的乘积可以确定。它的均值和方差可以被估计为

$$\bar{c} = s_c^2 = \frac{\sum(np)}{n} \tag{12.17}$$

标准偏差的估计为

$$s_c = \sqrt{\bar{c}} \tag{12.18}$$

构建得到上部和下部的控制界限为

$$\mathrm{UCL}_c = \bar{c} + 3s_c \tag{12.19}$$

$$LCL_c = \bar{c} - 3s_c \tag{12.20}$$

同样地,若得到 c 图中所有的值都落在控制范围内,则说明可以利用原先的数据绘制控制图。如果存在某个值超出界限范围,则将该组数据舍弃,使用舍弃后的样本值重新计算,在控制图中画出修改过的控制界限;如果除了舍弃掉的数据外,其他值都在控制界限中,也可说明达到了预定的目标。用这种方式,决策者可以得知在系统状态中需要修改和操作的策略。

12.2.3　过程能力控制

1. 过程受控状态

在前面讨论统计过程控制概念时已经指出,当过程仅受随机因素影响时,过程处于统计控制状态(简称受控状态);当过程中存在系统因素的影响时,过程处于统计失控状态(简称失控状态)。当过程受控时,过程特性一般服从稳定且可重复的随机分布;而失控时,过程分布将发生改变。以系统输出特性 X 为例,如果我们持续测量并对它进行统计,则其受控和失控状态的统计特征如图 12.8 所示。可以通过这种方法来判断过程是否受控,并根据失控原因采取改进措施来改进过程,使过程由失控状态变为受控状态。

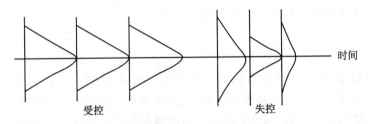

图 12.8　过程受控和失控示意图

通过统计控制图可以判断系统过程的状态。为了达到系统过程受控的目的,除了持续测量系统输出特性之外,还要采取措施来消除系统的二类错误,也即是消除系统因素的影响,此时系统输出特性的波动仅受到随机因素的影响,系统过程会逐步由失控状态向受控状态改变,从统计特性来看,呈现如图 12.9 所示的形式,此时可以说系统达到受控状态。

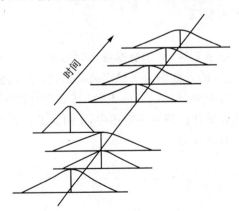

图 12.9　过程由失控转向受控示意图

2. 过程能力指数

运用统计控制图的目的是判断系统输出是否受控,同时找到影响系统过程的系统因素,在消除系统二类错误之后,系统会达到受控状态。另外,还可以运用统计控制图来对系统过程能力进行控制,来提高系统过程的波动范围。系统的过程能力通常是用过程能力指数来衡量的。过程能力指数(Process Capability Index,PCI),也称为工序能力指数、工艺能力指数,其大小反映了系统过程波动的大小,对于生产和加工过程来讲,过程能力反映的是生产和加工精度。

过程能力指数的计算公式如下:

$$\sigma = \frac{\bar{R}}{d_2} \tag{12.21}$$

单侧上限过程能力指数:

$$C_{pu} = \frac{USL - \bar{\bar{x}}}{3\sigma} \tag{12.22}$$

单侧下限过程能力指数:

$$C_{pl} = \frac{\bar{\bar{x}} - LSL}{3\sigma} \tag{12.23}$$

过程能力指数:

$$C_{pk} = \min(C_{pu}, C_{pl}) \tag{12.24}$$

过程能力指数 C_{pk} 值越大,表示过程满足产品标准要求的能力越高;C_{pk} 值越小,表示过程满足产品标准要求的能力越低。表 12.3 给出了在生产加工过程中过程能力指数等级与加工精度之间的关系。过程能力指数的值越大,表明产品的离散程度相对于技术标准的公差范围越小,因而过程能力就越高;过程能力指数的值越小,表明产品的离散程度相对公差范围越大,因而过程能力就越低。因此,可以从过程能力指数的数值大小来判断能力的高低。需要注意的是,过程能力指数适用于计量值质量过程,计量值质量的过程能力用单位产品缺陷数衡量。

表 12.3　过程能力指数的等级

C_{pk} 值	等　级	工序能力状态
$C_{pk} > 1.67$	特级	精度过高,可做必要调整
$1.33 < C_{pk} < 1.67$	一级	精度稍高,允许一定外来波动
$1.00 < C_{pk} < 1.33$	二级	精度尚可,需对过程密切注意
$0.67 < C_{pk} < 1.00$	三级	精度不足,废次品率偏高
$C_{pk} < 0.67$	四级	精度严重不足,必须改进

在运用过程能力指数来衡量和控制过程能力时,为了提高生产加工质量和服务品质,一般会追求系统过程能力不断提高,从统计特征上来看就是统计控制图的上控制界限和下控制界限不断缩窄,如图 12.10 所示。但是,从经济和质量两方面的要求来看,过程能力指数值并非越大越好,而应在一个适当的范围内取值,也即达到经济和质量均衡目标即可。

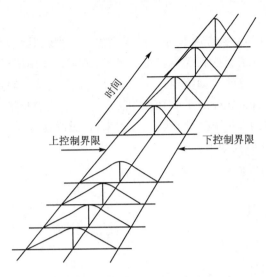

图 12.10 过程能力逐步提高示意图

12.3 项目控制

项目控制是指项目管理者根据项目跟踪提供的信息,对比原计划或既定目标,找出偏差、分析成因、研究纠偏对策并实施纠偏措施的全过程。因此,从广义上来讲,项目控制也属于系统控制,而且这个系统还较为复杂,是特定而且动态的。工程项目是由一系列旨在完成预期目标的活动组成的,大多数项目也是不可重复的,因此决策制定者常常会面对这样一种情况:有关控制的预先经验和信息都不存在。根据之前提到的控制条件,对于项目控制技术应当满足以下的条件:在项目的规划阶段,决策制定者应该能够确定一个有逻辑且最好是最优的项目计划;在项目执行期间,他们应该根据计划来对项目进展进行评价。在大型的工程项目中,经常使用网络计划方法作为规划方法和控制设备来实现项目的控制。

12.3.1 网络计划方法

网络计划方法是指用于工程项目的计划与控制的管理方法。它是 20 世纪 50 年代末发展起来的,依据其起源,有关键路径法(Critical Path Method,CPM)与计划评审法(Program Evaluation and Review Technique,PERT)之分,我们统称为网络计划方法。

1. 关键路径法(CPM)

关键路径法是通过分析项目过程中的活动序列进度以达到某种安排使得总时差最少,由此来预测项目工期,即以网络图的形式表示各工序之间在时间和空间上的相互关系及各工序的工期,通过时间参数的计算,确定关键线路和总工期,制订出系统计划。在工程上,有些活动必须同时执行,每个活动都需要人员和设备,其成本取决于资源投入。项目总持续时间和总成本由关键路径上的活动和分配给这些活动的资源决定。本小节主要介绍这种情况下的关键路径法。

(1)事件时间确定

考虑一个需要建造一定结构的工程作为寻找关键路径的例子。如图 12.11 所示,完成

5 个主要事件需要通过 7 项活动,圆圈代表 CPM 中的某一项事件,表明一个活动已经完成。箭头表示活动之间的紧前关系,箭头上的数字表明活动的估计持续时间。

找关键路径的步骤是要确定每个事件的最早时间和最晚时间。例如,事件 C 发生,可能是经过路径 A→B→C,需要的时间为 3+2=5,也可能是 A→C,需要的时间为 4,因此 C 事件的最早时间为 5。以此类推,分别求出各个事件的最早时间,如图 12.12 所示。为了更容易理解整个流程,每个事件可以标记为 (T_E, T_L, S),其中 T_E 代表最早时间,T_L 代表最晚时间,S 代表该事件的时差。

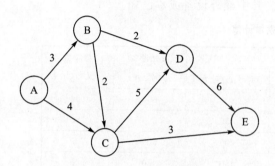

图 12.11　某工程项目的网络图

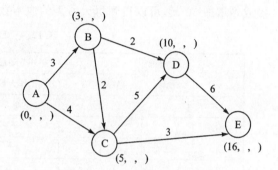

图 12.12　事件最早时间图

确定最晚时间的方法和确定最早时间的方法相似,但流程是以最后事件开始,进行反向推导。最终事件的最晚时间和最早时间是一样的,如果不一样,就表示工程将会延迟。因此 E 事件的最晚时间为 16,事件 D 发生时,出现的紧后事件为 E,可以算出 D 事件的最晚时间为 16-6=10;事件 C 发生时,出现的紧后事件为 D 和 E,分别计算得到 10-5=5 和 16-3=13。因此事件 C 的最晚时间为 5。以此类推,分别求出各个事件的最晚时间。

如图 12.13 所示,通过追踪所有零时差的事件并将它们视作一个路径,可以确定关键路径,在这个例子中,关键路径是 A→B→C→D→E(图中以粗线表示),最短工期为 16。

（2）应急进度安排

上面的 CPM 例子,是假设在正常时间和资源配置下进行活动的条件下提出的。当执行一个或多个活动需要通过配置额外资源缩短其持续时间时,就需要进行应急进度安排了。

工程中存在直接成本和间接成本两种成

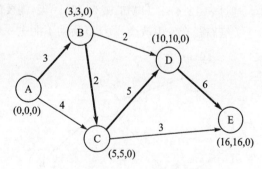

图 12.13　标注事件图

本。随着以减少活动时间为目的的资源分配增加,直接成本就会相应增加。而间接成本则和整个工程的持续时间相关,随着完成项目所用总时间增加,间接成本也呈正比例趋势增加。这意味着间接成本与活动水平无关,而依赖于时间的推移。

在大多数项目中,为了降低间接成本就需要缩短活动时间,这就使得研究让直接成本增加的经济要素变得非常有意义。我们要力求每个活动能够得到最优资源分配,使两种成本的和达到最低值。

为了确定项目的最优安排,首先需要确定关键路径,然后缩短关键路径上对直接成本影响较小的活动时间。如果在缩短活动时间时出现了其他关键路径，就必须减少这些路径上活动的持续时间，具体是对每个路径减小相等的单位时间。当达到某个极限或省下来的间接成本不大于直接资源的额外支出时，不需要进一步减小活动时间。在关键路径中，所有活动不断重复上述流程。

考虑图 12.13 的例子，在整个项目持续过程中，每天可节省 1 000 元间接成本。通过前面的方法，可以找出关键路径为 A→B→D→E。

在正常和紧急情况下的活动持续时间的数据如表 12.4 所列，假设每增加一个工人导致直接成本增加 50 元，可以得到每天所需的成本数据。其中额外设备成本已知。

表 12.4 应急成本计算

活 动	减少天数	额外劳动成本			额外设备成本/元	总应急成本/元
		额外劳力	工作天数	额外成本/元		
AB	1	2	2	200	600	800
AC	1	3	3	450	300	750
BD	1	1	4	200	500	700
	2	3	3	450	450	900
	3	3	2	300	1 700	2 000
CD	0	0	2	0	0	0
CE	1	0	5	0	950	950
	2	4	4	800	1 110	1 900
DE	0	0	3	0	0	0

在图 12.14 中，在正常活动下需要 11 天才能完成。没有紧急成本，因此没有节省间接成本。通过表 12.4 可以得知，减少 BD 一天，需要的总应急成本最少，且节省 1 000 元的间接成本。由于关键路径会发生改变，故 BD 活动不能进一步缩减。图 12.15 是为期 10 天的进度安排。

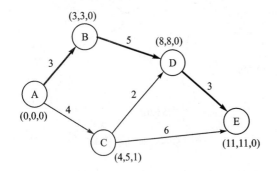

图 12.14 事件网络图

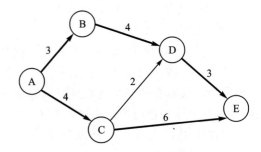

图 12.15 10 天的进度安排

新的安排下，除了原来的关键路径 A→B→D→E 外，通过计算得到一个新的关键路径A→C→E。对原来的关键路径进行缩短，由于 DE 无法减少天数，继续缩短 BD 步骤，需要的紧急成本一共为 900 元，小于缩短 AB 步骤需要的紧急成本（800＋700）元＝1 500 元。对新的关键路径进行缩短，将 AC 缩短一天需要 750 元，小于将 CE 缩短一天所需的 950 元。因此，为期 9 天的进度安排为在 10 天的进度安排上分别缩短 BD 和 AC 步骤各一天。得到新的安排如图

12.16 所示。

　　新的进度安排中,依然为 A→B→D→E 和 A→C→E 两条关键路径。对于关键路径 A→B→D→E 来说,继续缩短 BD 步骤,需要紧急成本一共为 2 000 元,缩短 AB 步骤需要紧急成本(900+800)元=1 700 元。在关键步骤 A→C→E 中,有必要从活动 CE 和 AC 中各减少一天,紧急总成本为(950+750)元=1 700 元,这比从 CE 中减少两天的 1 900 元要好。故得到 8 天的进度安排,在此安排中可以节省 3 000 元。三个关键路径的结果为 A→B→D→E、A→C→E、A→C→D→E,每条路径均为 8 天,至此已不可进行进一步缩减。最终安排如图 12.17 所示。

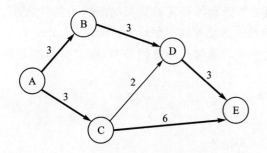
图 12.16　9 天的进度安排

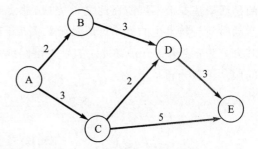
图 12.17　8 天的进度安排

　　最后,计算各安排进度的节省成本值。安排进度 10 天时,需要应急成本为 700 元,节约成本 1 000 元,共节约 300 元。安排进度为 9 天时,需要成本为 1 650 元,节约成本为 2 000 元,共节约 350 元。安排进度为 8 天时,需要成本为 3 400 元,节约成本为 3 000 元,共节约 -400 元,即多支出 400 元。因此,为期 9 天的进度安排中,净节省值为最大。

2. 计划评审法(PERT)

　　计划评审法适合于较难估计精确时间的早期项目规划。它为处理随机变化提供了一种方法,从而能够允许进度安排中出现偶发事件。计划评审法可以用来作为计算该项目在计划时间之前或当天完成的概率的基础。下面给出两个 PERT 网络的例子。

　　图 12.18 给出了一个 PERT 网络。根据项目时间框架,每个事件都贴上标签、编码并进行检查。然后就可以确定并检查活动,保证它们以合理的顺序进行,一些活动可以同时进行,

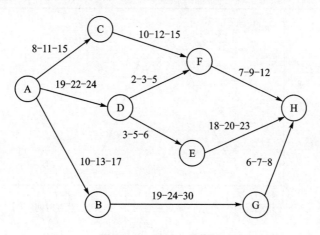
图 12.18　PERT 网络图

而其他活动必须按照一定序列完成。在每个完整的网络中,都有一个初始事件和结束事件。所有的活动都必须流向其对应的结束事件。

表 12.5 给出了典型的 PERT 网络的计算,通过该表数据,可以得到关键路径。为得到该表,需要进行的步骤如下:

① 第 1 列列出每个事件,从最后事件开始,反向列到开始事件。

② 第 2 列列出所有的紧前事件,表示先于第 1 列事件发生。

③ 第 3 列至第 5 列给出了每个事件的乐观时间、最有可能时间和悲观时间。乐观时间指的是活动基本上不可能在此之前完成,悲观时间是指活动需要花费更长时间的可能性极小。活动时间与其发生的概率可以由函数图 12.19 表示。活动时间的估计: $T=(a+4m+b)/6$,其方差为 $\sigma^2=[(b-a)/6]^2$。如果关键路线上的 s 个活动时间独立同分布,则关键路线总时间服从正态分布:

$$T_E = \sum_{i=1}^{s} \frac{a_i + 4m_i + b_i}{6}, \quad \sigma_E^2 = \sum_{i=1}^{s} \left(\frac{b_i - a_i}{6}\right)^2 \qquad (12.25)$$

表 12.5　PERT 计算示例

事件	紧前事件	乐观时间	最可能时间	悲观时间	平均时间	方差	最早时间	最迟时间	时差	项目所需时间	概率
H	G	6	7	8	7.0	0.108				46.0	0.266
	F	7	9	12	9.2	0.693					
	E	18	20	23	20.2	0.693	46.8	46.8	0.0		
G	B	19	24	30	24.2	3.349	37.7	39.8	2.1		
F	D	2	3	5	3.2	0.250					
	C	10	12	15	12.2	0.693	23.4	37.6	14.2		
E	D	3	5	6	4.8	0.250	26.6	26.6	0.0		
D	A	19	22	24	21.8	0.693	21.8	21.8	0.0		
C	A	8	11	15	11.2	1.369	11.2	25.4	14.2		
B	A	10	13	17	13.5	1.369	13.5	15.6	2.1		

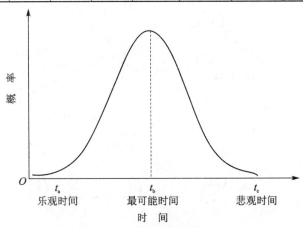

图 12.19　活动时间概率分布

④ 第 6 列列出了平均时间,其公式为

$$t_e = \frac{t_a + 4t_b + t_c}{6} \tag{12.26}$$

⑤ 第 7 列列出了方差,其公式为

$$\sigma^2 = \left(\frac{t_c - t_a}{6}\right)^2 \tag{12.27}$$

⑥ 第 8 列列出了最早时间,作为每个活动的所有时间总和,以及通过在整个网络中保留在同一路径的紧前事件的预期时间累积总数。当存在多个活动时,取其最高值。

⑦ 第 9 列列出了通过计算最后事件的最迟时间。当某个事件在同一路径中反向运作时,减去每个活动第 6 列给出的值。

⑧ 第 10 列为时差 S,即为最迟时间和最早时间的差值。

⑨ 第 11 列和第 12 列给出了网络项目所需时间 PT,以及符合此要求的概率。该概率的计算公式为

$$Z = \frac{PT - T_L}{\sqrt{\sum \sigma^2}} \tag{12.28}$$

Z 是正态分布曲线下方的那块面积,方差是适用于图 12.18 中关键路径上活动的个别差异的总和。

计算出 Z 后,通过比对累积正态概率表,可以得到符合要求的概率。例如,假设 PT 为 46.0,可以得到

$$Z = \frac{46.0 - 46.8}{\sqrt{0.693 + 0.250 + 0.693}} = -0.625$$

而 -0.625 对应的位置表示一个大约为 0.266 的区域,也就是说计算符合的概率为 0.266。

在评估合成概率值时,管理人员必须依据风险来决定允许因素的范围。如果概率系数很小,可以在该工程中额外增加资源,从而缩短活动进度计划,提高成功率。相反,如果概率很大,则说明使用了过量的资源,其中一些资源可以转移到其他项目中。

12.3.2　随机网络计划方法

20 世纪 50 年代关键路径法(CPM)提出以后,系统网络技术在描述现实管理系统时会显得很方便、直观,且易于学习掌握。50 年代末又产生了计划评审法(PERT)并在许多工程管理中获得了很大的成功,但因其本质上仍是确定性网络,因此仍有着很大的局限性:

① 它只能协调评审确定性的网络模型。

② 在它的网络模型中不能出现回路。

③ 整个网络模型中,只能有一个终端事项。

为了克服这些局限性,20 世纪 70 年代以来,人们又开发了随机型的网络计划方法,即图形评估技术(Graphic Evaluation and Review Technique,GERT)。GERT 网络的特点是,从 PERT 出发,对网络中"节点"的输入/输出逻辑加以扩展,输入端可以实现多项"活动"的"与"、"或"及"异或"等多种关系。节点输出活动具有一定执行概率或条件约束,活动参数向量化,活动时间分布多样化,并允许出现反馈回路;还可以在网络中引进自学功能,自行进行网络更改。

与 PERT 相比,GERT 网络的节点为逻辑节点,整个网络由逻辑节点和有向支路构成。GERT 的逻辑节点如表 12.6 所列,各种类型节点的解释如下:

① 确定型。如果该输出端节点实现,则所有从该节点输出的分支均要发生。

② 概率型。如果该输出节点实现,则从该节点输出的分支最多出现一个。

③ 异或型。输入端任一支路的实现都会导致该节点实现,但在一个时间间隔中,只允许实现一条支路。

④ 或型。任何一条输入支路实现,都会导致该节点实现。

⑤ 与型。该输入节点只有在所有支路都实现后才能实现。

表 12.6　GERT 逻辑节点特征组合表

类　别	异　或	或	与
确定型	◁	◁	○
概率型	◁	◇	▷

下面以某机械厂加工某零件的简单生产过程系统为研究对象,来说明 GERT 的绘制和简单应用。假设这个厂生产某零件要经过粗加工和精加工才能形成零件成品最后入库,并且在粗加工后和精加工前需要进行检验,合格者入库,不合格者报废。经过分析,绘制得到如图 12.20 所示的网络图。

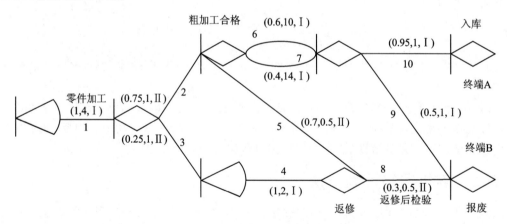

图 12.20　某厂零件加工过程随机网络图

构成上述随机模型后,就形成了 GERT 网络模型的基本结构模型,然后应在此基础上做网络分析。进行网络分析的主要目的就是要根据等效网络中各支路的概率及所用的平均时间,计算出中断时间的概率。图 12.21 是等效网络示意图,图中 P 为出现的概率,t 为完成该支路的时间。

现在,我们仍以前面提到的某机械厂生产的零件为例,若已知一个零件从加工开始通过生产线,加工时间为 4 h,在粗加工前检验后仍有 25% 的零件不合格需要返修。检验时间为负指数分布,期望值为 1,返修 3 h,而返修后另外有 30% 在下次检验后不合格而报废。返修零件检验时间仍为负指数分布,平均时间为 0.5 h,送往精加工的零件中有 60% 用 10 h 精加工,40%

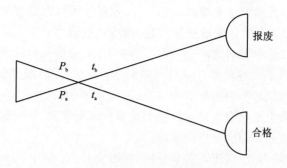

图 12.21　等效网络图

用 14 h 精加工,最后检验 1 h,且有 95% 的零件合格入库,5% 的零件报废。根据已有数据,分别计算出各支路的概率,进一步补全图 12.20。图中各行动箭线上括号内的 3 个数字,分别代表该分支行动发生的概率、所用时间估计值以及行动时间属于哪种分布,其中 I 表示正态分布,II 表示负指数分布。

根据图 12.20,就可以求出投产的零件中有多少合格出厂,多少报废,一个零件从投产到出厂需要的平均时间是多少。由此可见,分析求解复杂的随机网络模型往往比较困难,所以在大系统中必须借助电子计算机进行模拟,从而得出等效网络的特征参数。然后根据蒙特卡罗法,对一些随机数值,试验足够次数,就可以算出成品数、报废数和制造周期等。

GERT 网络与 CPM、PERT 网络相比,克服了二者的局限性,扩大了使用范围,且通过计算得出的结果具有较强的预测性。当然,由于 GERT 网络将活动的各参数如时间和费用设为随机性分布,而且其各个活动及相互之间的影响关系也具有随机性,因此其解析计算相当复杂,在工程上常常采用蒙特卡罗仿真的方法求出项目成本和工期的概率分布曲线。

12.4　全面质量控制

全面质量控制(Total Quality Control,TQC)是一种管理理念,是以组织全员参与为基础的质量管理形式,其在全球化市场竞争需求下应运而生。让全球化市场以更高质量、更低成本和更快发展,是成为市场领导者的本质要素。作为提高产品质量、流程质量和服务质量的手段,全面质量管理正在迅速崛起。现有的技术方法强调的是设计规范的一致性,但这还远远不够。每当产品参数偏离其标称值或最优值时,质量损失就开始积累。因此,现在普遍公认要将质量设计到产品和过程中。此外必须在整个产品生命周期内建立和控制产品和过程的参数最优值。总的来说,全面控制中应该包括统计过程控制、实验设计和质量工程,其中统计过程控制这一重要部分已经在前面的章节中进行了详细的介绍,因此本节将对实验设计和质量工程展开一些讨论。

12.4.1　实验设计

20 世纪 20 年代,罗纳德·费舍尔首先引入了实验设计(Experimental Design,ED)的概念。实验设计的后续发展提高了实验效率,即通过改变因素实现,这也就是一次不只改变一个而是在一个分析实验设计中全部改变。费舍尔引入了随机化的概念,即未知干扰因素产生的趋势不会产生带有偏离的结果。这种思想可以从实验设计中得到实验误差的有效估计,而且通过采用不同的实验单元的方法实现组别的划分,这样就可以消除系统性差异。

实验设计目标包括:科学合理地安排实验,减少试验次数,缩短试验周期;分析影响指标的因素,找出主要因素;分析因素之间交互作用影响大小;分析试验误差影响大小,提高试验精度。在实验设计中有以下一些值得注意的基本概念:试验指标,根据试验目的选定的用来衡量试验效果的量;试验因素,影响指标取值的量;因素水平,在试验中因素所处的状态。此外,正交实验设计因其可采用正交表安排试验以大量减少试验次数,具有试验点均衡分散、试验点整齐可比等特点而在实际工程中被广泛使用。

实验设计于 20 世纪 30 年代进入工业领域,在那个时期,英国皇家统计协会的工业部门和农业部门在伦敦成立,提出并讨论了一系列有关玻璃制造、灯泡生产等相关行业的应用论文。这导致了新统计方法的产生,如用来减少纺织生产变量的方差分量分析法。在第二次世界大战期间,出于对可以筛选大量因子的设计需求,部分析因设计和其他正交数组开始进入人们的视野。这些设计已被广泛应用于工业中,很多书籍和论文都提及到了许多成功的工业应用实例。就在 20 世纪 50 年代早期,出现了能够优化工业流程的响应曲面法。

现代工程技术的研究和开发涉及大量实验和分析,从统计学来看,实验设计能使工程师在更短的时间内、以更少的资源来实现开发目标。如果产品质量和过程设计在产品生命周期的早期就能解决的话,那么很多影响产品的寿命、可靠性和可生产性的决策都能在产品生产出来之前就进行评估。

12.4.2 质量工程

随着质量科学的发展,人们意识到预防性是现代质量管理的核心所在。质量不是靠对出厂产品进行合格检验得来的,也不是靠控制生产过程减少不合格品得来的,而是设计出来的。田口玄一把数理统计、经济学应用到质量管理工程中,并提出了质量工程(Quality Engineering,QE)这一概念,即为以统计学的方式来进行实验及生产过程管控,达到产品品质改善和成本降低的双重目的。QE 主要包括"脱线"(off‐line)和"在线"(on‐line)两个方面的内容。脱线 QE 属于生产线以外的阶段,主要研究产品的开发设计和生产工艺设计阶段使产品质量优质,成本低,功能稳定可靠。在线 QE 属产品的生产阶段,主要研究生产现场中有关质量控制的技术,包括工序的诊断与调节、预防维修方式的设计以及产品的检验与处理等内容。

田口把产品设计分为系统设计(系统选择)、参数设计和容差设计三个阶段,因此也称为三次设计。田口提出的质量工程包括:设计实验,包括确定主要功能、副作用以及故障模式,识别噪声因子和评价质量损失的测试条件、待观察的质量特性、待优化的质量函数以及可控的参数和它们最有可能的设置;实验操作,包括进行一定数量的不同实验,同时根据一个适当的正交矩阵模式改变所有参数,收集实验的结果数据;分析并验证结果,包括分析数据、确定最优参数设置,并且对该设置下的性能进行预测,进行实验验证,在最优设置下确认所得结果。

与统计过程控制一样,田口方法依赖一个假设。部分评价需要进行一些测试来验证这个假设在实验证据的基础上成立。为了比较不同参数数值的改变所产生的影响,田口引入了信噪比测量法,这种方法包括个别参数设置的贡献的简单附加,而这种附加属性即为所需测试的假设。设计相关参数的试验性标称值,然后再在指定范围内进行测试的这一步骤被称为田口参数设计,其目的在于确定参数水平或值的最佳组合。参数设计决定了产品参数值,这些参数值对设计相关参数噪声和环境噪声因素的共同变化不敏感。田口参数设计针对的是在设计和操作中的可控量和不可控量。传统意义上，当我们的目标是提高一些绩效指标时，可采用参数优化，现在参数设计被应用于降低可变性，从而提高质量和降低成本等方面。虽然用来降低变异性的参数设计可以通过各种各样的方法实现，但是只有田口方法获得了广泛的认可。

　　田口方法的目的是使所设计的产品质量稳定、波动性小，使生产过程对各种噪声不敏感，并在产品设计过程中，利用质量、成本、效益的函数关系，在低成本的条件下开发出高质量的产品。田口方法认为，产品开发的效益可用企业内部效益和社会损失来衡量。企业内部效益体现在功能相同条件下的成本的降低，社会效益则以产品进入消费领域后给人们带来的影响作为衡量指标。例如，由于一个产品功能波动偏离了理想目标，给社会带来了损失，我们就认为它的稳健性设计不好，而田口式的稳健性设计恰能在降低成本、减少产品波动上发挥作用。田口提出了两种解决变异的方法，分别是参数优化和方差设计。第一种方法的目标是最小化变异的影响，第二种方法则是寻求消除变异的根源。

　　参数优化采用了质量损失函数的概念，从而能够捕捉变异的影响。在许多应用中，质量损失可以近似地用重要设计参数的二次函数来表示。假定要分析某个函数，那么这个函数可以展开为一些已知最优值 T 的泰勒级数，则可以假设该展开式的前两项为 0，主项式则为

$$L(y) = (y - T)^2 \frac{L''(T)}{2} \tag{12.29}$$

或

$$L(y) = k(y - T)^2 \tag{12.30}$$

式中，$L(y)$ 表示关于 y 函数的损失，T 表示参数 y 的最优值或目标值；$L''(T)$ 表示在 T 处 L 的二阶导数；k 表示特定条件下的损失系数。

　　田口方法采用损失函数来测量变异的值是否符合规范，此外正交试验设计也被用来有效地评估各个参数设置在噪声环境中的影响。以建模和模拟抽样试验为主要手段的间接实验，是用来确定设计相关参数水平的最佳组合的一种方法。田口参数设计方法还有待于应用在概念设计和初步设计中。因为产品和生产过程尚不存在，除非有一个替代系统，否则质量工程法是行不通的。

　　正如田口所说，方差设计花费昂贵，因此应当尽量将其最小化。正是在这一领域，统计过程控制能够最好地发挥辅助作用。我们的目标就是用这样的方式来定义设计相关参数，从而使得生产、操作和保障能力不会受到设计相关参数漂移的不良影响。田口设计相关参数法的目的是利用稳定性对抗噪声因素，从而实现生命周期成本的最小化。

12.5　本章小结

　　控制问题广泛地存在于各个工程领域中，研究控制问题的学科称为控制理论或控制论。钱学森将控制论与信息论、运筹学放在一起作为系统工程的三大学科基础，可见控制论对于系统工程的重要性。控制论是一门横断科学，包含许多基本概念，诸如目的、行为、通信、信息、输入、输出、反馈、控制以及在这些概念基础上的控制论模型等，这些都是系统控制理论的基础。

　　经过系统分析、评价、决策后，系统便进入实施阶段，此时我们还要对系统的运行进行控制，以确保系统达到预期的目的。因此，系统控制也是一种重要的系统工程方法。本章首先介绍了基本的控制理论相关概念，之后通过对控制任务和控制方式的分类，描述了几种控制系统的类型与处理方式；同时，控制理论也广泛而深入地应用到各种领域的各类系统中，因此，基于控制理论的基本思想，还重点对系统工程中几种常见的控制方法进行了介绍，包括统计过程控制、项目控制和全面质量控制，这些都是控制理论在系统工程中的典型应用。

　　统计过程控制中的主要统计控制图有两种类型，包括变量控制图和属性控制图，变量控制图用于连续过程，属性控制图用于一些特征或状态可以用二值的方法表达的系统。在此基础上，基于统计控制图，可以实现对过程的控制。在项目控制中分别介绍了 CPM 和 PERT 两类网络计划方法，以及 GERT 随机网络计划方法。在全面质量控制中，介绍了实验设计和参数设计的相关内容，以及田口玄一提出的质量工程（田口方法）的相关内容。

习　　题

1. 简述控制理论的基本观点及应用。

2. 简述反馈控制的基本原理和优缺点。

3. 分别举出开环控制和闭环控制的一个案例。

4. 按照某元器件材料强度的波动建立的控制图，在过去的 20 h 内，每个小时对 5 个样本进行记录，如习题表 12.1 所列。

习题表 12.1　元器件材料强度数据

序　号	1	2	3	4	5	6	7	8	9	10
第 1 次	50	44	44	48	47	47	44	52	44	13
第 2 次	51	46	44	52	46	44	46	46	46	44
第 3 次	49	50	44	49	46	43	46	45	46	49
第 4 次	42	47	47	49	46	40	48	42	46	47
第 5 次	43	48	48	49	50	45	46	55	43	45
序　号	11	12	13	14	15	16	17	18	19	20
第 1 次	47	49	47	43	44	45	45	50	46	48
第 2 次	44	48	51	46	43	47	45	49	47	44
第 3 次	44	41	50	46	40	51	47	45	48	49
第 4 次	42	46	48	48	40	48	47	49	46	50
第 5 次	50	46	42	46	46	46	46	48	45	46

请分别构建出 $\bar{X}$ 图和 R 图。

5. 计算习题图 12.1 所示网络中的关键路径。

6. 考虑一个关于民用航空监控终端的案例，每天该终端被占用的次数和占用的比例如习题表 12.2 所列。为这些数据构建出该监控终端使用情况的 p 图。

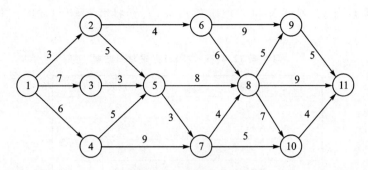

习题图 **12.1** 网络计划图

习题表 **12.2** 终端占用数据

工作日	占用次数	比 例	工作日	占用次数	比 例
1	22	0.22	12	46	0.46
2	33	0.33	13	31	0.31
3	24	0.24	14	24	0.24
4	20	0.20	15	22	0.22
5	18	0.18	16	22	0.22
6	24	0.24	17	29	0.29
7	24	0.24	18	31	0.31
8	29	0.29	19	21	0.21
9	18	0.18	20	26	0.26
10	27	0.27	21	24	0.24
11	31	0.31	总计	546	

7. 在一个为期 4 周的检测周期内,对 400 个电子部件进行抽样后,缺陷数如习题表 12.3 所列。为这些数据构建 c 图。在检测周期内是否存在可确定的原因导致扰动?

习题表 **12.3** 电子部件缺陷数

日 期	缺陷数	日 期	缺陷数
1	7	11	6
2	8	12	8
3	9	13	16
4	8	14	2
5	3	15	4
6	9	16	2
7	5	17	6
8	6	18	5
9	15	19	3
10	9	20	7

8. 某研发项目由 11 项任务和 8 项事件组成,其活动及预期完成时间如习题表 12.4 所列。

习题表 12.4　研发项目完成时间数据

活　动	预期完成时间/周
A→B	5
A→C	6
A→D	3
B→E	10
B→F	7
C→E	8
D→E	2
E→F	1
E→G	2
F→H	5
G→H	6

① 以活动事件网络的形式展示该项目。

② 计算每个事件的 T_E 和 T_L。

③ 确定关键路径,并计算出完成项目的最短时间。

9. 完成某一研发项目需要执行 9 项任务、6 项事件,习题表 12.5 是在正常情况下及紧急情况下的事件及其完成时间(周)。

习题表 12.5　终端占用数据

活　动	正常情况		紧急情况	
	持续时间/周	成本/元	持续时间/周	成本/元
AB	10	3 000	8	5 000
AC	5	2 500	4	3 600
AD	2	1 100	1	1 200
BC	6	3 000	3	12 000
BE	4	8 500	4	8 500
CE	7	9 800	5	10 200
CF	3	2 700	1	3 500
DF	2	9 200	2	9 200
EF	4	300	1	4 600

正常条件和加速条件之间的成本事件存在线性应急关系。如果项目可以在正常计划时间前完成的话,则每周可以节约超过 11 000 元。

① 以活动事件网络的形式呈现该项目。

② 找出正常情况下,该项目最早可以在什么时候完成。

③ 找出该项目的最少成本时间表。

10. 确定习题图 12.2 所示 PERT 网络的关键路径。

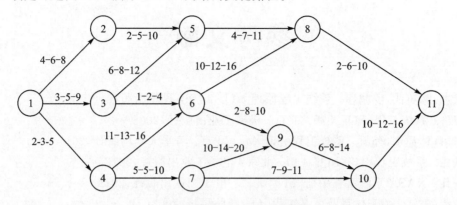

习题图 **12.2**　网络计划图

11. 计算习题图 12.3 所示 PERT 网图中的 50 个单位完成计划时间的概率。

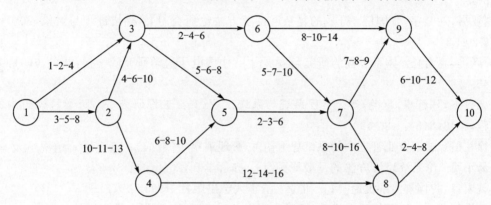

习题图 **12.3**　网络计划图

参考文献

[1] 谭跃进,陈英武,罗鹏程. 系统工程原理[M]. 北京:科学出版社,2010.

[2] 汪应洛. 系统工程[M]. 4版. 北京:机械工业出版社,2008.

[3] 孙东川,林福永,孙凯. 系统工程引论[M]. 北京:清华大学出版社,2014.

[4] 王众托. 系统工程引论[M]. 4版. 北京:电子工业出版社,2012.

[5] 朱一凡. NASA系统工程手册[M]. 北京:电子工业出版社,2012.

[6] 陈英武,姜江. 关于体系及体系工程[J]. 国防科技,2008(5):30-35.

[7] 于景元. 系统工程的发展与应用[J]. 工程研究——跨学科视野中的工程,2009,1(001):
   25-33.

[8] 赵亚男,刘焱宇,张国伍. 开放的复杂巨系统方法论研究[J]. 科技进步与对策,2001(2):
   18-20.

[9] 谭跃进,赵青松. 体系工程的研究与发展[J]. 中国电子科学研究院学报,2011,6(5):441-
   445.

[10] 栾恩杰,陈红涛,赵滟,等. 工程系统与系统工程[J]. 工程研究——跨学科视野中的工
   程,2016,8(5):480-490.

[11] 徐礼伯. 试论企业管理中的系统思维[J]. 管理观察,2007(7):55-57.

[12] 易小明. 论系统思维方法的一般原则[J]. 齐鲁学刊,2015(4):57-63.

[13] 魏宏森,曾国屏. 系统论[M]. 北京:清华大学出版社,1995.

[14] 贝塔朗菲. 一般系统论:基础、发展和应用[M]. 北京:清华大学出版社,1987.

[15] 孙艳华. 切克兰德的软系统方法论[D]. 广州:华南师范大学,2009.

[16] 于景元,周晓纪. 从定性到定量综合集成方法的实现和应用[J]. 系统工程理论与实践,
   2002,22(10):26-32.

[17] 康锐,王自力. 可靠性系统工程的理论与技术框架[J]. 航空学报,2005,26(5).

[18] 高志亮,李忠良. 系统工程方法论[M]. 西安:西北工业大学出版社,2004.

[19] 郭宝柱. 中国航天系统工程方法与实践[J]. 复杂系统与复杂性科学,2004,001(002):
   16-19.

[20] 康锐,于永利. 我国装备可靠性维修性保障性工程的理论与实践[J]. 中国机械工程,
   1998,000(012):3-6.

[21] 李国纲. 管理系统工程[M]. 北京:中国人民大学出版社,1993.

[22] 胡运权. 运筹学基础及应用[M]. 哈尔滨:哈尔滨工业大学出版社,1998.

[23] 蒋军成,郭振龙. 安全系统工程[M]. 北京:化学工业出版社,2004.

[24] 张高. 航天型号研制进度管理方法及应用研究[D]. 哈尔滨:哈尔滨工业大学,2011.

[25] 严广乐,张宁,刘媛华. 系统工程[M]. 北京:机械工业出版社,2008.

[26] 陈庆华,李晓松. 系统工程理论与实践[M]. 北京:国防工业出版社,2010.

[27] 王玉英. 优化与决策[M]. 西安:西安交通大学出版社,2014.

［28］梁礼明. 优化方法导论［M］. 北京：北京理工大学出版社,2017.

［29］薛弘晔. 系统工程［M］. 西安：西安电子科技大学出版社,2017.

［30］张晓东. 系统工程［M］. 北京：科学出版社,2010.

［31］白思俊. 系统工程［M］. 3 版. 北京：电子工业出版社,2013.

［32］王众托. 系统工程［M］. 北京：北京大学出版社,2010.

［33］Blanchard. 系统工程与分析［M］. 5 版. 李瑞莹,潘星,译. 北京：国防工业出版社,2014.

［34］陈队永. 系统工程原理及应用［M］. 北京：中国铁道出版社,2014.

［35］郁滨. 系统工程理论［M］. 合肥：中国科学技术大学出版社,2009.

［36］袁旭梅. 系统工程学导论［M］. 北京：机械工业出版社,2007.

［37］周德群. 系统工程概论［M］. 3 版. 北京：科学出版社,2017.

［38］刘军. 系统工程［M］. 北京：清华大学出版社,2010.

［39］齐欢. 系统建模与仿真［M］. 北京：清华大学出版社,2003.

［40］钟远光. 系统动力学［M］. 北京：科学出版社,2017.

［41］罗小明. 弹道导弹攻防对抗的建模与仿真［M］. 北京：国防工业出版社,2009.

［42］杜比. 蒙特卡洛方法在系统工程中的应用［M］. 西安：西安交通大学出版社,2007.

［43］陈磊. 系统工程基本理论［M］. 北京：北京邮电大学出版社,2013.

［44］Wiener. 控制论［M］. 北京：科学出版社,1962.